JN247051

エアロゾル学の基礎

日本エアロゾル学会 編

高橋幹二 著

森北出版株式会社

編者まえがき

　一つの学問分野が世に認められるには，その分野の専門家が組織的に活動できる基盤 (たとえば，学会が組織化されていることや学術誌の刊行がなされている) の存在や，その分野の将来を担う人たちを育てる組織的な活動がなされていること (たとえば，教科書が刊行されている，教育カリキュラムが整備されている，学科や専攻が組織されているなど) が必要とされている．エアロゾル学は，そのような目から見ればまだまだ若くこれからの学問分野である．エアロゾル学会は 2002 年にようやく創立 20 周年をむかえたところである．

　明治になって，日本の国づくりが急ピッチで進められるなかで，いろいろな学問分野が組織的な活動をはじめた．このころに生まれた学会は，すでに 100 年を超える活動を続けてきているのである．そのような学会に比べるとエアロゾル学会はいかにも若い．エアロゾルを看板に掲げる研究室はいくつかの大学で生まれはじめているが，よき教科書がいかにも少ない．発展を続けているエアロゾル学会にとって，このことはいささか問題であった．

　かつて，高橋幹二によって「基礎エアロゾル工学」(養賢堂) が世に問われた．この旧版「基礎エアロゾル工学」は，文字どおりエアロゾル学の誕生とともに世に出たといっても過言ではない．エアロゾル学を学ぼうとする者が身に付けておくべき基礎的知識を手際よく整理された好著として定評があった．

　その後，エアロゾル学は急速な発展を遂げ，きわめて広い分野をカバーするようになり，研究手法は多様化するとともに進歩も著しいものがある．また，エアロゾル学を構成する概念もおおいに深化した．この分野を志そうとする者にとって，必要とされる技術や知識は多様性を増し量も多くなっている．そうであっても，必要とされる基礎知識には変わらないものが多い．エアロゾル学会では，学会の創立 20 周年をむかえて，かつて好評を得た「基礎エアロゾル工学」をあらためて世に送ることを計画した．幸い，高橋幹二先生の快諾を得て，旧版を改訂する作業が行われた．旧版がもっていたよいところは残し，これまでのエアロゾル学の発展を反映させる部分には，新しい知見がふんだんに盛り込まれた．そのために，あらたに世に問うことになった新版「エアロゾル学の基礎」は，エアロゾル学をこれから学ぼうとする人にとって格好の教科書となるはずである．

　また，エアロゾル学を基礎とした分野はきわめて広い．数多くの企業や調査研究機関においても，はじめてエアロゾルというものとかかわりをもつ人も多いと思われる．そのような人にとっても，本書はまたとない教科書になるはずである．

　2003 年 6 月

日本エアロゾル学会　会長　岩坂泰信

ま　え　が　き

　旧著 (「基礎エアロゾル工学」, 1972 年, 養賢堂；「改著基礎エアロゾル工学」, 1982 年, 養賢堂) の刊行からそれぞれ 30 年, 20 年を経た. この間, わが国では「エアロゾル研究協議会」(1983 年) の設立から「日本エアロゾル学会」(1992 年) への発展があり, 諸外国のエアロゾル学会とともに 1986 年にはエアロゾルに関連する学会の国際的連合組織 (IARA) も設立された. そして, 学会誌や専門学術誌も発行されて活発な学術研究活動が行われている. このように, 旧著の発刊以来歩んできたこの 30 年間は, 文字どおり「エアロゾル学」の体系化と研究活動の組織化の年月であったともいえよう.

　この間のエアロゾルに関する科学技術の発展の背景には, 大気汚染, 労働衛生, 原子力安全, クリーンルームなどに関連する社会的ないし科学技術的要請があったことはいうまでもない. そして最近では, 地球規模の大気環境問題におけるエアロゾルの役割や, ナノテクノロジーにおけるエアロゾルプロセスの利用など, 新しい分野への関心が高まっており, 今後はさらに, より強固な学術的基盤を築きながら, 地球環境問題の解決や高度先端産業の発展などに応えるべく, エアロゾルの科学技術にもあらたな発展が期待されている.

　このような時期に, 「日本エアロゾル学会」は設立 20 周年を迎え, その記念事業の一つとして, エアロゾル学の基礎に関する成書の出版が計画され, 旧著をベースとしたものにしたいとの要請があった.

　エアロゾルに関連する科学技術はきわめて多面的であるが, 本書はこれらの基礎となる部分を対象としたものであって, その構成の大部分は旧著とほぼ同様である. ただし, 今回の執筆にあたっては, エアロゾル学の発展の動向にも適合するように努め, また単位を SI 単位としたほか, 内容には削除・加筆を含めた見直しを行っており, より幅広い読者を念頭において, 書名を「エアロゾル学の基礎」とした.

　執筆に際しては, 日本エアロゾル学会の編集委員会をはじめ, 関係者からは貴重なご意見やご支援をいただき, また刊行にあたっては, 日本エアロゾル学会, 粉体工学情報センターから財政的助成を得た. ここに深甚の謝意を表する. さらに, 出版全体についてお世話をいただいた森北出版 (株) に感謝したい.

　2003 年 6 月

高橋幹二

目　　　次

おもな記号表

A	カニンガムの補正定数，Hamaker 定数	m	運動量，分子または粒子の質量，光の屈折率
A_p	粒子 (投影) 断面積	N	粒子数濃度
a，a_p	粒子半径	n	分子または粒子の個数濃度，屈折率の実数部，物質のモル数
B，B_e，B_i	粒子の移動度，粒子の電気移動度，イオンの移動度	P	圧力，光の偏光比
C	蒸気 (粒子) の質量濃度	Pe	Peclet 数
Cc	カニンガムの補正項	p	蒸気圧，荷電数，衝突頻度
C_D	抵抗係数	Q	流量，熱量
D	拡散係数 (ブラウン運動の)	Q_{abs}，Q_{ext}，Q_{scat}	光の吸収 (減衰，散乱) 断面積
D_f	フラクタル次元	q	荷電量 (pe)，光散乱ベクトル
d_p	粒子直径 (種々の添字をつけて用いる)	R	曲率半径，容器半径，円管半径，衝突半径
E	粒子捕集効率，電場の強さ	$\boldsymbol{R}$	気体定数
e	電気素量	Re，Re_x	レイノルズ数 ($2va/\nu$)，($2ux/\nu$)
e	自然対数の底，指数関数	Re	複素数の実数部
F	外力	R_g	回転半径
F_D	抗力	S	粒子の表面積，蒸気圧の飽和度または過飽和度，Sutherland 定数
f	周波数，粒度分布関数，Fanning の摩擦係数	Sc	Schmidt 数 (ν/D)
G	気体分子の熱運動速度，自由エネルギー	Stk	Stokes 数
g	重力加速度，分子数	s	粒子の停止距離 (飛程)
I	音波強度，核形成率，光散乱強度	T	温度
Im	複素数の虚数部	T，t	時間
i	虚数単位，van't Hoff 因子	U，u	流速 (媒質気体の)
i_1，i_2	光散乱強度の偏光成分	u_*	摩擦速度
$K(\overline{K}$，$K_{RV})$，K_R	動力学的形状係数，抵抗形状係数	V，v	速度 (粒子の)，体積
K_A，K_B，K_L，K_T	音響 (ブラウン，速度勾配，乱流) 凝集定数	V_d，v_d	粒子の沈着速度
K_{abs}，K_{ext}，K_{scat}	光の吸収 (減衰，散乱) 効率	v_m	気体の分子容
Kn，Kn_i	Knudsen 数 (l/a)，(l_i/a)	v_s	粒子の重力沈降速度
k	ボルツマン定数，屈折率の虚数部 (消衰係数)	Z	散乱光の非対称度
L	凝縮 (蒸発) 潜熱	α	凝集効率，分子の蒸発速度，光散乱パラメータ ($2\pi a/\lambda$)，その他
l，l_B，l_i	気体分子 (粒子，イオン) の平均自由行程	α_i	イオン対の再結合係数
M	気体の分子量，モーメント	α_c，α_m，α_t	気体分子の質量 (運動量，エネルギー) 輸送適応係数
		α_s，α_v	粒子の表面積 (体積) 形状係数

β	回転だ円体の長短径比，分子の凝縮速度，粒子の沈着定数	φ	気体分子衝突に関する係数，流れの関数
β_D, β_E	拡散 (荷電粒子) 凝集定数補正因子	ψ	平衡粒度分布関数，位相差
Δ	微少量	Ψ	エネルギーポテンシャル関数
γ	表面張力，モル分率	ω	角速度，角周波数，光学装置定数
δ	微少量記号，微小層厚さ		添字 (下ツキ)
ε	誘電率，乱流エネルギー消費，乱流拡散係数	B	ブラウン運動
η	イオンと粒子の結合係数	D	拡散
θ	角度，温度	E	有効
κ	不整形粒子の動力学的補正因子，Karman定数	f	媒質気体 (流体)
λ	熱伝導率，乱流スケール，光の波長	g	ガス，対数正規分布
μ	粘度，透磁率	I	慣性
ν	動粘度	i	イオン
ρ	密度，散乱光の偏光比	L	層流，ラグランジュ
σ	導電率，標準偏差	p	粒子
τ_p	粒子の緩和時間	T, t	乱流，熱
τ_s	せん断力	x, y, z	直角座標の各方向
τ_T	濁度	$+$, $-$	正，負電荷
Φ, ϕ	輸送フラックス	0	基準 (初期) 状態
ϕ	体積濃度，角度		添字 (上ツキ)
		$+$	無次元量
		$*$	平衡または臨界状態

1章
序　　論

1.1　エアロゾルの科学技術

（1）　エアロゾルとは

　エアロゾル (aerosol) とは，「分散相は固体または液体の粒子からなり，分散媒は気体からなるコロイド系である」と定義することができる．以前から，煙霧質または煙霧体あるいは気膠質とよばれてきたものもほぼこれと同じものをさす．また，このような物質は「気中分散粒子系」(aerodisperse system) とよぶこともでき，物質の存在状態としては決して安定なものではないが，とくに「エアロゾル」というときは，粒径が小さくて，全体としてかなりの時間その状態が持続されるようなものを対象にすることが多い．

　aerosol という用語が学術文献にはじめて登場するのは，1923 年の Whytlaw-Gray ら[1]による「Aerosol is a system of particles of ultra-microscopic size dispersed in a gas, suggested by Prof. Donnan」といわれるが，当時のイギリス・ロンドンにおける都市大気汚染を背景として，それより以前から aerosol という言葉は使用されていたようである．もちろん，言葉はなくてもエアロゾルというものは存在した．地球創世から今日に至るまで，大気中にはさまざまな粒子状物質が存在してきたはずであり，これらは，自然現象や生命の営みのなかで重要な役割を果たしてきたであろう．また，人類が火を使うようになってから，とくに産業革命以後は，生産・労働・生活環境の粉塵や煙に類する人工的な粒子状物質がわれわれの関心を引くようになり，「aerosol」という用語の誕生となった．

（2）　エアロゾルの科学技術の歴史

　エアロゾルの実際的研究は，欧州における大気汚染対策や労働衛生管理にはじまった．一方，気体中の粒子は，物理学あるいはコロイド学の分野の課題として古くから研究者の興味をひいてきた．

　エアロゾル学は，19 世紀から 20 世紀初頭にかけての古典的な学術の発展にその基礎をおいている．たとえば，J. Tyndall (1820 ～ 1893 年) によるいわゆるチンダル現

象は，エアロゾルに特有な光散乱現象で，エアロゾルの簡易測定法として広く用いられた．W. T. Kelvin (1824 ～ 1907 年) のケルヴィン効果は，粒子核形成や液滴の蒸発現象を説明する基礎となる．J. C. Maxwell (1831 ～ 1879 年) のエネルギー分配則は分散系の状態を記述する必須の概念である．J. Aitken は，断熱凝縮法によって大気中の微小粒子を測定し (1985 年)，今日，エイトケン粒子としてその名を残している．A. Einstein (1879 ～ 1955 年) の拡散・ブラウン運動は，微小エアロゾル粒子のランダム運動を簡潔明快に示してくれる．G. Mie (1868 ～ 1957 年) の光散乱に関する厳密解により，粒子の光散乱現象の理解とその応用は大きな発展をとげた．M. Smoluchowski (1872 ～ 1917 年) の凝集理論は，エアロゾル動力学の基礎のみならず分散系の工学的利用に寄与し，また R. A. Millikan (1868 ～ 1953 年) の油滴実験は，その後のエアロゾル実験手法の発展の契機となった．そして，これらの業績は，当時の発展著しい生産技術に由来する「けむり」，「粉塵」，あるいはそれにともなう労働・公衆衛生的諸問題に関する実際的研究の基礎となった．

　第二次世界大戦終結後，1950 ～ 1960 年代のエアロゾル研究は，原子力利用とあらたな大気汚染・労働衛生問題にかかわるものが多い．放射性微小粒子の制御は，安全な原子力平和利用のために初期段階からその重要性が認識され，保健物理分野でも重要な研究対象の一つであった．とくに国際放射線防護委員会による Lung Dynamics Model[2]は，有害エアロゾル粒子の定量的評価のうえで大きな成果であった．一方，世界的な工業の発展と大量のエネルギー消費は，あらたな大気汚染問題をひきおこすに至った．その様相は，今世紀初頭の石炭消費に由来するものから，石油消費にともなうものにかわり，エアロゾル学のなかでも，いわゆるガスの粒子転換・二次的生成汚染物の制御が重要課題となった．とくに，アメリカ・ロサンゼルス近郊における光化学スモッグを対象とする研究プロジェクトは[3]，大気エアロゾルのキャラクタリゼーション，発生源推定手法の開発など，今日のエアロゾル科学技術の発展につながる大きな成果をもたらした．

　そして，1980 年代以降のエアロゾル研究は，電子器械，光学器械，原子力，宇宙，製薬，医療，生物工学など，とくに半導体集積回路の生産現場では，超清浄空間 (クリーンルーム) 技術の開発が集積度向上のための必須の要件となっており，同時に，それに関連する高度なエアロゾルの測定・制御技術がきわめて重要になっている．

　エアロゾルはまた，もともと気象分野では，各種の塵象，雲の凝結核，太陽光放射，火山爆発などに関連して重要な研究対象であるが，今日では，地球的温暖化やオゾン層の破壊など，地球規模の大気環境問題でも重要な役割が認識されている．

　学会活動についてみると，初期のころは欧州とくにイギリスにその萌芽がみられる．すなわち，1936 年の Faraday 会議は小規模ではあったがエアロゾルの名を冠した最

初の国際会議とみられ，エアロゾルの性状とその工業的側面について討議された[4]．
第二次世界大戦後にはさまざまな学術的会合の開催や，種々の学術誌でエアロゾルに
関する特集[5〜7]あるいは巻末の参考図書に示すような種々の成書が刊行されている．
なかでも，Fuchs (1964 年) の書は今日なお新鮮さを失っていない．こうしてやがて
学会の設立 (ドイツ 1972 年，アメリカ 1982 年，日本 1983 年，その他 7 箇国) と学会
誌[8〜10]の発刊に発展し，現在では国際的な学会の連合組織[11]の主催のもとに，4 年ご
とに国際集会が開催されている．なお 1999 年には，オーストリア科学アカデミーの主
催により，「History of Aerosol Science」と題するシンポジウムが開催され[12]，これま
での研究の歴史やトピックス，各国や国際的研究組織の活動などについて紹介された．

（3）　エアロゾル学とは

エアロゾル学は，旧著 (養賢堂，1982 年) でも述べたように，「種々の環境における
粒子の性状や振る舞いを明らかにし，また，ほかの相との相互作用やその働きに着目
して，これを評価し，あるいはコントロールするための科学技術領域」である．

コロイド系は，一般に，分散相である粒子の質量当たりの表面積が大きくて物理化
学的に活性であり，粒子の運動が著しくて分散性が大きい，などの特徴を有するが，
エアロゾルとハイドロゾルの特徴の大きな違いは，むしろ媒質側にある．ガス分子の
熱運動は液体の場合よりも著しく大きいし，また気体は圧縮性で，粒子の動力学的特
性は気体の温度や圧力にも大きく影響される．気体と粒子との間の力学的・熱的・物
質的非平衡性もエアロゾルの特性の一つである．

エアロゾル科学の基礎をなすものは，前述のように古典的物理学あるいは流体力学
や輸送現象などであるが，さらに，粒子の物性，形状や表面現象，集団としての粒子
現象，ガスと粒子との相互作用などの諸問題が加えられ，一方，エアロゾルに特有の
実験技術 (生成・測定など) も開発され，ようやくエアロゾル科学として形が整いつつ
ある．

最近では，新技術の発展や人類の活動空間の拡大などにともなって，温度，圧力，
ガスの種類，電場，磁場，光照射場など，エアロゾル粒子のおかれた状況は多様化し
あるいは極限的方向に拡大しており，エアロゾル科学にも新しい視点からの理論の構
築や，より高度な実験技術の開発が期待されている．また，エアロゾルは，粒子の集
団としての性状や現象として取り扱われる (マクロ的に) ことが多いが，その特徴は微
視的にみれば，個々の粒子の大きさ，形，組成，表面状態などに支配されており，個
別粒子の (ミクロ的な) 特性に関する知見がますます重要になっている．

また，人間の生産・消費活動の進展につれて，新しい化学組成の物質がエアロゾル
化され，しかも大量に環境大気中に放出される．これらのエアロゾルの多くは「有害

で除去されるべきもの」が多いが，一方，エアロゾルとしてのさまざまな特性を生かし，医薬品や機能的新素材として，いわゆる「役に立つ有用エアロゾル」として積極的に利用することも今後の課題である．

1.2　エアロゾルの種類

エアロゾルは，われわれの日常生活や生産活動と深いかかわりをもち，したがって，その形態や性質に応じて種々の呼称がある．まず，発生過程やその性状に着目した一般的な分類としてはつぎのようなものがある．

① 粉塵 (dust)：固形物がその化学的組成が変わらないままで，形，大きさが変わって粒状になり空気中に分散したもので，粉砕，研磨，せん孔，爆破，飛散など，主として物理的破砕・分散過程で生じる．したがって，球状，針状，薄片状など，形，大きさともに不均一でかつ大きさは $1\,\mu\mathrm{m}$ 以上のものが多い．

② フューム (fume)：個体が蒸発し，これが凝縮して粒子となったもので，金属の加熱溶融，溶接，溶断，スパークなどの場合に生じる．このような過程では，一般に物理的作用に化学的変化が加わり，空気中では多くの場合酸化物となっており，球状か結晶状である．粒径は小さく $1\,\mu\mathrm{m}$ 以下のものが多い．

③ 煙 (smoke)：燃焼の場合に生じるいわゆる「けむり」に類するもので，一般に有機物の不完全燃焼物，灰分，水分などを含む有色性の粒子である．一つ一つの粒子は小さくて球形に近いが，これらがフロック状をなすものが多い．

④ ミスト (mist)：一般には微小な液滴粒子を総称していう．すなわち，液滴が蒸発凝縮したもの，液面の破砕や噴霧などにより分散したものがすべて含まれ，形状は球形であるが，大きさは生成過程によってかなり幅がある．

このほか，気象学の分野では，大気中の粒子を大きさによって分類し，エイトケン粒子 (Aitken particle, $0.001 \sim 0.1\,\mu\mathrm{m}$)，大粒子 (large particle, $0.1 \sim 1\,\mu\mathrm{m}$)，巨大粒子 (giant particle, $1 \sim 100\,\mu\mathrm{m}$) の呼称がある．また地表付近の気象，塵象としては，主としてその視程，色などからつぎのような用語が使われている．

① 霧 (fog)：ごく小さな水滴が大気中に浮かんでいる現象で，水平視程が $1\,\mathrm{km}$ 未満のものをいう．

② もや (mist)：霧と同様であるが，水平視程が $1\,\mathrm{km}$ 以上のものをいう．

③ 煙霧 (haze)：ごく小さな乾いた粒子が大気中に浮かんでいる現象で，黒っぽい背景では青紫色がかり，明るい背景では黄褐色にみえる．同様な現象であっても汚染源が明らかな場合は煙とし，そうでない場合を煙霧とすることがある．

　さらに，大気汚染物としてのエアロゾル粒子は，多くの場合これらの混合物であるが，その代表的なものとしてスモッグ (smog) がある．これは smoke と fog からなる合成語であるが，その内容についての明確な定義はなく，ばい煙で汚れた霧というくらいの意味である．またロサンゼルス型スモッグといわれるものは，石油系燃料による煙霧と煙から生じる大気汚染現象であるから，むしろスメーズ (smaze = smoke + haze) が適当であるとの提唱もあったがこれは用いられず，これに対して石炭系燃料によるばい煙と霧から生じるものは，いわゆるロンドン型スモッグとして区別することがある．そして最近のわが国のスモッグは石油系燃料に由来するものが多い．

　なお，わが国における大気汚染あるいは大気環境関係の用語にはつぎのようなものがある．

① 　ばい煙：硫黄酸化物，ばい煙，その他の有害物質．
② 　粉塵：物の破砕，選別その他の機械的処理または堆積にともない発生し，または飛散する物質でダストともいう．また，気体中に浮遊しているものを浮遊粉塵という．
③ 　浮遊粒子状物質：大気中に浮遊する粒子状物質であって，粒径が 10 μm 以下のもの．
④ 　二次 (生成) 粒子：大気中のガス状物質が大気中における光化学反応などによって粒子状物質に転換したもので，これに対して，粒子状物質として大気中に放出されたものを一次粒子ということがある．

　また，以上は主として無生物粒子について述べたものであるが，地表付近の大気中あるいは生活環境の空気中には，花粉，胞子など多くの生物系粒子 (viable particle) がエアロゾルとして存在しており，これらを対象とする気中生物学 (aerobiology) の分野がある．

1.3　エアロゾル粒子の基本的性質

(1)　媒質の性質

　1.1 節で述べたように，ハイドロゾルとエアロゾルとの物理的性質の大きな相違は，おもにその分散媒の性質の相違による．たとえば，空気と水では表 1.1 に示すような差異があり，空気中の粒子の動きは水中のそれに比べてきわめて活発であり，物理的にはその性状は不安定である．

　分散相である粒子の性質は，粒子の形，大きさ，密度，粒子数濃度などの物理的因子とその化学組成によって決まるが，その物理的挙動に支配的な効果を及ぼすのは，粒径 (または粒径分布) と粒子数濃度である．とくに微小エアロゾル粒子においては，

表 1.1　空気と水との主要な物理的性質 (1 気圧)

名　称	空　気		水	
	0 °C	20 °C	0 °C	20 °C
密　度 (kg/m³)	1.293	1.205	999.9	998.2
粘　度 (Pa·s)	1.710×10^{-5}	1.809×10^{-5}	1.792×10^{-3}	1.002×10^{-3}
動粘度 (m²/s)	1.322×10^{-5}	1.501×10^{-5}	1.792×10^{-6}	1.004×10^{-6}
分子の平均自由行程 (m)	5.89×10^{-8}	6.45×10^{-8}		

形状による特性は，凝集粒子や結晶性粒子を問題にするような特別な場合を除いては
さして問題とはならず，通常球形として取り扱ってよい．

（2）　粒径と性質

　粒径についてみると，図1.1 に示すように，分子またはイオンの大きさに近い0.001
μm (1 nm) 程度から 100 μm 程度まで，おおむね 5 桁にわたる広範囲のものを取り扱
う．とくに 0.1 μm 前後の大きさのものは，分散媒である気体分子の平均自由行程や
可視光線の波長とほぼ同程度であり，したがって，大きさが 0.1 μm 程度以上とそれ以
下の粒子とでは，その動力学的取り扱いや物理現象にかなりの差異がある．さらに，
1.6 節で述べるように 0.01 μm 以下の超微小粒子ではその表面効果と分散性が著しく

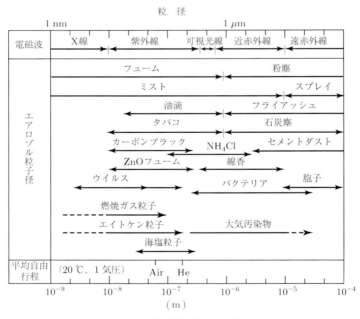

図 1.1　粒子状物質の粒径範囲

なってくる.

図 1.2 に粒子の物性や動力学的特性の粒径依存性を示した. ただし, 動力学的特性の詳細については関連各章を参照されたい.

① 付着力効果 : 粒子間付着力 (式 (3.10) で, $A = 10^{-19}$ J, $h = 10$ nm としたとき) の重力に対する比.

② 電気力効果 : 粒子と平面間の静電気力 (式 (5.42) で, 粒子表面電荷密度 $= 10^{-6}$ C/m^2 のとき) の重力に対する比.

③ 拡散効果 : 拡散移動距離 (式 (2.94)) の重力沈降距離に対する比.

④ 媒質分子のすべり効果 : カニンガムの補正項 (式 (2.13)).

⑤ 表面効果 : 表面原子数の全原子数に対する比[13].

これからわかるように, $1\ \mu$m より小さい微小粒子では, ブラウン拡散など熱運動が著しくなり, 10 nm (0.01 μm) 以下の超微小粒子では 1.6 節にも述べるように, 超微小粒子としての特性が現れてくる.

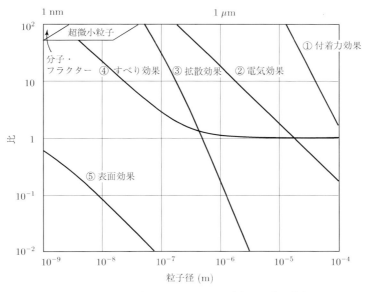

図 **1.2** エアロゾル粒子の粒径別特性 (20 °C, 1 気圧の空気中, 粒子密度は 1000 kg/m^3)

(3) その他の性質

また, 粒子の密度は一般に単位密度 (1 g/cm^3) 前後であって, 重力や慣性力のように粒子の質量に関連する問題を取り扱う場合にはかなり重要な因子であるが, いずれにしても分散媒である気体の密度に比べればきわめて大きく, この意味では密度の違

いはさほど大きな問題とはならない．エアロゾル粒子の見かけの密度は，凝集粒子の場合はもちろん，単粒子であっても生成母材のそれとはかなり違った値となることがあるので注意を要する．

　種々の環境大気や生産現場でのエアロゾル粒子の質量濃度は，図1.3に示すとおりである．個数濃度では，一般に清浄空気といわれる $10^7 \sim 10^8$ 個/m^3 ($10 \sim 100$ 個/cm^3) 程度から，発生源近傍の $10^{12} \sim 10^{16}$ 個/m^3 の範囲に及ぶ．一般に，粒子濃度は，対象とする空間体積中の粒子の平均量を単位体積当たりの質量または粒子個数で表したものであるが，微小体積ごとにみれば不均一であったり，あるいは時間的にはゆらいでいるのが普通である．そして，濃度の不均一度やゆらぎは，大きな空間で発生源や吸収源の影響がある場合に著しい．

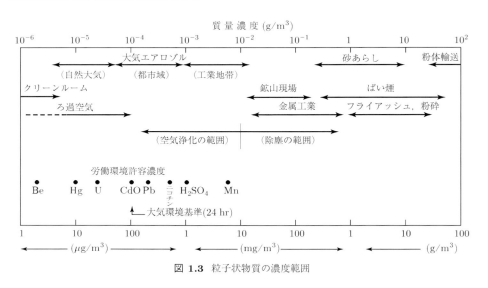

図 **1.3** 粒子状物質の濃度範囲

1.4　大気エアロゾル

　大気中には，自然状態で発生する多くのエアロゾル粒子が存在し，固形粒子の総量は約 10^7 トンといわれる．全大気質量は約 6×10^{15} トンであるから，その平均濃度はppbのオーダーであるが，そのほとんどは混合層とよばれる地表約 $2\,km$ の大気層に含まれ，エイトケン粒子の平均濃度は $10^8 \sim 10^9$ 個/m^3 のオーダーである．一方，地表付近では，自然あるいは人工発生源の影響を強く受けるので，地域的，時間的変動が大きいが，その濃度は地表近くでは $10^9 \sim 10^{11}$ 個/m^3 程度である．図1.4はこれら大気中の粒子の役割を要約したものであるが，さらに物理化学的には，その表面にガ

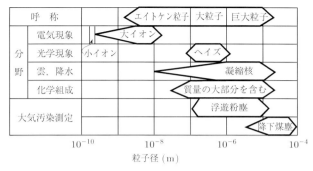

図 1.4 大気中のエアロゾル粒子の役割

ス物質を吸着し，あるいはこれらガス物質の化学反応に対する触媒としてはたらくなど，気相中のほかの物質との相互作用のうえで重要な役割を果たす．

　このような粒子のほとんどは海洋と陸地から供給されるが，そのほかに，宇宙塵として大気中に供給されるものも無視できない．海面からは，波浪や泡によって海水滴が空中に分散し，これが乾燥して微細な塩類の粒子，すなわち海塩粒子となる．とくに，海岸付近ではこのような粒子が多い．

　内陸性の粒子は，火山灰，地表砂塵，あるいは花粉などが蒸発や風によって大気中に分散したもので，Na，K，C，Mg，SO_4^{2-}，NH_4^- など，種々の成分を含み，エイトケン粒子の大部分は内陸性のものである．

　以上は一次粒子について述べたものであるが，このほかにいわゆる二次粒子がある．多くは硫黄成分を含む微小粒子であって，その量は全粒子状物質の 50 % 近くをしめるものとみられている．

　また，大気中にはさまざまな発生過程を経た，さまざまな成分の粒子が存在するが，単粒子が多種の成分からなる場合を内部混合粒子，単一成分からなる種々の粒子群が存在する場合を外部混合状態という場合がある．

1.5　エアロゾルの人体への有害作用

　人体呼吸器官に吸入され，沈着したエアロゾル粒子は，粒子の性状と沈着部位に応じて，体内に摂取されあるいは体外に排出されるが，その有害作用はおおよそつぎのように考えられる．一つは主として難溶性粒子の呼吸器沈着によるものであって，直接的な呼吸機能の低下，あるいは呼吸器壁における異常組織の発生から肺胞・気道の閉塞に至るような，いわゆる塵肺の類である．いま一つは，主として可溶性粒子によるもので，呼吸器壁から直接に，あるいは嚥下されたあと消化器官を通じて体内に摂

取され，物質によってそれぞれ親和性のある臓器に取り込まれ，その化学的毒性ある
いは放射線の作用などによって，その組織を破壊したり機能の低下をもたらす．人体
呼吸器官の各部分の呼吸機能にはそれぞれ異なったものがあり，また沈着した有害物
質の喀出作用などの自浄機能も部分的に異なっている．したがって，吸入粒子の危険
度を明らかにするには，呼吸器官のいかなる部分に，いかなる量が沈着し，それがど
のような経路を経て人体内に移行するかを定量的に明らかにすることが重要となる．

　粒子状物質の吸入による人体の障害を防止するために，種々の基準が設けられてい
る．一般居住環境の大気については，大気汚染防止法 (1972 年) により，表 1.2 のよ
うに浮遊粒子状物質について大気環境基準が定められている．また，建築物環境衛
生管理基準 (2003 年) によれば，一般室内環境空気中の浮遊粉塵維持管理基準は 0.15
mg/m^3 以下である．

表 1.2　浮遊粒子状物質の大気環境基準 (大気汚染防止法より)

	1 時間値の 1 日平均	1 時間値
環 境 基 準	0.1 mg/m^3	0.2 mg/m^3
緊急時基準	緊急処置 I*	緊急処置 II**
	2 mg/m^3 × 2 時間	2 mg/m^3 × 3 時間

注)　*：一般に周知させ，排出源関係者に排出防止のための協力を求める．
　　**：排出源関係者に排出制限を命じ，またその他必要な処置を要請する．

　産業労働環境では，限られた時間内の管理された状況のもとではあるが，作業者は
高濃度の粒子状汚染物にさらされるおそれがあり，一般公衆とは異なった基準，すな
わち許容濃度が用いられる．これは作業者が連日曝露されたとしてもこの濃度以下で
あればほとんどの者に悪影響がみられない値であって，わが国では日本産業衛生学会
勧告値がある．その一部 (1995 年版) を表 1.3 に示す．

表 1.3　産業労働環境の有害物許容濃度 (粉塵)(日本産業衛生学会勧告より抜粋)

粉塵の種類	許容濃度 (mg/m^3)	
	吸入性粉塵	総　粉　塵
第 1 種粉塵 滑石，ロウ石，アルミニウム，アルミナ，ケイソウ土，硫化鉱，硫化焼鉱，ベントナイト，カオリナイト，活性炭，黒鉛	0.5	2
第 2 種粉塵 遊離ケイ酸 10 % 未満の鉱物性粉塵，酸化鉄，カーボンブラック，石炭，酸化亜鉛，二酸化チタン，ポートラントセメント，石灰石，大理石，線香材料粉塵，穀物，綿塵，木粉，革粉，コルク粉，ベークライト	1	4
第 3 種粉塵　その他の無機および有機粉塵	2	8

1.6　有用エアロゾル

（1）　エアロゾル医薬

エアロゾル状の吸入医薬[14]，スプレー医薬・化粧品，噴霧塗料，その他多くの噴霧薬品は，エアロゾルの物理化学的な有用性を積極的に利用しようとするものである．エアロゾル粒子は，等量の固形物や液体に比べて，微小体積に分割されて大量の空気中に均一に分散されるため，目的とする部分に，すみやかに，しかも均一に到達させることができる．また，沈着物体との接触面積が大きいので化学的な即効性が期待できる．

（2）　超微小粒子の応用[13, 15]

一般に，0.1 μm (100 nm) 以下の粒子は熱運動，分散性や表面活性度が著しく大きく，超微 (小) 粒子 (ultrafine particle) とよばれる．さらに粒子が小さくなり 10 nm 程度以下 (ナノメートル粒子とよぶことがある) になると，物質のエネルギー準位はもはや連続とはみなされなくなり，自由エネルギー，熱的性質，光学的性質，電気的・磁気的性質などの物性値がバルク体とは異なってくることが知られている．これらの性質に着目して，超微小粒子 (あるいはその製造プロセス) の工学的利用，たとえば，新しい電気・磁気材料，触媒，ガスセンサーのような機能性材料としての可能性について多くの研究がなされている．このような性質を効果的に発現させ利用するためには，大きさのそろった超微小粒子を相当量生成させる必要がある．生成法には，湿式法 (液相法) と乾式法 (気相法) があるが，気相法はなんらかのエアロゾルプロセスを利用する．とくに化学反応を含むエアロゾル化と沈着プロセスは CVD (chemical vapor deposition) 法として，超微小粒子素材の生成やデバイス製造に応用されている．なお，エアロゾル科学における超微小粒子の諸問題については特集の学術誌[16]もあわせて参照されたい．

参 考 文 献

1)　Whytlaw-Gray, R. Speakman, B. and Campbell, H. P., Proc. Roy. Soc. (London), **A102**, 600 (1923).

2)　International Commission on Radiological Protection, Task Group on Lung Dynamics, Health Physics, **12**, 173 (1966).

3)　たとえば, Hidy, G. Mueller, P. Grosjean, D. Appel, B. and Wesolowski, J. (eds.), "The Character and Origins of Smog Aerosols", Advances in Environmental Science and Technology, Vol.10, J. Wiley & Sons (1980).

4)　Transaction of the Faraday Society, **32**, 1041 (1936).

5)　Chemical Review, "Symposium on Aerosols", **44**, No.2 (1949).

6) Industrial and Engineering Chemistry, **41**, No.11 (1949).

7) Discussion of the Faraday Society, "Th Physical Chemistry of Aerosols", No.30 (1960).

8) European Aerosol Assembly: Journal of Aerosol Science, Pergamon Pr.

9) American Association for Aerosol Research: Aerosol Science and Technology, Elsevier Sci.

10) 日本エアロゾル学会：エアロゾル研究.

11) International Aerosol Research Assembly(IARA).

12) Preining, O. and Davis, E. J., "History of Aerosol Science", Verlag d. Österreichischen Akademie d. Wissenschaften (2000).

13) 川村清, "超微粒子とは何か", 丸善 (1988).

14) 中島重徳監修, "吸入療法の進歩", メディカルレビュー (1989).

15) 日本化学会編, "超微小粒子－科学と応用", 学会出版センター (1985).

16) Journal of Aerosol Science, **29**, No.5/6 (1998).

2 章
エアロゾル粒子の動力学

2.1 抵抗と運動方程式

2.1.1 抵抗力と移動度

（1） 大きな粒子の場合

粒子が媒質気体分子の平均自由行程よりもかなり大きい場合には，気体は連続的な流体と考えてよい．いま，粒子と流体との相対速度を v とすると，抵抗力は流体力学において知られているように，

$$F_D = \frac{1}{2} C_D A_p \rho v^2 \qquad (2.1)$$

で表される．ただし，C_D は抵抗係数でレイノルズ (Reynolds) 数 ($Re = 2va/\nu$) の関数として表される．A_p は粒子の流れの方向の投影面積である．

Navier-Stokes の運動方程式において，粒子を球形，流体を非圧縮性とし，v が小さく（すなわち，Re が小さく），定常流の場合の解を求めると次式を得る．

$$F_D = \frac{v}{B} \qquad (2.2)$$

ここで，B は粒子の移動度 (mobility) であって，

$$B = \frac{1}{6\pi\mu a} \qquad (2.3)$$

である．この式は $Re < 1$ のいわゆる層流領域において実験値ともよく一致するが，これは式 (2.1) で $C_D = 24/Re$ としたときに相当する．C_D の値については多くの実験があるが，つぎの式はかなり広範囲の Re について用いられる．

$$C_D = \left(0.55 + \frac{4.8}{\sqrt{Re}}\right)^2 \qquad (1 < Re < 10^4) \qquad (2.4a)$$

または，

$$C_D = \frac{24}{Re} (1.0 + 0.15 Re^{2/3}) \qquad (Re < 10^3) \qquad (2.4b)$$

また，つぎの近似式もよく用いられる．

層流領域 $(10^{-4} < Re < 2)$：

$$C_D = \frac{24}{Re} \tag{2.4c}$$

遷移領域 $(2 < Re < 500)$：

$$C_D = \frac{10}{\sqrt{Re}} \tag{2.4d}$$

乱流領域 $(500 < Re < 10^5)$：

$$C_D = 0.44 \tag{2.4e}$$

図 2.1 に Re と C_D との関係を示す.

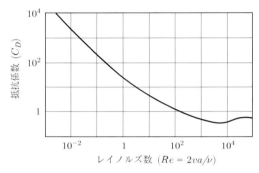

図 2.1 レイノルズ数と抵抗係数

（2）　粒子が非常に小さい場合

粒子が非常に小さくて，気体分子の平均自由行程よりも小さいときは，媒質気体は連続的な流体としてではなく，非連続的な分子の集合体として粒子に作用することになる．粒子が気体中を速度 v で移動しているとき，気体分子が粒子と衝突することによって粒子に及ぼす力は，一次元方向については,

$$F_D = \frac{4}{3}\,\pi a^2 n_g m_g \overline{G}_g \delta v \tag{2.5}$$

となる．ここに，$n_g, m_g, \overline{G}_g$ はそれぞれ気体分子の分子数濃度，質量，平均熱運動速度，δ は気体分子と粒子との衝突の際の運動量交換効果に関連する値で，気体分子運動論より,

$$\delta = 1 + \frac{\pi}{8}\,\alpha_m \tag{2.6a}$$

で与えられる (2.7.1 項参照). ここで，α_m は運動量輸送に関する適応因子 (accomodation factor) で，粒子から十分離れたところの気体分子の運動量を m_∞，粒子表面衝突時および離脱時の運動量をそれぞれ m_s, m'_s とすると,

$$\alpha_m = \frac{m'_s - m_\infty}{m_s - m_\infty} \tag{2.6b}$$

で定義され，空気中の粒子については $0.89 \sim 1.0$ の値が得られている[1]．

一方，気体の粘度は，

$$\mu = \varphi n_g m_g \overline{G_g} l \tag{2.7}$$

で与えられる．ただし，φ は気体の種類によって決まる値で，理想気体では $1/3$，空気では 0.499 とされている．また，l は気体分子の平均自由行程 (mean free path) で，分子の個数濃度が n，衝突半径が σ の単成分気体では，

$$l = \frac{1}{\sqrt{2}\pi n\sigma^2} \tag{2.8}$$

で与えられるが，粘度が知られているときは式 (2.7) から求められる．すなわち，空気に対しては，

$$l = \frac{\mu}{0.499P} \left(\frac{\pi kT}{8m_g} \right)^{1/2} \tag{2.9}$$

で与えられる．ただし，k はボルツマン (Boltzmann) 定数，P は圧力，T は絶対温度で，$20\,°\mathrm{C}$，1 気圧の空気では $l \approx 6.5 \times 10^{-8}$ m となる．いま，式 (2.2)，(2.5) の各式に上式を用いると，

$$B = \frac{\dfrac{4.5\varphi}{\delta} \dfrac{l}{a}}{6\pi\mu a} = \frac{1}{6\pi\mu a} Cc \tag{2.10}$$

となり，式 (2.3) に対しては Cc だけの補正が必要となる．ここで，$Kn = l/a$ は Knudsen 数とよばれ，Cc の大きさを決める重要な因子である．Kn についての各領域はそれぞれ，$Kn > 1$ を自由分子領域 (free molecule regime)，$Kn \sim 1$ を遷移領域 (transition regime)，$Kn < 1$ をすべり流れ領域 (slip flow regime)，$Kn \sim 0$ を連続領域 (continuum regime) とよび，とくに $Kn = 1 \sim 10$ の範囲を近自由分子領域，$Kn = 1 \sim 0.01$ の範囲を近連続領域とよぶこともある．

（3） カニンガム (Cunningham) の補正項

Kn の値のかなり広い範囲にわたって適用される Cc の値は，

$$Cc = 1 + A \cdot Kn \tag{2.11}$$

で表され，これをカニンガムの補正項という．A の値は，式 (2.10) からわかるように，気体の種類によって異なり実験的に求められる．これまでいくつかの式が提案されているが[2]，その多くはつぎの実験式で表され，いずれも Millikan の実験値をもとにした実験定数が提案されている．

$$A = a + b \exp\left(-\frac{c}{Kn}\right) \tag{2.12}$$

ここで,

	a	b	c
Davies[3a]	1.257	0.400	1.100
Buckley & Loyalka[3b]	1.099	0.518	0.425

Fuchs ら[4]は別に理論的考察を行い $\varphi = 0.499$, $\alpha_m = 0.89$ として,

$$Cc = \frac{1}{1 + 0.42Kn} + 1.67Kn \tag{2.13}$$

を得たが, これらの式はほぼ同じ値を与える. 付録III には上式から得た Cc, B の値を示す.

（4）温度, 圧力への依存性

気体分子の熱運動は温度, 圧力によって変わり, 温度, 圧力が変化したときの平均自由行程は, 基準値 (添字 0) に対して次式で表される.

$$\frac{l}{l_0} = \frac{\mu P_0}{\mu_0 P}\left(\frac{T}{T_0}\right)^{1/2}$$

ただし, 気体の粘度の圧力依存性は小さく, その温度依存性は,

$$\frac{\mu}{\mu_0} = \left(\frac{T}{T_0}\right)^{1/2}\frac{1 + \dfrac{S}{T_0}}{1 + \dfrac{S}{T}}$$

で与えられる. したがって, 平均自由行程は,

$$\frac{l}{l_0} = \frac{TP_0}{T_0 P}\cdot\frac{1 + \dfrac{S}{T_0}}{1 + \dfrac{S}{T}} \tag{2.14}$$

となる. ここで, S は Sutherland 定数であって $S = 113$ K である[5]. また, 常圧 (1 気圧) の場合, 式 (2.9) は近似的に次式で表される.

$$l(m) = 3.03 \times 10^{-10}\frac{T}{1 + \dfrac{S}{T}} \tag{2.15}$$

2.1.2 運動方程式

流体中の球形粒子の運動方程式は，Re が小さいとき一次元運動については次式で表される[6]．

$$m\frac{dv}{dt} = -F_D + m'\frac{du}{dt} - \frac{m'}{2}\left(\frac{dv}{dt} - \frac{du}{dt}\right)$$

$$-6a^2\sqrt{\pi\mu\rho}\int_{t_0}^{t}\left(\frac{dv}{dt'} - \frac{du}{dt'}\right)\frac{dt'}{\sqrt{t-t'}} + F(t) \qquad (2.16)$$

ただし，$m = 4\pi a^3\rho_p/3$，$m' = 4\pi a^3\rho/3$ である．右辺第 1 項は粘性抵抗，第 2 項は圧力勾配による力，第 3 項は速度変動によって粒子に加わる反力，第 4 項は表面摩擦によるエネルギー損失に伴う力であって Besset 項といわれるもの，第 5 項は外力である．粒子，流体の運動がともに定常的であれば，上式は簡単に次式となる．

$$F_D = F(t) \qquad (2.17)$$

また，ブラウン運動のような運動に対しては，上式にランダムな外力の項を加えた Langevin 方程式[7]が用いられる．

2.2 重力場における運動

2.2.1 重力場における一般運動

流体が静止しているときは，式 (2.16) で，$u = du/dt = 0$，また，エアロゾルの場合は一般に $m \gg m'$，としてよいから，右辺第 2 項，第 3 項は無視される．さらに，粒子の運動の時間的変化がゆるやかであれば第 4 項も無視できるので，結局運動方程式としては，次式を得る．

$$m\frac{dv}{dt} = -F_D + F(t) \qquad (2.18)$$

重力場における運動は，初速ベクトルと重力ベクトルを含む面内での二次元運動であるから，上式を水平方向成分 v_x と鉛直方向成分 v_y とについて書けば，

$$m\frac{dv_x}{dt} = -F_D\cos\theta$$

$$m\frac{dv_y}{dt} = -F_D\sin\theta + mg\left(1 - \frac{\rho}{\rho_p}\right)$$

ただし，$\cos\theta = v_x/v$，$\sin\theta = v_y/v$，$v_x{}^2 + v_y{}^2 = v^2$ である．さらに F_D として式 (2.1) を用いれば，

$$\frac{dv_x}{dt} = -\frac{\rho C_D A v v_x}{2m} \qquad (2.19a)$$

$$\frac{dv_y}{dt} = -\frac{\rho C_D A v v_y}{2m} + g\left(1 - \frac{\rho}{\rho_p}\right) \tag{2.19b}$$

となる．これらの式の一般解を得ることは困難であるが，差分式に書きなおして数値解を求めることは可能である．

2.2.2　水 平 運 動

2.2.1 項で $v_x \gg v_y$ の場合を考えると，運動方程式は式 (2.19a) のみを考えればよい．一方，球形粒子については，

$$\frac{dv}{dt} = \frac{\mu}{2a\rho} \cdot \frac{dRe}{dt}$$

であるから，これを式 (2.19a) に代入すれば，

$$\frac{dRe}{C_D Re^2} = -\frac{3}{16} \cdot \frac{\mu}{a^2 \rho_p}\, dt \tag{2.20}$$

ここに，C_D として式 (2.4a) を用い，$t = 0 \sim t$，すなわち，Re については $Re_0 \sim Re_t$ の範囲でこれを積分すると次式を得る．

$$\int_{Re_t}^{Re_0} \frac{dRe}{C_D Re^2} = \frac{1}{23}\left[\ln \frac{C_{D_t}}{C_{D_0}} + 1.26\left(\frac{1}{\sqrt{C_{D_t}}} - \frac{1}{\sqrt{C_{D_0}}}\right)\right]$$
$$= \frac{3t}{16a^2 \rho_p} \tag{2.21}$$

ただし，C_{D_0}，C_{D_t} はそれぞれ Re_0，Re_t のときの C_D の値である．これは Re の広い範囲にわたって v と t の関係を与える一般解であるが，さらに簡単な場合の解を求めてみよう．

まず，層流領域では，式 (2.20) において $C_D = 24/Re$ とおけば，

$$\frac{dRe}{24Re} = -\frac{3\mu}{16a^2 \rho_p}\, dt \tag{2.22}$$

となり，$t = 0$ で $Re = Re_0$ として解けば，

$$\ln\left(\frac{Re}{Re_0}\right) = -\frac{9\mu}{2a^2 \rho_p}\, t$$

ここで，初速を $v_0(= Re_0 \nu/2a)$ として書きなおせば，

$$v = v_0 \exp\left(-\frac{t}{\tau_p}\right) \tag{2.23}$$

ここに，

$$\tau_p = \frac{2a^2 \rho_p}{9\mu} = \frac{m}{6\pi\mu a} = mB \tag{2.24}$$

であって，これを緩和時間または衰弱時間 (relaxation time) という．その値を付録Ⅲに示す．

また，$t = 0 \sim t$ 時間に動く距離は，

$$s = \int_0^t v\,dt = v_0 \tau_p \left[1 - \exp\left(-\frac{t}{\tau_p} \right) \right] \tag{2.25}$$

であって，$t \to \infty$ では $s_\infty = v_0 \tau_p$ となる．これを停止距離 (stopping distance) といい，初速 v_0 の粒子が動く最大距離である．一方，τ_p は速度が初速の $1/e$ になる時間であり，また初速の効果がそのまま持続する最大持続時間に相当する．

ついで，乱流領域では，式 (2.20) で，$C_D = 0.44$ とおくと，

$$\frac{dRe}{0.44Re^2} = -\frac{3\mu}{16a^2\rho_p}\,dt = -\frac{dt}{24\tau_p} \tag{2.26}$$

したがって，初速を v_0 として解けば次式を得る．

$$\frac{1}{v} - \frac{1}{v_0} = \frac{0.11a}{3\tau_p \nu}\,t \tag{2.27}$$

2.2.3 鉛 直 運 動

2.2.1 項で，$v_y \gg v_x$ とすると，運動方程式は 2.2.2 項の場合と同様にして，

$$\frac{dRe}{\phi - C_D Re^2} = \frac{dt}{24\tau_p} \tag{2.28}$$

ただし，

$$\phi = \frac{32a^3 g(\rho_p - \rho)\rho}{3\mu^2}$$

である．ここで，$t = 0 \sim t$ の範囲でこれを積分すれば，

$$\int_{Re_0}^{Re_t} \frac{dRe}{\phi - C_D Re^2} = \frac{t}{24\tau_p} + C$$

として解が求められる．

層流領域では，$C_D = 24/Re$ とすれば，

$$\ln\left| \frac{\phi - 24Re_0}{\phi - 24Re_t} \right| = \frac{t}{\tau_p} \tag{2.29}$$

また，乱流領域では $C_D = 0.44$ として次式を得る．

$$\frac{1}{\sqrt{1.76\phi}} \ln\left| \frac{(0.88Re_t + \sqrt{1.76\phi})(-0.88Re_0 + \sqrt{1.76\phi})}{(-0.88Re_t + \sqrt{1.76\phi})(0.88Re_0 + \sqrt{1.76\phi})} \right| = \frac{t}{24\tau_p} \tag{2.30}$$

2.2.4　終末沈降速度

粒子に加わる外力が重力のみの場合は，その初速度のいかんにかかわらず，重力と媒質から受ける抵抗力とがやがてつり合って，ある平衡速度を得るようになる．この速度を終末沈降速度 (terminal settling velocity) という．このときの運動方程式は式 (2.17) で $F(t) = mg$ とおけばよく，これを球形粒子について書きなおせば，

$$\frac{4}{3}\pi a^3(\rho_p - \rho)\,g = \frac{1}{2}\,C_D\rho v^2\pi a^2$$

すなわち，終末沈降速度は次式で与えられる．

$$v_s = \left[\frac{8}{3}\left(\frac{\rho_p}{\rho} - 1\right)\frac{a}{C_D}g\right]^{1/2} \tag{2.31}$$

層流領域では $C_D = 24/Re$ とおけば，

$$v_s = \frac{2(\rho_p - \rho)}{9\mu}a^2g = mgB = \tau_p g \tag{2.32}$$

となり，これは Stokes の重力沈降速度式とよばれる．

乱流領域では $C_D = 0.44$ とおいて，

$$v_s = 2.46\left[\left(\frac{\rho_p}{\rho} - 1\right)ag\right]^{1/2} \tag{2.33}$$

となり，これは Newton の重力沈降速度式とよばれる．

遷移領域では $C_D = 10/\sqrt{Re}$ とおけば，

$$v_s = 2\left[\frac{2}{15}\left(\frac{\rho_p}{\rho} - 1\right)g\right]^{2/3}\nu^{-1/3}a \tag{2.34}$$

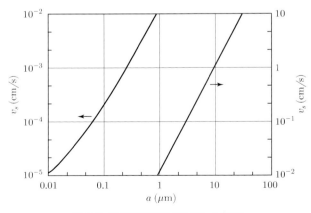

図 **2.2**　重力沈降速度 (20 °C，1 気圧)

となり，これは Allen の重力沈降速度式とよばれる．なお，式 (2.28) から $dRe/dt = 0$，すなわち，$\phi - C_D Re = 0$ を解いても，これらと同様の結果が得られる．

式 (2.32) にカニンガムの補正項を考慮して，重力場での終末沈降速度を求めたのが図 2.2 である．ただし，$\rho_p = 1$ g/cm³ (1000 kg/m³) である．

2.3 不整形粒子の動力学的性質

エアロゾル粒子の動力学的性質を問題にするとき，多くの場合，粒子は球形として取り扱ってよい．事実，微小粒子の多くは球形に近く，たとえ球形でない不整形な粒子であっても，その動力学的性質はそれと同等な球形粒子 (6.1.1 項参照) に換算した値で表せば十分である．しかし，粒子表面へのガスの拡散，吸着などの場合のように，その動力学的性質とあわせて粒子自身の表面状態や質量が問題となるときは，このような単純な取り扱いでは不十分であって，とくに，凝集した塊状または鎖状の粒子では非球形粒子としての取り扱いが必要である．

2.3.1 回転だ円体の動力学的性質

非球形粒子を代表するものの一つとして，図 2.3 のような回転だ円体を考える．$\beta(= a/b) > 1$ (1/β を aspect ratio ということが多い) であれば扁平球であって，$\beta \to \infty$ で円板に近づく．また，$\beta < 1$ のときは扁長球で，$\beta \to 0$ で円柱に近づくことになる．

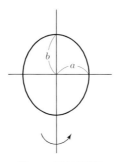

図 2.3 回転だ円体

さて，回転だ円体の体積は，

$$V_{el} = \frac{4}{3}\pi a^2 b \tag{2.35}$$

また，その表面積は，

$$S_{el} = 2\pi a^2 \left[1 + \frac{1}{\beta\sqrt{\beta^2 - 1}} \ln\left(\beta^2 - 1\right) + \beta \right] \quad (\beta > 1) \tag{2.36a}$$

$$S_{el} = 2\pi a^2 \left[1 + \frac{1}{\beta\sqrt{1-\beta^2}} \arcsin\sqrt{1-\beta^2} \right] \quad (\beta < 1) \tag{2.36b}$$

移動度はその方向によって異なるが，全方向の平均をとると，

$$B_{el} = \frac{1}{6\pi\mu a\kappa} \tag{2.37}$$

ただし，

$$\frac{1}{\kappa} = \frac{1}{3}\left(\frac{1}{\kappa_c} + \frac{2}{\kappa_a} \right) \tag{2.38}$$

ここに，κ_c は回転軸方向成分，κ_a は回転半径方向成分で，それぞれ次式で与えられる[8]．

まず扁長球（$\beta < 1$）については，

$$\kappa_c = \frac{\dfrac{4}{3}(1-\beta^2)}{\dfrac{(2-\beta^2)\beta}{\sqrt{1-\beta^2}} \ln\left(\dfrac{1+\sqrt{1-\beta^2}}{\beta} \right) - \beta} \tag{2.39a}$$

$$\kappa_a = \frac{\dfrac{8}{3}(1-\beta^2)}{\dfrac{(2-3\beta^2)\beta}{\sqrt{1-\beta^2}} \ln\left(\dfrac{1+\sqrt{1-\beta^2}}{\beta} \right) + \beta} \tag{2.39b}$$

ここで，$\beta \to 0$ すなわち細い円柱では，

$$\kappa_c = \frac{\dfrac{2}{3\beta}}{\ln\dfrac{2}{\beta} - \dfrac{1}{2}} \tag{2.40a}$$

$$\kappa_a = \frac{\dfrac{4}{3\beta}}{\ln\dfrac{2}{\beta} + \dfrac{1}{2}} \tag{2.40b}$$

また，扁平球（$\beta > 1$）に対しては，

$$\kappa_c = \frac{\dfrac{4}{3}(\beta^2-1)}{\dfrac{\beta(\beta^2-2)}{\sqrt{\beta^2-1}} \arctan\sqrt{\beta^2-1} + \beta} \tag{2.41a}$$

$$\kappa_a = \frac{\dfrac{8}{3}(\beta^2-1)}{\dfrac{\beta(3\beta^2-2)}{\sqrt{\beta^2-1}} \arctan\sqrt{\beta^2-1} - \beta} \tag{2.41b}$$

ここで, $\beta \to \infty$ すなわち円板では,

$$\kappa_c = \frac{8}{3\pi} = 0.849 \tag{2.42a}$$

$$\kappa_a = \frac{16}{9\pi} = 0.566 \tag{2.42b}$$

となる. κ_c, κ_a の計算値を表 2.1 に示す. さらに, これらの式からつぎのような関係が求められる.

表 **2.1** 回転だ円体の動力学的諸数値

β	κ_c	κ_a	κ	$K_V{}^*$	$K_C{}^*$
扁長球					
1/20	4.16	6.38	5.41	3.81	7.06
1/10	2.65	3.81	3.32	2.94	4.44
1/8	2.31	3.26	2.87	2.74	3.88
1/6	1.97	2.68	2.39	2.51	3.30
1/4	1.60	2.06	1.88	2.26	2.69
1/3	1.40	1.73	1.69	2.24	2.51
1/2	1.20	1.38	1.31	1.99	2.08
扁平球					
2	0.90	0.79	0.824	1.98	2.09
3	0.88	0.72	0.751	2.07	2.39
4	0.87	0.68	0.734	2.23	2.80
6	0.86	0.64	0.702	2.43	3.58
8	0.85	0.62	0.681	2.51	4.34
10	0.85	0.61	0.673	2.70	5.14
20	0.85	0.59	0.657	3.41	9.20
∞	0.849	0.566	0.637		

注) $*$: K_V, K_C は 2.3.2 項参照.

同じ体積をもつ球形粒子 (添字 S) と回転だ円体粒子 (添字 el) との移動度または重力沈降速度の比は,

$$\eta_1 = \frac{B_{el}}{B_S} = \frac{v_{el}}{v_S} = \beta^{-1/3}\kappa^{-1} \tag{2.43}$$

同じ重力沈降速度を有する球形粒子と回転だ円体粒子との体積比は,

$$\eta_2 = \frac{V_{el}}{V_S} = \beta^{1/2}\kappa^{3/2} \tag{2.44}$$

同じ移動度 (B) または拡散係数をもつ球形粒子と回転だ円体粒子との体積比は,

$$\eta_3 = \frac{V_{el}}{V_S} = \beta^{-1}\kappa^{-3} \tag{2.45}$$

同様にその表面積比は,

$$\eta_4 = \frac{S_{el}}{S_S} = \frac{1}{2\kappa^2} \left(1 + \frac{\arcsin\sqrt{1-\beta^2}}{\beta\sqrt{\beta^2-1}} \right) \quad (\beta < 1) \qquad (2.46\text{a})$$

$$\eta_5 = \frac{S_{el}}{S_S} = \frac{1}{2\kappa^2} \left(1 + \frac{\ln(\beta + \sqrt{\beta^2-1})}{\beta\sqrt{\beta^2-1}} \right) \quad (\beta > 1) \qquad (2.46\text{b})$$

となる．図 2.4 〜 図 2.6 はそれぞれ η_1，η_2 および η_3，η_4 の計算図である．これらの図から，一般に不整形粒子をそれと同じ動力学的性質，たとえば同じ重力沈降速度あるいは同じ拡散係数をもつ球形粒子として，その表面積や質量を評価したときの誤差はかなり大きいことがわかる．

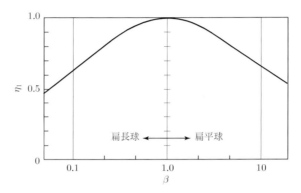

図 **2.4** 同じ体積をもつ球形粒子に対する回転だ円体の移動度 (または重力沈降速度) の比

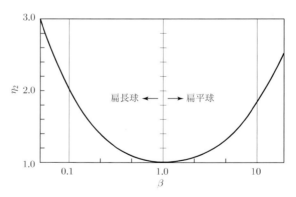

図 **2.5** 同じ重力沈降速度の値をもつ球形粒子に対する回転だ円体の体積比

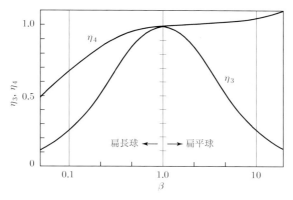

図 **2.6** 同じ拡散係数の値をもつ球形粒子に対する回転だ円体の体積比 η_3 と表面積比 η_4

2.3.2 動力学的形状係数
(1) 定　　義

非球形エアロゾル粒子の動力学的形状係数 (dynamic shape factor) は，粒子の幾何学的な大きさ (d_e) と動力学的な大きさ (d_{ae}) の関係を表す因子である．なお，この節では便宜上粒子の大きさを直径で表す．また各種粒径，形状係数の定義は 6.1.1 項を参照されたい．

終末重力沈降速度 v_s に対する抗力は，抵抗形状係数を K_R とすると，

$$F_D = \frac{3\pi\mu(K_R\, d_e)\, v_s}{Cc(d_e)}$$

また重力は，α_e を d_e に対する体積形状係数とすると，

$$F_g = mg = \rho_p(\alpha_e d_e)^3 g$$

すなわち，

$$v_s = \frac{\rho_p d_e{}^3 g}{3\pi\mu}\left(\frac{\alpha_e}{K_R}\right)Cc(d_e) \tag{2.47}$$

したがって，この値と同じ重力沈降速度をもつ密度 ρ_0 の球形粒子の径，すなわち空気力学的径 ($\rho_0 = 1\ \mathrm{g/cm^3}$) または Stokes 径 ($\rho_0 = \rho_p$)，$d_{ae}$ は，

$$d_{ae} = \left[\frac{6}{\pi}\cdot\frac{\rho_p}{\rho_0}\cdot\frac{\alpha_e}{K_R}\cdot\frac{Cc(d_e)}{Cc(d_{ae})}\right]^{1/2} d_e \tag{2.48}$$

となる．$Cc = 1$ として d_{ae} を定義することもあるが，ここでは，

$$K = \frac{K_R}{\alpha_e} = \frac{6}{\pi}\cdot\frac{\rho_p}{\rho_0}\cdot\frac{d_e{}^2}{d_{ae}{}^2}\cdot\frac{Cc(d_e)}{Cc(d_{ae})} \tag{2.49}$$

または,

$$\overline{K} = K \frac{Cc(d_{ae})}{Cc(d_e)} \tag{2.50}$$

を動力学的形状係数という. ただし, 以下では Cc は省略して書く.

粒子の体積 (V_p) が知られているとき, d_e として同等体積径 $d_V = (6V_p/\pi)^{1/3}$ を用いると, このとき $\alpha_e = \alpha_V = \pi/6$ であり, とくにこの場合, 添字 V をつけて書くと,

$$K_V \alpha_V = K_{RV} = \frac{\rho_p d_V{}^2}{\rho_0 d_{ae}{}^2} \tag{2.51}$$

となり, K_{RV} を単に動力学的形状係数ということもある. これは, 非球形粒子に加わる抗力と基準密度の同体積球形粒子に加わる抗力の比である. 一方, 粒子の投影面積 (A_p) が知られているときは d_e, α_e としてそれぞれ円等価径 $d_c = (4A_p/\pi)^{1/2}$, $\alpha_c = \pi/4$ を用い, 同様に K_{RC} を求めることができる. このとき, 式 (4.48) から $\alpha_e/K_R \cdot d_e{}^2 = $ 一定であるから, つぎの関係がある.

$$\frac{\alpha_c}{K_{RC}} d_c{}^2 = \frac{\alpha_V}{K_{RV}} d_V{}^2 \tag{2.52}$$

（2） 実 測 値

粒径のそろったポリスチレンラテックス (PSL) 粒子 (0.375 μm) の凝集体については, つぎのような実験式がある[9]. すなわち, 単粒子径を d_1, その個数を n とすると, n の小さい $(n \leq 8)$ 塊状粒子では,

$$d_{ae} = 0.901 \left(\frac{\rho_p}{\rho_0} \right)^{1/2} n^{1/3} d_1 \tag{2.53a}$$

n が大きい $(n = 9 \sim 23)$ 鎖状粒子では,

$$d_{ae} = 1.07 \left(\frac{\rho_p}{\rho_0} \right)^{1/2} n^{1/6} d_1 \tag{2.53b}$$

ここで, $d_V = n^{1/3} d_1$ であるから, 上式は, それぞれ $K_{RV} = 1.232$, $K_{RV} = 0.863 n^{1/3}$ の場合に相当する.

微小粒子が鎖状に連なり, さらにこれが凝集してフロック状となったような凝集体については, 単粒子の個数基準幾何平均径を d_{1g}, 幾何標準偏差を σ_{1g} として次式が与えられている[10].

$$d_{ae} = \alpha_1 \left(\frac{\rho_p}{\rho_0} \right)^{1/2} n^{1/3} d_{1g} \exp\left(1.5 \ln^2 \sigma_{1g}\right) \tag{2.54a}$$

$$d_{ae} = \alpha_2 \left(\frac{\rho_p}{\rho_0} \right)^{1/2} n^{1/6} d_{1g} \exp\left(2 \ln^2 \sigma_{1g}\right) \tag{2.54b}$$

上式の適用範囲と α_1, α_2 の値は粒子の種類と単粒子の大きさによって決まるが, $d_{1g} = 0.02 \sim 0.04\ \mu\mathrm{m}$, $\sigma_{1g} \approx 1.8$ の酸化鉄粒子と金粒子の実験では, n が $10^4 \sim 10^5$ より小さいとき (鎖状) は式 (2.55b), それより大きいとき (フロック状) は式 (2.55a) が適用され, $\alpha_1 = 0.362 \sim 0.258$, $\alpha_2 = 1.09 \sim 0.828$ であり, d_{1g} が小さいほど α_1, α_2 ともに大きい値となっている. また, 多分散粒子の n 個の集合体では式 (6.43) から,

$$d_V = d_{1g} n^{1/3} \exp\left(1.5 \ln^2 \sigma_{1g}\right)$$

となるから, 上式はそれぞれつぎの場合に相当する.

$$K_{KV} = \alpha_1^{-2} \tag{2.55a}$$

$$K_{RV} = \alpha_2^{-2} n^{1/3} \exp\left(-\ln^2 \sigma_{1g}\right) \tag{2.55b}$$

また, 針状のアスベストについてはつぎの実験式がある[9, 11].

$$d_{ae} = 2.19 d \left(\frac{l}{d}\right)^{\alpha} \tag{2.56}$$

ここに, d は直径, l は長さで, α は $0.116 \sim 0.171$ である.

（3） 回転だ円体

回転だ円体では, β の定義から $d_V = (2a)\beta^{-1/3}$, また式 (2.44) を用いて,

$$d_{ae} = (2a) \left(\frac{\rho_p}{\rho_0}\right)^{1/2} (\beta\kappa)^{-1/2}$$

すなわち,

$$K_{RV} = \beta^{1/3}\kappa \tag{2.57}$$

また, ランダムな方向におかれた回転だ円体の平均円等価径は,

$$d_e = 2a \left[\frac{1}{3}\left(1 + \frac{2}{\beta}\right)\right]^{1/2}$$

であるから, 式 (2.52) の関係から次式を得る.

$$K_{RC} = \frac{\alpha_c}{\alpha_V} \cdot \frac{1}{3} \beta^{2/3}\left(1 + \frac{2}{\beta}\right) K_{RV} = \alpha_c \frac{2}{\pi} \beta \left(1 + \frac{2}{\beta}\right)\kappa \tag{2.58}$$

表 2.1 に $K_V = K_{RV}/\alpha_V$, $K_C = K_{RC}/\alpha_c$ の値を示す.

長い扁長球 ($\beta \ll 1$) に対しては, 式 (2.40) を用いると,

$$d_{ae} = 2a \left[\frac{\rho_p}{\rho_0} \ln\left(\frac{2}{\beta}\right)\right]^{1/2} \tag{2.59}$$

となり，針状アスベスト粒子についての実験式 (2.56) に近い値を示す．なお，針状や平板状粒子は流れのなかでは必ずしもランダムな方向にあるとは限らないし，フロック状粒子では見かけ密度が異なってくるので注意を要する．

2.4 慣性力による運動

2.4.1 円 運 動

エアロゾルの流れが等速円運動であるとし，その接線方向の速度を u_t とすると，遠心加速度は，

$$\alpha_I = \frac{u_t{}^2}{R} = R\omega^2 \tag{2.60}$$

ただし，R は曲率半径，ω は角速度である．したがって，粒子にも同様に α_I なる加速度が加わり，その終末遠心速度は式 (2.31) の g のかわりに α_I を用いて，

$$v_I = \left[\frac{8}{3} \left(\frac{\rho_p}{\rho} - 1 \right) \frac{a}{C_D} R\omega^2 \right]^{1/2} \tag{2.61}$$

ここで，

$$\frac{\alpha_I}{g} = \frac{R\omega^2}{g} \tag{2.62}$$

を分離比 (separation factor) といい，重力効果に対する慣性効果の比，すなわち遠心分離の場合の分離効率を表す一つの因子である．

また，粒子の半径方向の運動速度は一般に，

$$v_I = \frac{dR}{dt} = \tau_p \alpha_I = \tau_p R\omega^2$$

と書けるから，これを $t = 0 \sim t$，$R = R_1 \sim R_2$ で積分すると，

$$\ln \left(\frac{R_2}{R_1} \right) = \tau_p \omega^2 t \tag{2.63}$$

すなわち，半径 R_1 から R_2 まで移動するのに要した時間も上式から求まる．さらに，内径 R_1，外径 R_2 の同軸中空円筒内の軸方向の平均流速を $\overline{u}$，流れの回転速度を ω とすれば，緩和時間 τ_p の粒子を全部外壁内面に沈降させるのに要する軸方向長さ L は次式で与えられる．

$$L = \frac{\overline{u}}{\tau_p \omega^2} \ln \left(\frac{R_2}{R_1} \right) \tag{2.64}$$

2.4.2 慣性衝突

図 2.7 のように，流れの方向に対して直角な方向におかれた無限長円柱があるとき，このまわりの粒子の軌跡を表す運動方程式は，

$$\tau_p \frac{\partial^2 x}{\partial t^2} = u_x - \frac{\partial x}{\partial t} \tag{2.65a}$$

$$\tau_p \frac{\partial^2 y}{\partial t^2} = u_y - \frac{\partial y}{\partial t} \tag{2.65b}$$

となる．いま，$U_x = u_x/u_0$，$U_y = u_y/u_0$，$X = x/a_f$，$Y = y/a_f$，$T = \tau_p u_0/a_f$ として上式を無次元化すると，

$$Stk \frac{\partial^2 X}{\partial T^2} + \frac{\partial X}{\partial T} = U_x \tag{2.66a}$$

$$Stk \frac{\partial^2 Y}{\partial T^2} + \frac{\partial Y}{\partial T} = U_y \tag{2.66b}$$

ここで，

$$Stk = \frac{\tau_p u_0}{a_f} \tag{2.67}$$

は Stokes 数とよばれる慣性衝突効率に関する無次元パラメータで，粒子の停止距離と円柱半径の比を表し，この値が大きいほど衝突効率は大きい．

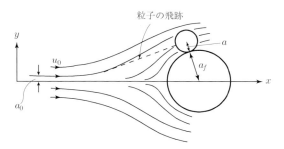

図 2.7 円柱周辺の流れ

式 (2.66) の解は，

$$(X,\ Y) = f(x_0,\ y_0,\ T,\ Stk)$$

の形となる．ただし，x_0，y_0 は粒子の初期位置である．上式の解析解を得ることは一般には困難であるが，逐次的に数値解を求めることはできる．また，図 2.7 で，x 軸から a_0 の範囲にあった粒子はすべて円柱に衝突捕集されるものとすると，捕集効率は $E = a_0/a_f$ で表され，Stk，$Re_f (= 2u_0 a_f/\nu)$，a/a_f の関数となる．なお，円柱の

まわりの流れは Re_f が小さいときは次式で表される[12].

$$U_x = \frac{1}{2.002 - \ln Re_f} \left[\ln \rho + 0.5 \left(1 - \frac{1}{\rho^2} \right) \left(\frac{Y^2 - X^2}{\rho^2} \right) \right] \tag{2.68a}$$

$$U_y = -\frac{1}{2.002 - \ln Re_f} \left[\frac{XY}{\rho^2} \left(1 - \frac{1}{\rho^2} \right) \right] \tag{2.68b}$$

ただし，$\rho^2 = X^2 + Y^2$ である．ポテンシャル流れや球体のまわりの流れの流速分布についても同じ文献を参照されたい.

円柱や球体によるエアロゾル粒子の慣性衝突については多くの計算や実験が行われているが，つぎのような簡便式がある.

円柱 $(Re_f \approx 10)$ については[13]，

$$E = \frac{(Stk)^3}{(Stk)^3 + 1.54(Stk)^2 + 1.76} \tag{2.69}$$

球体については，$E = (a_0/a_f)^2$ とし，ポテンシャル流れ $(Re_f \to \infty)$ に対して E_p，粘性流 $(Re \to 0)$ に対して E_V とすると次式が得られる[14].

$$E_p = \frac{(Stk)^2}{(Stk + 0.5)^2} \quad (Stk > 0.2) \tag{2.70a}$$

$$E_V = \left[1 + \frac{0.75 \ln (2Stk)}{Stk - 1.214} \right]^{-2} \quad (Stk > 1.214) \tag{2.70b}$$

$$E = \frac{E_V + \dfrac{E_p Re_f}{60}}{1 + \dfrac{Re_f}{60}} \tag{2.70c}$$

2.5　振動場における粒子の運動

（1）　単調振動の場合の運動方程式

媒質が角速度 ω の単調振動をしており，粒子もこれと位相差 γ の単調振動を行うものとすると，

$$u = u_0 \sin \omega t \tag{2.71a}$$

$$v = v_0 \sin (\omega t + \gamma) \tag{2.71b}$$

すなわち，式 (2.16) の右辺第 4 項は上式を用いて表すと，

$$m' \frac{9}{2a} \sqrt{\frac{\nu}{2\omega}} \left[\omega(u - v) + \frac{du}{dt} - \frac{dv}{dt} \right]$$

となり，したがって $\beta = (2\nu/\omega)^{1/2}/a$ として式 (2.16) を書き表すと次式となる．

$$m\frac{dv}{dt} = m'\frac{du}{dt} + m'\left(\frac{1}{2} + \frac{9}{4}\beta\right)\left(\frac{du}{dt} - \frac{dv}{dt}\right)$$

$$+ m'\frac{9}{4}\omega\beta\,(1+\beta)(u-v) + F(t) \tag{2.72}$$

これは単調振動を行う粒子の一般的な運動方程式である．

（2） 媒質が静止し，単調振動の外力があるとき

たとえば，荷電粒子に交流電場が作用するような場合であって，式 (2.72) で $u = du/dt = 0$ とおき，さらに一般に $m' \ll m$ であるから $1/2 \cdot m'dv/dt$ の項を無視する．また，外力を，

$$F = F_0 \sin\omega t \tag{2.73}$$

さらに，

$$m + \frac{9}{4}m'\beta = m_r$$

$$\frac{9}{4}m'\omega\beta\,(1+\beta) = \frac{9}{4}m'\omega\beta + \frac{1}{B} = \frac{1}{B_r}$$

$$m_r B_r = \tau_r$$

とおいて式 (2.72) を書き換えると次式を得る．

$$\tau_r\frac{dv}{dt} + v = B_r F_0 \sin\omega t \tag{2.74}$$

いま，$t = 0$ で $v = 0$ として上式を解けば，

$$v = \frac{F_0 B_r}{\sqrt{1 + \tau_r{}^2\omega^2}}\left[\sin(\omega t - \psi_1) + \sin\psi_1\cdot\exp\left(-\frac{t}{\tau_p}\right)\right] \tag{2.75}$$

ただし，

$$\tan\psi_1 = \tau_r\omega$$

である．式 (2.16) の右辺で F_D，$F(t)$ のみを考慮するならば，その解は式 (2.75) において $m_r \to m$，$B_r \to B$，$\tau_r \to \tau_p$ として求められる．また，τ_p の値は $a = 0.1\,\mu\mathrm{m}$，1 $\mu\mathrm{m}$ でそれぞれ $10^{-7}\mathrm{s}$，$10^{-5}\mathrm{s}$ 程度であるから，ごく短時間のうちに $\exp\left(-t/\tau_r\right) \to 0$ となり，粒子の運動は単調振動となる．すなわち，$f = 2m/3m'$ とすれば，

$$v = v_0 \sin\left(\omega t - \psi_2\right) \tag{2.76}$$

ただし,

$$v_0 = \frac{F_0 f}{\omega m \left(f^2 + 3\beta f + \dfrac{9}{2}\beta^2 + \dfrac{9}{2}\beta^3 + \dfrac{9}{4}\beta^4 \right)^{1/2}} \tag{2.77}$$

$$\tan\psi_2 = \frac{\dfrac{2}{3}f + \beta}{\beta(1+\beta)} \tag{2.78}$$

である.

（ 3 ） 媒質が単調振動をするとき (その 1)

これはエアロゾルに音波を加えたような場合に相当するが，式 (2.72) において $F(t) = 0$ とし，（ 2 ）の場合と同様に微小項を無視する．また媒質の運動速度を，

$$u = u_0 \sin\omega t$$

として式 (2.72) を書き表すと，

$$\tau_r \frac{dv}{dt} + v = \frac{3}{2}m' B_r \omega u_0 C \sin\left(\omega t + \theta_1\right) \tag{2.79}$$

ただし,

$$C = \left(1 + 3\beta + \frac{9}{2}\beta^2 + \frac{9}{2}\beta^3 + \frac{9}{4}\beta^4 \right)^{1/2}$$

$$\tan\theta_1 = \frac{\beta + \dfrac{2}{3}}{\beta(1+\beta)}$$

である．この解にも式 (2.75) と同様に $\exp\left(-t/\tau_r\right)$ の項が含まれるが，これを 0 とおくとつぎの解を得る．

$$v = u_0 \alpha_1 \sin\left(\omega t - \psi_3\right) \tag{2.80}$$

ただし,

$$\alpha_1 = \frac{v_0}{u_0} = \frac{C}{\left(f^2 + 3f\beta + \dfrac{9}{2}\beta^2 + \dfrac{9}{2}\beta^3 + \dfrac{9}{4}\beta^4 \right)^{1/2}} \tag{2.81}$$

$$\tan\psi_3 = \frac{\dfrac{3}{2}(f-1)\beta(1+\beta)}{f\left(1 + \dfrac{3}{2}\beta\right) + \dfrac{3}{2}\beta + \dfrac{9}{2}\beta^2 + \dfrac{9}{2}\beta^3 + \dfrac{9}{4}\beta^4} \tag{2.82}$$

であって，α_1 は粒子と媒質との最大速度または振幅の比を表す．

（4） 媒質が単調振動をするとき（その2）

（3）において，媒質から粒子に加わる力として粘性抵抗のみを考慮すれば，その運動方程式は式 (2.16) から，

$$\tau_p \frac{dv}{dt} + v = u = u_0 \sin \omega t \tag{2.83}$$

となる．この式の解は式 (2.75) とまったく同様の形で表されるが，$\exp(-t/\tau_p)$ の項を無視すると，

$$v = u_0 \alpha_2 \sin(\omega t + \theta_2) \tag{2.84}$$

ただし，

$$\alpha_2 = (1 + \tau_p{}^2 \omega^2)^{-1/2} \tag{2.85}$$

$$\tan \theta_2 = \tau_p \omega \tag{2.86}$$

である．図 2.8 は上式による α_2，θ_2 の値を示す．$\tau_p \omega = \tau_p 2\pi f = 1$ （f は振動周波数）となる粒径と周波数との関係は表 2.2 のとおりであって，この値よりも大きい τ_p，f では粒子と媒質との動きのずれが無視できない．

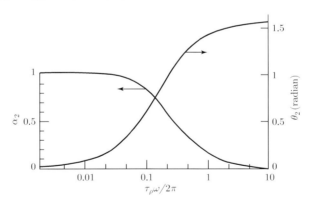

図 2.8 振動場における粒子と媒質とのずれ

表 2.2 $\tau_p \omega = 1$ となる粒子半径と周波数 ($\rho_p = 1\ \mathrm{g/cm^3}$)

$a\,(\mu\mathrm{m})$	0.1	0.2	0.5	1	2	5	10
$f\,(\mathrm{s^{-1}})$	4.4×10^6	2.3×10^5	4.4×10^4	1.2×10^4	3.1×10^3	5.2×10^2	1.3×10^2

2.6　ブラウン運動

粒子が小さくなると，媒質分子と粒子との衝突によって，粒子は分子の動きに似たランダムな運動をするようになる．これをブラウン (Brown) 運動といい，微小コロイド粒子に特有な動力学的現象である．

いま，ブラウン運動についてつぎの仮定が成り立つものとする．すなわち，

① それぞれの粒子の運動はまったく独立で相互に無関係である．

② 場の力あるいは気体分子が粒子に及ぼす力は各方向に均一である．

③ 一つの粒子の運動を微小時間間隔 Δt ごとにみると，$j\Delta t$ の間の運動は，j のいかんにかかわらずそれ以前の運動にまったく無関係で，粒子の位置のみが $(j-1)\Delta t$，すなわち，その一つまえの時間区間の位置に影響される．

これらの仮定は，粒子が十分に小さく，粒子数濃度が気体分子数濃度に比べて小さく，粒子が荷電せず，また，媒質気体の温度，圧力などが均一な場合には一般に満足されると考えてよい．しかし，粒子が大きくなると，重力，慣性力などの効果により，とくに③の仮定が十分には満足されなくなり，これに対する補正が必要となる．

2.6.1　ブラウン運動を説明するモデル

粒子のブラウン運動を説明するには，Einstein の単純なモデルなどいくつかの方法があるが，ここでは二つの方法について述べる．

（1）　運動方程式からの説明

ある一個の粒子の運動方程式は，外力と粘性抵抗のみを考慮すると，一次元運動については次式で与えられる．

$$m\frac{d^2x}{dt^2} = F(t) - \frac{1}{B}\cdot\frac{dx}{dt} \tag{2.87}$$

ここで，両辺に x を乗じ，さらに多くの粒子についての平均をとると，外力は仮定②により各方向に均一であるから $\overline{F(t)\cdot x} = 0$ となる．

また，気体分子運動論から $m(dx/dt)^2 = kT$ であるから，結局次式を得る．

$$\frac{m}{2}\cdot\frac{\overline{d^2(x^2)}}{dt^2} - kT = -\frac{1}{2B}\cdot\frac{\overline{d(x^2)}}{dt}$$

これを解けば，積分定数を C として，

$$\frac{\overline{d(x^2)}}{dt} = 2kTB - C\exp\left(-\frac{t}{\tau_p}\right) \tag{2.88}$$

となる．C の値は粒子の初速度，初期位置に関連するが，微小粒子の場合にはごく短時間のうちに $2kTB \gg C\exp(-t/\tau_p)$ となると考えてよい．また $D = kTB$ であるか

ら，したがって，

$$\overline{x^2} = 2Dt \tag{2.89}$$

を得る．通常，微小時間 ($t = \Delta t$) の運動を問題にしているので $\overline{x^2}$ は $\overline{\Delta x^2}$ で表し，これを平均2乗飛程という．

（2）　拡散モデル

最初に仮定した三つの条件が満足されるときは，粒子の動きは単純な拡散過程と考えてよく，それは Fokker-Planck の確率方程式で表される．すなわち，一次元方向で，$t = 0$ で x_0 にあった粒子が $t = t$ で x に存在する確率を $W(x_0, x, t)$ とすると，

$$\frac{\partial W}{\partial t} = D\frac{\partial^2 W}{\partial x^2} \tag{2.90}$$

したがって，$t = 0$ で x_0 に n_0 個の粒子があったとき，$t = t$ で x に到達する粒子数は，

$$n(x, t) = n_0 W(x_0, x, t) \tag{2.91}$$

となる．式 (2.90) を，

$$W(x_0, x_0, 0) = 1$$

$$W(x_0, x, 0) = 0 \qquad (x \neq x_0)$$

の条件で解くと，よく知られているようにつぎの解を得る．

$$W(x_0, x, t) = \frac{1}{2\sqrt{\pi Dt}} \exp\left[-\frac{(x-x_0)^2}{4Dt}\right] \tag{2.92}$$

したがって，平均2乗飛程は，

$$\overline{\Delta x^2} = \overline{(x-x_0)^2} = \int_{-\infty}^{\infty} (x-x_0)^2 W(x_0, x, t)\,dx = 2Dt \tag{2.93}$$

同様に，平均絶対距離は，

$$\overline{\Delta x_B} = \overline{|x-x_0|} = \int_{-\infty}^{\infty} |x-x_0| W(x_0, x, t)\,dx = \left(\frac{4Dt}{\pi}\right)^{1/2} \tag{2.94}$$

となる．

2.6.2　粒子の平均自由行程

エアロゾル粒子の質量あるいは運動量は，粒子が微小であってもなお気体分子のそれらに比べればかなり大きい．したがって，気体分子との1回の衝突による速度の変化は小さく，見かけ上，粒子が完全に速度を変えるまでには何回かの衝突が必要であ

る．すなわち，粒子の運動は，仮定③に述べたようにそれ以前の時間経歴に無関係ではなく，各時間の運動経路の時間的な集積として考えなければならない．このことは，いいかえれば媒質は非連続的な気体分子の集合として考えるだけではなく，連続的な流体としての考慮も必要なことを示している．

粒子の運動速度は，初速を v_0 とすれば式 (2.23) で表され，さらに停止距離は $s_\infty = v_0 \tau_p$ で与えられた．したがって，気体分子の運動に類似して，エアロゾル粒子についても見かけの平均自由行程 (apparent mean free path) l_B を図 2.9 のように考え，

$$l_B = \overline{G} \tau_p \tag{2.95}$$

と定義することができる．ここで，$\overline{G}$ は粒子の平均熱運動速度である．したがって，$t \ll \tau_p$ であれば，

$$\overline{\Delta x^2} = l_B{}^2 = (\overline{G}t)^2 \tag{2.96}$$

とみてよいが，一般的には式 (2.88) を積分して次式を得る．

$$\overline{\Delta x^2} = 2Dt - C\tau_p \left[1 - \exp\left(-\frac{t}{\tau_p} \right) \right] \quad (C \text{ は積分定数}) \tag{2.97}$$

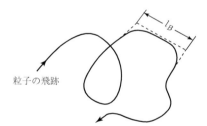

図 2.9 粒子のブラウン運動

2.6.3　粒子の熱運動に関する諸数値

ブラウン運動を行う粒子の飛程は，これまで述べたように $\overline{\Delta x^2}$ や $\overline{\Delta x_B}$ などで与えられたが，粒子の熱運動速度は，その分布が気体分子の熱運動の場合と同様に Maxwell-Boltzmann 分布に従うものとすれば，つぎのように表すことができる．

一方向の平均 2 乗速度は，

$$\overline{G_x{}^2} = \frac{kT}{m} = \frac{D}{\tau_p} \tag{2.98}$$

平均速度は，

$$\overline{G} = \left(\frac{8kT}{\pi m} \right)^{1/2} = \left(\frac{8D}{\pi \tau_p} \right)^{1/2} \tag{2.99}$$

平均2乗速度は,

$$\overline{G^2} = \frac{3kT}{m} = \frac{3D}{\tau_p} \tag{2.100}$$

となる. 付録III に 20 °C, 1 気圧の空気中における諸数値を示す.

2.7 粒子の泳動

重力や電気力のように, 粒子に直接作用する力ではなく, 媒質分子と粒子との衝突による間接的な力によって粒子が移動する場合を泳動といい, その力を泳動力 (phoretic force) という.

2.7.1 熱泳動

エアロゾルに温度勾配が存在すると, 粒子は高温側の媒質気体分子から, 低温側よりも大きな運動量を与えられ, その結果, 高温側から低温側に向かって力を受けて移動する. これを熱泳動 (thermophoresis) といい, 1870 年, Tyndall によって確認された. このような現象により, 高温物体表面のごく近傍にはエアロゾル粒子を含まない空間が生じ[15)], 逆に冷たい物体の表面には粒子が沈着する. 冷却管中を流れるエアロゾル粒子についても熱泳動による管壁沈着は無視できないといわれ[16)], あるいは日常的には壁面の汚れなどにもこの現象が多分に寄与している. また, 一般に, 熱輻射塵埃計といわれるエアロゾル粒子捕集装置はこの現象を応用したものである.

(1) 粒子が小さい場合 ($Kn \gg 1$)

この場合, 気体分子が粒子に与える力, すなわち運動量の時間的変化は, 気体分子運動論を基礎として求められる. そして Waldmann[17a)] によれば,

$$F = F_D + F_T$$
$$= -\frac{32a^2}{3\overline{G}_g} \left[\left(1 + \frac{\pi}{8}\alpha_m \right) P v_T + \sigma \lambda_{\text{trans}} \frac{dT}{dx} \right] \tag{2.101}$$

ただし, F_D, F_T はそれぞれ摩擦力および温度勾配による力, v_T は温度勾配による運動速度 (媒質との相対速度), $\overline{G}_g$ は気体分子の平均熱運動速度 ($= \sqrt{8kT/\pi m_g}$), α_m は式 (2.6) で述べたように気体分子と粒子との衝突時の運動量交換効果に関する値, P は圧力, σ は気体分子と粒子との衝突効率に関する値で, 気体の種類や粒子の表面状

態によって異なるが，気体分子の熱運動速度分布を Maxwell-Boltzmann 分布とすれば，一般に $\sigma = 1/5$ としてよい．λ_{trans} は媒質の熱伝導率の値のうち，統計力学上並進部分として表される部分であって，多原子気体では，

$$\lambda_{\text{trans}} = \frac{15\nu P}{4T} \tag{2.102}$$

したがって，粒子の平衡運動速度は式 (2.101) で $F = 0$ とおけば，

$$v_T = -\frac{3}{5\left(1 + \frac{\pi}{8}\alpha_m\right)} \cdot \frac{\nu}{T} \cdot \frac{dT}{dx} \tag{2.103}$$

となり，粒径には無関係となる．ここで，T は粒子近傍の媒質の平均温度である．

なお，$Kn \geqq 0.25$ の遷移領域では，上式をつぎのように補正して用いることができる[18]．

$$v_T = 式 (2.103) \times \exp\left(-\frac{\hat{\tau}}{Kn}\right) \tag{2.104}$$

ただし，$\hat{\tau}$ は次式で与えられる．

$$\hat{\tau} = 0.06 + 0.09\alpha_m + 0.28\alpha_m\left(1 - \frac{\alpha_t \lambda_g}{2\lambda_p}\right) \tag{2.105}$$

ここで，λ_g，λ_p はそれぞれ気体，粒子の熱伝導度，α_t は熱に関する適応係数で式 (2.6b) の運動量のかわりに温度を用いて定義され，空気中の粒子では $0.9 \sim 1.0$ の値が得られている[18]．

（2） 粒子が大きい場合 $(Kn \ll 1)$

この場合には，まず，粒子内部の温度分布，粒子表面付近における気体分子の濃度分布，速度分布などのひずみと不連続性などを考慮しなければならない．このときの解は，気体分子と粒子とのエネルギーおよび運動量輸送方程式を適当な境界条件のもとに解くことによって得られ，その簡単な解は，Epstein によって次式で与えられた（文献 17b より）．

$$v_T = -\sigma \frac{\lambda_g}{P} \cdot \frac{2}{2 + \frac{\lambda_p}{\lambda_g}} \cdot \frac{dT}{dx} \tag{2.106}$$

上式で，$2/(2 + \lambda_p/\lambda_g)\cdot dT/dx$ は粒子内部の温度分布を考えたときの，粒子表面付近の温度勾配である．また，$\lambda_g \approx \lambda_{\text{trans}}$（多くの多原子気体では，$\lambda_g \approx 1.7\lambda_{\text{trans}}$）とすれば，式 (2.102) から，

$$v_T = -\frac{3\nu}{2T} \cdot \frac{1}{2 + \frac{\lambda_p}{\lambda_g}} \cdot \frac{dT}{dx} \tag{2.107}$$

となる．この解では，粒子表面における粒子と気体との温度および温度勾配の連続性を条件とし，さらに媒質気体中の温度勾配も一様であるとしているが，実際には，粒子表面から l 程度の距離で，温度，温度勾配ともに不連続となる．この欠陥は一見して $\lambda_p \to \infty$ のとき $v_T \to 0$ となることにも現れている．

Brock ら[19)]は上で述べた諸点を考慮して，$0 < Kn < \sim 0.2$ の広範囲の粒径に適用できるものとして次式を得た．

$$v_T = -\frac{3\nu}{2T} \cdot \frac{\left(1 + C_t Kn \dfrac{\lambda_p}{\lambda_g}\right)}{(1 + 3C_m Kn)\left(2 + \dfrac{\lambda_p}{\lambda_g} + 2C_t Kn \dfrac{\lambda_p}{\lambda_g}\right)} \cdot \frac{dT}{dx} \quad (2.108)$$

ここで，C_t，C_m はそれぞれ温度の不連続性，運動量輸送効果に関する補正因子であって次式で与えられる．また $C_t = C_m = 0$ とすれば式 (2.107) となる．

$$C_t = \frac{15}{8} \cdot \frac{2 - \alpha_t}{\alpha_t}, \quad C_m = \frac{2 - \alpha_m}{\alpha_m}$$

また，Derjaguin ら[20)]は，気体分子中の熱流速から出発し，これに熱伝導のみでなく圧力勾配についても考慮して次式を得た．

$$v_T = -\frac{\nu}{T} \cdot \frac{4 + 0.5\dfrac{\lambda_p}{\lambda_g} + C_t Kn \dfrac{\lambda_p}{\lambda_g}}{2 + \dfrac{\lambda_p}{\lambda_g} + 2C_t Kn \dfrac{\lambda_p}{\lambda_g}} \cdot \frac{dT}{dx} \quad (2.109)$$

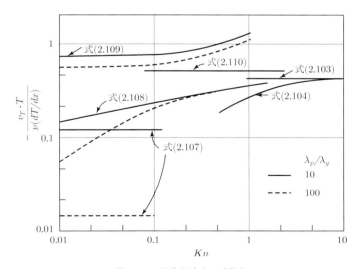

図 **2.10** 熱泳動速度の計算値

図 2.10 は上の各式の計算値である．ただし，式 (2.108)，(2.109) にはカニンガム補正項を考慮し，$C_t = 2.16$（$\lambda_p/\lambda_g = 10$ のとき），$C_m = 1.23$ とした．

このほかに，線型化ボルツマン方程式を直接解いて熱泳動力を求める試みもあり[21a, 21b]，λ_p が大きいとき $Kn < 0.2$ の領域では負の方向の熱泳動が生じることが示唆されている[21b]．また Loyalka[22] は単原子気体中の $\lambda_p/\lambda_g = 10$，100 の粒子の場合について数値解を与えている．

（3）　実験的検証

これまで述べてきたいくつかの式のうちの大部分のものは，それぞれ粒子の大きさや熱伝導率，あるいはガスの種類のごく限られた範囲について適用されるものであり，それぞれの範囲においては実験的検証も行われている．とくに粒径が小さいときの式 (2.103) や式 (2.104) の妥当性についてはいくつかの実験的裏付けがある．一方，粒径が大きいときの式 (2.107) については，Schadt ら[23] の実験（$Kn = 0.1 \sim 0.8$）によれば，ステアリン酸のように λ_p の小さいとき（$\lambda_p/\lambda_g < 10$）には実験値と合致するが，NaCl（$\lambda_p/\lambda_g \approx 300$）や鉄（$\lambda_p/\lambda_g \approx 3000$）のように λ が大きくなると差が大きくなっている．

式 (2.108) は，Schadt らの実験値にさらに TCP 粒子（$\lambda_p/\lambda_g < 10$）による実験結果を含めて，$Kn = 0.1 \sim 0.8$ の範囲で実験値とよく合うが，それでもなお NaCl の実験値との差はかなりある．Jacobsen ら[24] はこれらの点を考慮して，さらにこれに対する補正を試みている．また，Keng ら[25] は，MgO，Al_2O_3 粒子（$Kn = 0.13 \sim 0.16$）を用いて式 (2.108) を検討している．一方，Derjaguin らの NaCl 粒子（$Kn \fallingdotseq 0.25$）による実験では，式 (2.109) がこのような λ_p の大きな値のときでもよく一致することを示しているが，いずれにしても式 (2.108) と式 (2.109) の中間の値を示す実験結果が多い．Fuchs[26] はそれまでの実験結果を吟味して，スリット法による実験結果には誤差が大きい可能性があることを示唆し，とくに $Kn < 0.06$ の領域についての検討が残されているとしている．

Li ら[27] は，動電バランス法を用い，DOP（$\lambda_p/\lambda_g < 10$），NaCl，PSL などの粒子について $Kn = 0.01 \sim 20$ の範囲で実験を行ったが，DOP のように λ_p の小さい粒子では，とくに $Kn = 0.1 \sim 1$ の範囲で式 (2.108) とよく合致している．一方，λ_p が大きい粒子では，むしろ Loyalka の計算値とよく一致している．また，$Kn < 0.2$ の領域での負の熱泳動は確認されていない．このほか，動電バランス法は凝集粒子の熱泳動測定にも利用されている[28]．

種々の粒子（ワックス，銀，NaCl など）について，$Kn = 0.09 \sim 0.7$ の範囲の実験では，熱泳動速度の λ_p/λ_g への依存性は小さいとの報告[29] もあるが，λ_p/λ_g が大きい

場合の C_t の値については，気体の種類による差異も含めて，さらに検討が必要である．なお，図 2.10 の $\lambda_p/\lambda_g = 100$ の場合では $\alpha_t = 0.8$，すなわち $C_t = 2.8$ とした．

このほかに，簡単な実験式としては Goldsmith ら[30]) が半径 0.1 μm 程度のニクロム線粒子を用いた実験式から，

$$v_T \,(\mathrm{m/s}) = -Z_T \frac{300}{T \,(\mathrm{K})} \cdot \frac{dT}{dx} \tag{2.110}$$

を得ている．空気中では $Z_T = 2.6 \times 10^{-8} \ \mathrm{m^2/s}$ であり，図 2.10 には $\nu = 0.15 \times 10^{-5} \ \mathrm{m^2/s}$ としたときの計算値をあわせて示す．

2.7.2 拡散泳動

熱泳動の場合の温度勾配のかわりに，媒質気体に濃度勾配があるときを考える．2成分ガス系であれば，各成分はそれぞれ互いに逆方向の濃度勾配をもち，相互拡散係数 D_{12} で相互に拡散していくが，このような 2 成分ガス系のなかにおかれた粒子は，分子量の大きいガス成分の拡散方向に力を受けて移動することになる．このような現象は拡散泳動 (diffusiophoresis) とよばれ，Facy は 1955 年，最初にその特殊な例として，蒸発水滴表面付近にはエアロゾル粒子の存在しない空間が存在し，逆に，凝縮成長水滴の表面ではエアロゾル粒子の沈着が生じることを報告している．このような現象は，さらに雨滴の成長過程における大気エアロゾル粒子の洗浄効果や，スクラッバーなどによるエアロゾル粒子の洗浄効果にも多分に寄与しているものと考えられる．通常，濃度勾配と温度勾配とは同時に存在し，したがって，拡散泳動と熱泳動とは同時に生じているものと考えてよく，その程度もほぼ同じである[30])．

（1） 粒子が小さい場合 $(Kn \gg 1)$

多成分ガス系でも同様であるが，簡単のために 2 成分ガス系で相互拡散のある場合を考える．各成分のモル分率を γ_1，γ_2，拡散移動速度を u_1，u_2，全ガスの平均移動速度を u，粒子の拡散泳動速度を v_D とすると，

$$\gamma_1 u_1 = -\gamma_2 u_2 = -D_{12} \frac{d\gamma_1}{dx}$$

$$u_D = u + \eta_1 u_1 + \eta_2 u_2$$

ただし，η_1，η_2 は各成分ガスの拡散泳動に関する寄与率を表し，熱泳動の場合とまったく同様に考えると式 (2.101) から，二つのガス成分から粒子に加わる力は，

$$F = -\frac{32}{3} a^2 \sum_i \frac{1}{\overline{G}_{gi}} \left[\left(1 + \frac{\pi}{8} \alpha_{mi} \right) P_i \right] (v_D - u) \tag{2.111}$$

したがって，

$$\eta_i = \frac{F_i}{F} = \frac{\left(1 + \dfrac{\pi}{8}\alpha_{mi}\right)\gamma_i\sqrt{m_1}}{\displaystyle\sum_i\left[\left(1 + \dfrac{\pi}{8}\alpha_{mi}\right)\gamma_i\sqrt{m_i}\right]} \tag{2.112}$$

ここで，$\alpha_{mi} =$ 一定，$u = 0$ とすると，

$$v_D = -\frac{\sqrt{m_1} - \sqrt{m_2}}{\gamma_1\sqrt{m_1} + \gamma_2\sqrt{m_2}} D_{12} \frac{d\gamma_1}{dx} \tag{2.113}$$

となり，$m_1 > m_2$ であれば m_1 成分の拡散方向に移動することになる．もし，$m_1 = m_2$ ならば濃度勾配があっても各成分から受ける力はつり合っており粒子は静止している．

つぎに，ある一つの成分 (成分 1) がほかの媒質 (成分 2) 中を拡散している場合を考える．これは，ある物体表面への水分の凝縮，または表面からの水分の蒸発のような場合に相当し，$u_2 = 0$ である．このときは，物体表面にはいわゆる Stefan flow が存在することになり，その速度は，

$$u = -\frac{D_{12}}{\gamma_2} \cdot \frac{d\gamma_1}{dx} \tag{2.114}$$

したがって，粒子の速度は式 (2.113) と式 (2.114) の合成値となり次式で与えられる．

$$v_D = -\left[\frac{1}{\gamma_2} + \frac{\sqrt{m_1} - \sqrt{m_2}}{\gamma_1\sqrt{m_1} + \gamma_2\sqrt{m_2}}\right] D_{12}\frac{d\gamma_1}{dx}$$

$$= -\frac{\sqrt{m_1}}{\gamma_1\sqrt{m_1} + \gamma_2\sqrt{m_2}} \cdot \frac{D_{12}}{\gamma_2} \cdot \frac{d\gamma_1}{dx} \tag{2.115}$$

これまでの各式の γ_1，γ_2 はそれぞれの成分の分圧比で置き換えてもよい．なお Bakanov ら[31)]はまったく別の考え方から上述の式を導いている．

（2）　粒子が大きい場合 $(Kn \ll 1)$

この場合は熱泳動のときと同様に，粒子表面付近におけるガスの濃度分布や運動の不連続性を考慮しなければならないが，Waldmann ら[17b)]によれば，結論として式 (2.113) や式 (2.115) の濃度勾配の項を，粒子表面から十分離れたところの値すなわち $d\gamma_{1\infty}/dx$ で置き換えればよく，一般には $d\gamma_1/dx \approx d\gamma_{1\infty}/dx$ としてよい．一方，Derjaguin ら[32)]は粒子周辺の圧力分布から理論解を導いたが，その結果は上述のものにほぼ似ている．

冷物体表面に空気中の水分が凝縮する場合には，物体表面付近に濃度勾配と温度勾配とがともに存在し，粒子は両方の力で物体表面に沈着していくが，このことは Goldsmith ら[30)]の実験によっても明確に示されている．

2.7.3　光　泳　動

　粒子を光で照射すると，光圧 (または輻射圧) によって，粒子は光源側から直接力を受ける．その力は粒径の 2 乗に比例し，小粒子では重力を上まわることもあるので，実験的には光ビームを利用した粒子の操作も試みられている．

　一方，光吸収性の粒子は加熱されるが，その内部および粒子表面近くの気体に温度分布が生じ，気体分子と粒子との衝突による運動量交換の状態が不均一になるので，結局粒子はある方向に力を受けて移動することになる．これを光泳動 (photophoresis)という．その動きは，粒子の大きさ，光に対する屈折率とくにその吸収項，照射光の波長や強度などによってきわめて複雑となり，移動の方向も単純ではなく，光源の逆方向から力を受けたり，回転をともなう場合がある．この現象は，減圧下で強い光照射を受けている炭素粒子について，顕微鏡下で比較的容易に観察できる．また，高層大気中の粒子の浮遊に対しては，太陽光による光泳動効果が無視できないとされている[33]．

　レーザー照射下の粒子加熱とその挙動については，4 極子セルを用いた実験[34]もある．強い光照射のもとでは粒子の温度上昇にともない，溶融，蒸発あるいは光子の射出などがおこるが，おおむね 10^7 W/cm^2 以上の光強度ではこれらの効果が著しくなるようである．光泳動現象の理論的取り扱いはまだ不十分で，実験結果との差は無視できない．その差の多くは粒子表面付近の気体分子の運動，すなわち粒子表面温度の不均一性，気体分子の熱的適応係数などに関する理論モデルの不十分さにあると思われる．なお，光泳動現象の研究の歴史[35]，理論的説明についての解説[36]，単粒子の光ビームによる気中操作についての解説[37]をあわせて参照されたい．

参 考 文 献

1)　Hidy, G. M. and Brock, J. R., "The Dynamics of Aerocolloidal Systems", p.112, Pergamon Pr. (1970).
2)　Jennings, S. G., J. Aerosol Sci. **19**, 159(1988).
3a)　Davies, C. N., Proc. Phys. Soc. **57**, 259(1945).
3b)　Buckley, R. L. and Loyalka, S, K., J. Aerosol Sci. **20**, 347(1989).
4)　Fuchs, N. A. and Stechkina, I. B., Trans. Farad. Soc. **58**, 1949(1962).
5)　Jeans, J. H., "The Dynamic Theory of Gases", 4th ed. Dover(1954).
6)　Soo, S. L., "Fluid Dynamics of Multiphase Systems", § 2.4, Ginn Blaisdell(1967).
7)　Chandrasekhar, C., Rev. Modern Phys. **15**, 1(1943).
8)　Happle, J. and Brenner, H., "Low Reynolds Number Hydrodynamics", p.220, Prentice Hall(1965).
9)　Stöber, W. Flachsbart, H. and Hochrainer, D., Staub, **30**, 277(1970).
10)　Kops, J. Dibbets, G. Hermans, L. and Van de Vate, J. F., J. Aerosol Sci. **6**, 329(1975).

11) Walkenhorst, W., Staub, **36**, 149(1976).

12) Lamb, H., "Hydrodynamics", 6th ed. § 343, Cambridge Univ. Pr.(1932).

13) Landahl, H. and Herman, K., J. Colloid Sci. **4**, 103(1949).

14) Langmuir, I., J. Meteor. **5**, 175(1948).

15) Watson, H. H., Trans. Farad, Soc. **32**, 1073(1936).

16) Lee Byers, R. and Calvert, S. I., I & EC, Fundam. **8**, 646(1969).

17a) Waldmann, L., Z. Naturf. **14A**, 589(1959).

17b) Waldmann, L. and Schmitt, K. H., in "Aerosol Science(ed. C. N. Davies)", Chapt.VI, Academic Pr.(1966).

18) 1) p.141

19) Brock, J. R., J. Colloid. Sci. **17**, 768(1962).

20) Derjaguin, B. V. and Yalamov, Yu., J. Colloid Sci. **20**, 555(1965).

21a) Sone, Y. and Aoki, K., J. Mech. Theor. Appl. **2**, 3(1983).

21b) 高田　滋，青木一生，エアロゾル研究，**10**, 95(1995).

22) Loyalka, S. K., J. Aerosol Sci. **23**, 291(1992).

23) Schadt, C. F. and Cadle, R. D., J. Colloid Sci. **12**, 356(1957).

24) Jacobsen, S. and Orr, Jr. C., J. Colloid Sci. **20**, 544(1965).

25) Keng, E. Y. H. and Orr, Jr. C., J. Colloid Interf. Sci. **22**, 107(1966).

26) Fuchs, N. A., J. Aerosol Sci. **13**, 327(1982).

27) Li, W and Davis, E. J., J. Aerosol Sci. **26**, 1063(1995).

28) Zheng, F. and Davis, E. J., J. Aerosol Sci. **32**, 1421(2001).

29) Santachiara, G. Prodi, F. and Cornetti, C., J. Aerosol Sci. **33**, 769(2002).

30) Goldsmith, P. and May, F. G., in "Aerosol Science(ed. C. N. Davies)", Chapt. VII, Academic Pr.(1966).

31) Bakanov, S. P. and Derjaguin, B. V., Disc. Farad. Soc. **30**, 130(1960).

32) Derjaguin, B. V. Yalamov, Yu. and Storozhilova, A. I., J. Colloid Interf. Sci. **22**, 117(1966).

33) Rohatschek, H., J. Aerosol Sci. **27**, 467(1996).

34) Itoh, M. Iwamoto, T. and Takahashi, K., Appl. Opt. **31**, 5102(1993).

35) Rohatschek, H., in "History of Aerosol Science(eds. O.Preining and E.J.Davis)", p.117, Verlag Österr. Akad. Wissensch.(2000).

36) Preining, O., in "Aerosol Science(ed. C. N. Davies)", Chapt. V, Academic Pr.(1966).

37) Davis, E. J., Aerosol Sci. Techn. **26**, 212(1997).

3章
エアロゾルの拡散と沈着

この章では，拡散，沈着を中心としてエアロゾル粒子の挙動について述べる．なお，粒子の凝集や粒子表面のガスの輸送現象については次章で述べるが，容器内の沈着と凝集については一部本章に含まれている．

3.1 拡散方程式

ガスや溶液の場合と同様に，エアロゾル粒子はその濃度勾配を推進力として，Fickの法則により高濃度側から低濃度側に向かって拡散移動する．この場合の粒子の輸送を表す式，すなわち拡散方程式は，一般に次式で表される．

$$\frac{\partial n}{\partial t} = (\mathrm{grad}\, n, \boldsymbol{v}) + D\nabla^2 n \tag{3.1}$$

ここに，n は粒子数濃度，$\boldsymbol{v}$ はエアロゾル粒子の速度，D は粒子の拡散係数，右辺の第1項，第2項はそれぞれ速度輸送項，拡散輸送項である．いま，$\boldsymbol{v} = 0$ の場合について，各方向の拡散係数を一定として各座標系の拡散方程式を示せば，つぎのとおりである．

直角座標：

$$\frac{\partial n}{\partial t} = D\left(\frac{\partial^2 n}{\partial x^2} + \frac{\partial^2 n}{\partial y^2} + \frac{\partial^2 n}{\partial z^2}\right) \tag{3.2}$$

球座標：

$x = r\sin\theta\cdot\cos\varphi,\ \ y = r\sin\theta\cdot\sin\varphi,\ \ z = r\cos\theta$ として，

$$\frac{\partial n}{\partial t} = D\left\{\frac{1}{r}\left[\frac{\partial^2}{\partial r^2}(rn) + \frac{1}{\sin\theta}\cdot\frac{\partial}{\partial\theta}\left(\sin\theta\,\frac{\partial n}{\partial\theta}\right)\right.\right.$$
$$\left.\left. + \left(\frac{1}{\sin\theta}\right)^2\frac{\partial^2 n}{\partial\varphi^2}\right]\right\} \tag{3.3}$$

円柱座標：

$x = r\cos\theta,\ \ y = r\sin\theta,\ \ z = z$ として，

$$\frac{\partial n}{\partial t} = D\left[\frac{1}{r}\cdot\frac{\partial}{\partial r}\left(r\,\frac{\partial n}{\partial r}\right) + \frac{1}{r^2}\cdot\frac{\partial^2 n}{\partial\theta^2}\frac{\partial^2 n}{\partial z^2}\right] \tag{3.4}$$

さらに，濃度勾配が等方的であるときは式 (3.3) から，

$$\frac{\partial n}{\partial t} = D \left[\frac{1}{r} \cdot \frac{\partial^2}{\partial r^2} (rn) \right] = D \left\{ \frac{1}{r^2} \left[\frac{\partial}{\partial r} \left(r^2 \frac{\partial n}{\partial r} \right) \right] \right\} \tag{3.5}$$

となる．ブラウン運動による拡散は，ガス分子の場合の分子拡散に相当するものであって，その拡散係数は 2.6 節で述べたように次式で与えられる．

$$D = kTB = \frac{kT}{6\pi\mu a} Cc \tag{3.6}$$

図 3.1 は標準状態の空気中における拡散係数の値を示す．

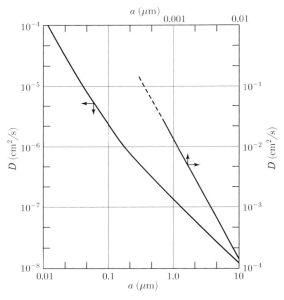

図 **3.1** 粒子の拡散係数 (20 °C，1 気圧の空気中)

3.2 粒子の拡散沈着

3.2.1 沈着速度と境界条件
（1）定　　義
　エアロゾル粒子は，前述のようなさまざまの現象によって移動するが，エアロゾルとほかの物体表面との境界においては，粒子気相中から離脱してほかの相の境界面に移行する．これは気体分子の固体表面への吸着と同様の現象であるが，エアロゾルの場合には一般にこれを沈着 (deposition) という．そして，沈着速度 v_d はつぎのよう

に定義することができる．すなわち，粒子の輸送方向を z 方向，沈着面を x-y 面とすると，

$$v_d = \frac{\text{沈着面に向かう粒子のフラックス}}{\text{ある基準点における粒子の濃度}}$$

$$= \frac{\phi_{z=z_1}}{n(x, y, z_1, t)} \quad (\text{m/s}) \tag{3.7}$$

ここで，z_1 は問題にしている位置の z の値，また式 (3.7) の時間積分値をもって平均的な v_d を定義することもできる．粒子の輸送方向は必ずしも一様である必要はなく，また粒子は付着するものと離脱するものとの両方があってもよい．ただし，この場合の沈着フラックスは各方向成分の合成値となる．

　また，ある有限領域において，沈着によりエアロゾル粒子の濃度が減少する場合，その領域の粒子の平均濃度 $\overline{n}$ は，

$$\frac{d\overline{n}}{dt} = -\beta\overline{n} \tag{3.8}$$

で与えられ，β は沈着定数 (s^{-1}) とよばれる．高さ h の沈着箱では $\beta = v_d/h$ となる．

　沈着面における粒子の拡散沈着フラックスは，Fick の法則により，

$$\phi_{z=0} = D \left(\frac{\partial n}{\partial z} \right)_{z=0}$$

となる．一方，エアロゾル状態から離脱して沈着した粒子は，後述するように，一般に沈着面に完全に固定されるものとみなしてよいので，沈着面上のエアロゾル粒子濃度は実際上 0 とみなしてよい．このような状態の沈着面を完全吸収 (perfect sink) という．

（2）　沈着面における粒子の固定

　沈着面付近で粒子に加わる力，あるいは沈着面に粒子を固定する力には，ファンデルワールス (van der Waals) 力，静電気力，あるいは液滴の場合には液架橋力がある．

　無限平面近傍にある半径 a の粒子と平面との間のファンデルワールス力のエネルギーポテンシャルは，平面と粒子表面の間隔を h とすると次式で表される[1]．

$$\Psi(h) = \frac{Aa}{6h} \left[1 + \frac{h}{2a+h} + \frac{h}{a} \ln \left(\frac{h}{2a+h} \right) \right] \tag{3.9}$$

ここに，A は粒子と平面体の間の Hamaker 定数で，一般に $1 \sim 100 \times 10^{-20}\text{J}$ である．

　この場合，粒子と沈着面との間にはたらく力は $F(h) = -\partial\Psi/\partial h$ であるから，

$$F(h) = \frac{Aa}{6h^2} \left[1 + \frac{h^2}{(2a+h)^2} + \frac{2h}{2a+h} \right] \tag{3.10}$$

となる．一方，熱運動エネルギーは一般に粒子を沈着面から離脱させるようにはたらくので，沈着粒子が沈着面に固定されて沈着面が完全吸収とみなしうるためには，$|\Psi(h)| > kT$ となる必要がある．そして，20°Cで，$J = 10^{-19}$ J とすると，$h < 0.4a$ となるように粒子が沈着面に接近したときにこの条件が満たされる．

ちなみに，中心間隔 r にある半径 a_1，a_2 の二つの粒子間のファンデルワールス力は，$h \ll a_1$，a_2 では次式で表される．

$$\Psi(h) = -\frac{A}{6h}\left(\frac{a_1 a_2}{a_1 + a_2}\right) \tag{3.11}$$

$$F(h) = \frac{A}{6h^2}\left(\frac{a_1 a_2}{a_1 + a_2}\right) \tag{3.12}$$

3.2.2　拡散沈着の例
（1）　鉛直平面への沈着

無限に広がるエアロゾル領域内の無限鉛直平面を考える．この場合は重力沈降の効果は無視できるので，つぎの拡散方程式を解けばよい．ただし，沈着面に垂直な方向を z 軸とする．

$$\frac{\partial n(z,t)}{\partial t} = D\frac{\partial^2 n(z,t)}{\partial z^2} \quad (z > 0) \tag{3.13a}$$

$$\left.\begin{array}{ll}\text{初期条件は，} & n_{t=0} = n_0 \\ \text{境界条件は，} & n_{z=0} = 0\end{array}\right\} \tag{3.13b}$$

この解は，

$$n(z,t) = n_0\,\mathrm{erf}\left(\frac{z}{2\sqrt{Dt}}\right) \tag{3.14}$$

ただし，

$$\mathrm{erf}\,(y) = \frac{2}{\sqrt{\pi}}\int_0^y \exp\left(-t^2\right)dt$$

である．また沈着フラックス，沈着速度はそれぞれ次式で与えられる．

$$\phi = D\left(\frac{\partial n}{\partial z}\right)_{z=0} = n_0\sqrt{\frac{D}{\pi t}} \tag{3.15}$$

$$v_d = \sqrt{\frac{D}{\pi t}} \tag{3.16}$$

（2）　水平面上への重力沈降と拡散沈着

沈着面に向かう重力沈降速度を v_s とし，鉛直方向上向きに z 軸をとると，

$$\frac{\partial n(z,t)}{\partial t} = v_s\frac{\partial n(z,t)}{\partial z} + D\frac{\partial^2 n(z,t)}{\partial z^2} \quad (z > 0) \tag{3.17a}$$

初期条件は， $n_{t=0} = n_0$

境界条件は， $n_{z=0} = 0$ } （3.17b）

この解は，

$$n(z, t) = \frac{n_0}{2} \left[1 + \mathrm{erf} \left(\frac{z + v_s t}{2\sqrt{Dt}} \right) - \exp \left(-\frac{v_s z}{D} \right) \mathrm{erfc} \left(\frac{z - v_s t}{2\sqrt{Dt}} \right) \right]$$

（3.18）

ただし，$\mathrm{erfc}\,(y) = 1 - \mathrm{erf}\,(y)$ である．また沈着フラックスは，

$$\phi = n_0 \left\{ \sqrt{\frac{D}{\pi t}} \, \mathrm{erf} \left(-\frac{v_s^2 t}{4D} \right) + \frac{v_s}{2} \left[1 + \mathrm{erf} \left(\frac{v_s t}{2\sqrt{Dt}} \right) \right] \right\}$$

（3.19）

ここで，$t \ll 4D/v_s^2$ のときは，

$$\phi = n_0 \left(\sqrt{\frac{D}{\pi t}} + \frac{v_s}{2} \right)$$

（3.20）

となる．上式の右辺第1項，第2項はそれぞれ拡散，重力沈降の効果を示し，第1項は式 (3.15) に等しいが，第2項は単なる重力沈降フラックス $n_0 v_s$ の 1/2 となっている．

（3） 二つの平行な鉛直平面間のエアロゾル

平衡沈着面の間隔を h とし，これらに垂直な方向に z 軸をとる．

$$\frac{\partial n(z, t)}{\partial t} = D \, \frac{\partial^2 n(z, t)}{\partial z^2} \quad (0 < z < h)$$

（3.21a）

初期条件は， $n_{t=0} = n_0$

境界条件は， $n_{z=0} = n_{z=h} = 0$ } （3.21b）

この解は，

$$n(z, t) = \frac{4n_0}{\pi} \sum_{m=1}^{\infty} \frac{1}{(2m-1)} \exp \left[-\frac{(2m-1)^2 \pi^2 Dt}{h^2} \right]$$

$$\times \sin \left[\frac{(2m-1)\pi z}{h} \right]$$

（3.22）

一つの面への沈着フラックスは，

$$\phi = \frac{4n_0 D}{h} \sum_{m=1}^{\infty} \exp \left[-\frac{(2m-1)^2 \pi^2 Dt}{h^2} \right]$$

（3.23）

である．粒子が二つの面のいずれか一方に沈着するのに要する平均時間，すなわち，いずれの面にも沈着しないで存在しうる平均時間は，

$$\bar{t} = \int_0^{\infty} t \frac{2\phi}{n_0 h} \, dt = \frac{h^2}{12D}$$

（3.24）

となる．限外顕微鏡などを用いれば，非常に小さな h の場合についてエアロゾル粒子の $\bar{t}$ を観測することが可能であり，上式から粒子の拡散係数を求めることができる．

（4）　球形容器内面への沈着

容器の半径を R とし，容器の中心を原点とする球座標を考えると，拡散方程式は，

$$\frac{\partial n(r,t)}{\partial t} = D\frac{1}{r}\cdot\frac{\partial^2[r\cdot n(r,t)]}{\partial r^2} \quad (0 < r < R) \tag{3.25a}$$

$$\left.\begin{array}{l} \text{初期条件は，} \quad n_{t=0} = n_0 \\ \text{境界条件は，} \quad n_{r=R} = 0 \end{array}\right\} \tag{3.25b}$$

この解は，

$$n(r,t) = \frac{2n_0 R}{\pi r}\sum_{m=1}^{\infty}\frac{(-1)^{m+1}}{m}\exp\left(-\frac{m^2\pi^2 Dt}{R^2}\right)\sin\left(\frac{m\pi r}{R}\right) \tag{3.26}$$

となる．沈着フラックスは，これまでの例と同様に，$\phi = (\partial n/\partial r)_{r=R}\cdot D$ として得られるが，つぎのようにしても求められる．すなわち，容器内の粒子数平均濃度は次式で与えられる．

$$\begin{aligned} \overline{n}(t) &= \frac{3}{4\pi R^3}\int_0^R 4\pi r^2 n(r,t)\,dr \\ &= \frac{6n_0}{\pi^2}\sum_{m=1}^{\infty}\frac{1}{m^2}\exp\left(-\frac{m^2\pi^2 Dt}{R^2}\right) \end{aligned} \tag{3.27}$$

図 3.2 は式 (3.27) の計算結果である．したがって，沈着フラックスは，

$$\begin{aligned} \phi &= \frac{1}{4\pi R^2}\cdot\frac{4}{3}\pi R^3\frac{d}{dt}\left(n_0 - \overline{n}\right) \\ &= \frac{2n_0 D}{R}\sum_{m=1}^{\infty}\exp\left(-\frac{m^2\pi^2 Dt}{R^2}\right) \end{aligned} \tag{3.28}$$

式 (3.27) から，$\overline{n}/n_0 = 1/2$ となる時間は，

$$t_{1/2} = \frac{0.03055 R^2}{D} \tag{3.29}$$

また，全粒子の平均滞留時間は次式で与えられる．

$$t_R = \int_0^{\infty}\frac{n(r,t)}{n_0}\,dt = \frac{R^2}{15D} \approx 2t_{1/2} \tag{3.30}$$

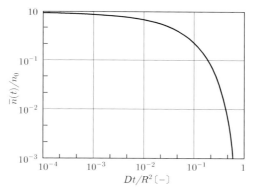

図 **3.2** 球形容器内平均粒子数濃度の変化

（5） 球体外面への拡散沈着

この場合の拡散方程式，初期条件，境界条件は，変数の範囲が $R < r < \infty$ となり，したがって，境界条件として $n_\infty = n_0$ が加わるほかは，すべて（4）の場合と同様であって，その解は，

$$n(r,t) = n_0 \left[1 - \frac{R}{r} + \frac{R}{r} \operatorname{erf}\left(\frac{r-R}{2\sqrt{Dt}} \right) \right] \tag{3.31a}$$

ここで，$t \gg (r-R)^2/D$ のときは，

$$n(r,t) = n_0 \left[1 - \frac{R}{r} + \frac{R}{r} \cdot \frac{(r-R)}{\sqrt{\pi Dt}} \right] \tag{3.31b}$$

となり，さらに t が大きくなると，

$$n(r) = n_0 \left(1 - \frac{R}{r} \right) \tag{3.31c}$$

で近似されるような定常分布となる．一般にエアロゾル粒子の場合，沈着面のごく近傍を問題にしているときは，時間の経過とともに粒子数濃度は式 (3.31c) に近づくと考えてよい．

沈着フラックスは式 (3.31c) を用いれば，

$$\phi = \frac{n_0 D}{R} \tag{3.32}$$

球体表面全体の沈着速度は，

$$\Phi = 4\pi R D n_0 \tag{3.33}$$

（6）　無限長円筒内壁面への沈着

無限長であるから半径方向の二次元拡散を考えればよい．いま，円筒半径を R とすると拡散方程式は，

$$\frac{\partial n(r,t)}{\partial t} = D\left[\frac{1}{r}\cdot\frac{\partial n(r,t)}{\partial r} + \frac{\partial^2 n(r,t)}{\partial r^2}\right] \quad (0 < r < R) \qquad (3.34a)$$

$$\left.\begin{array}{l} \text{初期条件は，}\quad n_{t=0} = n_0 \\ \text{境界条件は，}\quad n_{r=R} = 0 \end{array}\right\} \qquad\qquad\qquad (3.34b)$$

この解は，

$$n(r,t) = \frac{2n_0}{R}\sum_{m=1}^{\infty}\frac{J_0(\lambda_m r)}{J_1(\lambda_m R)}\cdot\frac{1}{\lambda_m}\exp\left(-D\lambda_m^2 t\right) \qquad (3.35)$$

ただし，λ_m は $J_0(\lambda R) = 0$ の m 次の根，J_0, J_1 はそれぞれ 0 次，一次の Bessel 関数である．また円筒内部の平均濃度は次式で与えられる．

$$\begin{aligned} \overline{n}(t) &= \frac{1}{\pi R^2}\int_0^R 2\pi r n(r,t)\,dr \\ &= \frac{4n_0}{R^2}\sum_{m=1}^{\infty}\frac{1}{\lambda_m^2}\exp\left(-D\lambda_m^2 t\right) \end{aligned}$$

$$\begin{aligned} \frac{\overline{n}}{n_0} &= 0.6917\exp\left(\frac{-5.783Dt}{R^2}\right) + 0.1313\exp\left(\frac{-30.47Dt}{R^2}\right) \\ &\quad + 0.05341\exp\left(\frac{-74.89Dt}{R^2}\right) + \cdots \end{aligned} \qquad (3.36)$$

3.3　層流中の沈着

3.3.1　層流境界層内の拡散沈着

流れのなかにおかれた微小厚の平板を考え，図 3.3 のように，平板面の主流方向を x 軸，これに垂直方向に z 軸，両者に垂直に y 軸をとる．ここで，各方向の流速をそれぞれ u_x, u_y, u_z とし，$u_x > u_z \gg u_y$ とする．さらに，流体に加わる外力の項，ならびに x, y 方向の拡散を無視すると流体の運動方程式は，

$$u_x\frac{\partial u_x}{\partial x} + u_z\frac{\partial u_z}{\partial z} = \nu\frac{\partial^2 u_x}{\partial z^2} \qquad (3.37)$$

また連続式は，

$$\frac{\partial u_x}{\partial x} + \frac{\partial u_z}{\partial z} = 0 \qquad (3.38)$$

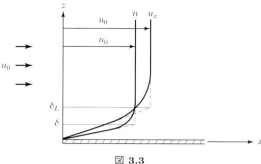

図 **3.3**

これを境界条件,

$$
\left.\begin{array}{l}
x = 0, \quad z = \infty \quad \text{で} \quad u_x = u_0 \\
z = 0 \quad \text{で} \quad u_x = 0, \quad u_z = 0
\end{array}\right\} \tag{3.39}
$$

として解く. Levich[2)]によればこの解は,

$$
\begin{aligned}
u_x &= \frac{1}{\sqrt{2}}\, u_0^{3/4} \alpha^{1/2} \varphi^{1/2} \nu^{-1/4} x^{-1/4} \\
&= \frac{1.33}{4}\, u_0 \left(\frac{u_0 z^2}{\nu x} \right)^{1/2}
\end{aligned} \tag{3.40}
$$

ここに, φ は流れの関数で,

$$
\varphi = \frac{\alpha}{8} \cdot \frac{u_0^{3/2} z^2}{\nu^{1/2} x^{1/2}} \quad (\alpha = 1.33) \tag{3.41}
$$

である. また u_z については,

$$
u_z = \frac{1.33}{16} \cdot \frac{u_0^{3/2} z^2}{\nu^{1/2} x^{3/2}} \tag{3.42}
$$

また, エアロゾル粒子の拡散輸送も流体の運動量輸送と同様の形で表されるから,

$$
u_x\, \frac{\partial n(x,z)}{\partial x} + u_z\, \frac{\partial n(x,z)}{\partial z} = D\, \frac{\partial^2 n(x,z)}{\partial z^2} \tag{3.43}
$$

ここで, 上式を x, φ の関数として書きなおし, さらに φ, u_x, u_z をこれに代入して整理すると (詳しくは文献 2 参照), 結局式 (3.43) にかわって次式を得る.

$$
\frac{\partial^2 n}{\partial \eta^2} + \frac{\nu}{D} \cdot \frac{\alpha}{2}\, \eta^2\, \frac{\partial n}{\partial \eta} = 0 \tag{3.44}
$$

ただし,

$$
\eta = \frac{1}{2} \left(\frac{u_0}{\nu x} \right)^{1/2} z
$$

である．式 (3.44) は η に関する常微分方程式として解いてよいので，これを，

$$
\left.
\begin{array}{ll}
n_{z=0} = 0, & \text{すなわち，} \quad n_{\eta=0} = 0 \\
n_{z=\infty} = n_0, & \text{すなわち，} \quad n_{\eta=\infty} = n_0
\end{array}
\right\} \tag{3.45}
$$

として解くと，

$$
n(\eta) = C_1 \int_0^\eta \exp\left(-0.22 Sc \eta^3\right) d\eta + C_2
$$

すなわち，

$$
n(x, z) = 0.678 Sc^{1/3} n_0 \int^{\frac{z}{2}\sqrt{\frac{u_0}{\nu x}}} \exp\left(-0.22 Sc \eta^3\right) d\eta \tag{3.46}
$$

となる．ここに，$Sc = \nu/D$(Schmidt 数) である．

　沈着フラックスは $\phi = D(\partial n/\partial x)_{z=0}$ であるから，式 (3.46) を展開して微分し，次式を得る．

$$
\phi = 0.34 n_0 D Sc^{1/3} \left(\frac{u_0}{\nu x}\right)^{1/2} \tag{3.47}
$$

上式は $Re_x = u_0 x/\nu$ とすれば，

$$
N_m = \frac{\phi x}{n_0 D} = 0.34 Sc^{1/3} Re_x^{1/2} \tag{3.48}
$$

とも書ける．そして N_m は物質輸送に関する Nusselt 数である．また，平板表面付近に濃度勾配の一様な拡散境界層 (δ) を仮想してその厚さを求めると，$\phi = D n_0/\delta$ であるから，

$$
\delta = \frac{D n_0}{\phi} = 3 Sc^{-1/3} \left(\frac{\nu x}{u_0}\right)^{1/2} \tag{3.49}
$$

となり，同様にして速度勾配の一様な層流境界層 (δ_L) を考えると，$\delta_L\,(\partial u_x/\partial z)_{z=0} = u_0$ であるから式 (3.40) より，

$$
\delta_L = 3 \left(\frac{\nu x}{u_0}\right)^{1/2} \tag{3.50}
$$

となり，流速 u_x の分布とエアロゾル粒子濃度の分布とは図 3.3 のような関係になる．

3.3.2　流路内面への拡散沈着

（1）　矩形断面の場合

　図 3.4 のような，矩形断面流路をエアロゾルが層流状態で流れている場合を考える．座標軸を図のようにとり，$2h \ll 2b \ll l$ とする．また $u_x > u_z \gg u_y$ とし，さらに

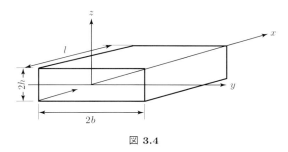

図 **3.4**

x, y 方向の拡散は z 方向のそれに比べて無視できるものとすれば，粒子数濃度は次式で与えられる.

$$u_z \frac{\partial n(x,z)}{\partial x} = D \frac{\partial^2 n(x,z)}{\partial z^2} \tag{3.51}$$

ここで，流路内の u_z の分布は y 軸に対して対称な放物面で表されるものとし，かつ $z = \pm h$ で $u_z = 0$ とすると，

$$u_x = \frac{3Q}{8h^3 b}(h^2 - z^2) \tag{3.52}$$

また，平均流速はもちろん $\overline{u}_x = Q/4hb$ である.

境界条件は，

$$\left. \begin{array}{l} n_{x=0} = n_0 \\ n_{z=\pm h} = 0 \end{array} \right\} \tag{3.53}$$

これについてはいくつかの解があるが[3〜5]，ここでは De Marcus ら[6]の解を示すと，

$$\frac{\overline{n}(x)}{n_0} = 0.9149 \exp(-7.541\mu) + 0.0592 \exp(-89.3\mu)$$
$$+ 0.0258 \exp(-607\mu) + \cdots \tag{3.54}$$

ただし，$\overline{n}(x)$ は入口からの距離 x における断面平均濃度，また $\mu = bDx/hQ = Dx/4h^2\overline{u}_x$ である. また，断面 x における沈着率は，

$$-\frac{1}{n_0} \cdot \frac{d\overline{n}(x)}{dx} = \frac{bD}{hQ}\{6.90 \exp(-7.541\mu) + 5.29 \exp(-89.3\mu)$$
$$+ 15.66 \exp(-607\mu)\} \tag{3.55}$$

となる. $x \sim x + \Delta x$ の微小区間に，時間 T 内に沈着する粒子数は，

$$-\Delta\overline{n}(x)QT = \frac{d\overline{n}(x)}{dx} \cdot \Delta x \cdot QT$$

となり，このように沈着量は流量に無関係となる．また，入口付近 $(x = 0)$ の沈着率に対する x での沈着率の比は，

$$\xi = \frac{\dfrac{d\,\overline{n}(x)}{dx}}{\left[\dfrac{d\,\overline{n}(x)}{dx}\right]_{x=0}}$$

$$= 0.248 \exp\left(-7.541\mu\right) + 0.190 \exp\left(-89.3\mu\right) + 0.562 \exp\left(-607\mu\right) \tag{3.56}$$

となり，これは単位長さ当たりの時間 T 内の全沈着量の比についても同じである．図 3.5 は式 (3.54), (3.56) を示している．

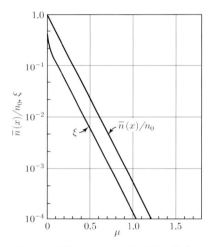

図 3.5　拡散バッテリー内の粒子の沈着

　間隔 $2h$ の無限幅平行板の場合は $\mu = Dx/4h^2\overline{u}_x$ とおけば，式 (3.54) がそのまま成り立つ．μ の値，すなわち，実際には x または Q をかえて $\overline{n}(x)/n_0$ を測定するか，または沈着量の流れ方向の分布を測定して ξ を知れば，式 (3.54) または式 (3.56) から D の値が求まり，したがって粒径を知ることができる．このような目的に用いられるものを拡散チャンネル (diffusion channel)，これを多層組み合わせたものを拡散バッテリー (diffusion battery) という．Thomas ら[7]は $2h = 0.01$ cm，$2b = 12.7$ cm，長さ 50 cm，13 層の拡散バッテリーを用いて半径 $0.1 \sim 0.3\,\mu$m の粒子を測定しており，さらにこれを多分散粒子の粒度分布測定に適用している[8]．また Fuchs ら[9]は粒度分布を対数正規分布として式 (3.54) を計算している．

（2） 円管の場合

半径 R の円管内をエアロゾルが層流状態で流れる場合を考える．軸方向を x，半径方向を r とし，（1）の場合と同様に，$u_x \gg u_r$，また x 方向の拡散を無視すると粒子数濃度の分布は次式で表される．

$$u_x \frac{\partial n(x,r)}{\partial x} = D \left[\frac{1}{r} \cdot \frac{\partial n(x,r)}{\partial r} + \frac{\partial^2 n(x,r)}{\partial r^2} \right] \tag{3.57}$$

ここで，管内の流速は円管軸を軸とする二次放物面で与えられるものとすると，

$$u_x = \frac{2Q}{\pi R^4} (R^2 - r^2) = 2\overline{u}_x \left(1 - \frac{r^2}{R^2} \right) \tag{3.58}$$

そして境界条件は，

$$\left. \begin{array}{l} n_{x=0} = n_0 \\ n_{r=R} = 0 \end{array} \right\} \tag{3.59}$$

これについてはいくつかの解析解[10〜13)]や半実験的な解があるが，ここでは Gormley ら[14)]の解を示すと，

$$\frac{\overline{n}(x)}{n_0} = 0.8191 \exp(-3.657\mu) + 0.0975 \exp(-22.3\mu)$$
$$+ 0.0325 \exp(-57\mu) + \cdots \quad (\mu \geqq 0.0312) \tag{3.60a}$$

$$\frac{\overline{n}(x)}{n_0} = 1 - 2.56\mu^{2/3} + 1.2\mu + 0.177\mu^{4/3} + \cdots \quad (\mu < 0.0312) \tag{3.60b}$$

ただし，$\mu = \pi Dx/Q = Dx/\overline{u}_x R^2$ である．

断面 x における沈着率は，

$$-\frac{1}{n_0} \cdot \frac{d\overline{n}(x)}{dx} = \frac{\pi D}{Q} \big[2.995 \exp(-3.657\mu) + 2.174 \exp(-22.3\mu)$$
$$+ 1.853 \exp(-57\mu) \big] \quad (\mu \geqq 0.0312) \tag{3.61a}$$

$$-\frac{1}{n_0} \cdot \frac{d\overline{n}(x)}{dx} = 1.71 \left(\frac{\pi D}{Q} \right)^{2/3} - 1.2 \frac{\pi D}{Q} - 0.236 \left(\frac{\pi D}{Q} \right)^{4/3} x^{1/3}$$
$$(\mu < 0.0312) \tag{3.61b}$$

となる．入口付近の沈着率に対する断面 x の沈着率の比は（1）の場合と同様にして，$\mu > 0.0312$ では次式で与えられる．

$$\xi = 0.4265 \exp(-3.657\mu) + 0.3096 \exp(-22.3\mu) + 0.2639 \exp(-57\mu) \tag{3.62}$$

図 3.6 は式 (3.60)，(3.62) の値を示したものであり，これを利用して (1) の場合と同様に D または粒径を求めることができる．このような目的に使われるものを拡散チューブ (diffusion tube) という．実際には μ(すなわち，x または Q) を変え，あるいは長さの異なるいくつかのものを束にして $\bar{n}(x)/n_0$ を測定するが，それよりも，式 (3.62) から種々の x に対する沈着量の分布を測定するのが便利な場合もある．この場合，μ の値がかなり大きい範囲について ξ を求め，片対数紙上にプロットすれば式 (3.62) の右辺第 1 項のみが支配的な領域では，μ に対して直線となるので D の値が求めやすい．とくにこの方法は放射性エアロゾルの測定によく用いられる．

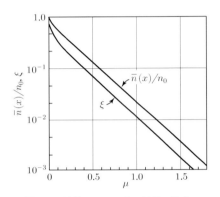

図 3.6　拡散チューブ内の粒子の沈着

　拡散チューブまたは拡散バッテリーは，ガスとエアロゾル粒子混合物のように，拡散係数の異なる多成分の拡散係数の測定[15]や各成分の定量[16]にも用いることができる．また，とくに沈着面の異なるいくつかの円管を直列または並列に用いて，多成分ガスおよびエアロゾル混合物の性状解析[17]を行うことができる．放射性ヨウ素ガスとこれが吸着したエアロゾル粒子混合物の比率を，円管内部に沈着した放射性ヨウ素の測定から求めた実験例[18]もある．

　なお，多分散粒子の場合には，(1) のときと同様にその粒径分布型を仮定して式 (3.60) に相当する式を求め[19]，これを粒径分布の測定に用いることができるが，より一般的なデータ解析法は 9.5 節の感度交差に対するのと同様の方法による．なお，拡散バッテリーの応用の歴史については別の解説[20]もあわせて参照されたい．

（3）　その他の場合

　平行平板内を中心から半径方向に流れるエアロゾル粒子の沈着についての理論解[21]がある．また，多段スクリーンも拡散バッテリーとして使用されているが[22]，その理論解はまだ十分ではない．

3.3.3　流路内の重力沈降と拡散沈着

（1）　重 力 沈 降

図 3.4 のような高さ $2h$，長さ x の矩形管内を平均流速 $\overline{u}$ でエアロゾルが流れるとき，放物面型の流速分布に対して，出入口のエアロゾル平均濃度は，簡単な幾何学的計算から，

$$\frac{\overline{n}(x)}{n_0} = 1 - \frac{v_s x}{2\overline{u}_x h} \tag{3.63}$$

ただし，v_s は粒子の重力沈降速度である．

円管の場合も同様な計算から次式を得る[23]．

$$\frac{\overline{n}(x)}{n_0} = \frac{2}{\pi}\left(-2\alpha\beta + \alpha^{1/3}\beta + \arcsin\beta\right) \tag{3.64}$$

ただし，

$$\alpha = \frac{3v_s x}{8R\overline{u}_x}$$

$$\beta = (1 - \alpha^{2/3})^{1/2}$$

である．一様な流速分布に対しては，円管の場合はさらに簡単に[24]，

$$\frac{\overline{n}(x)}{n_0} = \frac{1}{\pi}(\gamma - \sin\gamma) \tag{3.65}$$

ただし，

$$\cos\left(\frac{\gamma}{2}\right) = \frac{v_s x}{2R\overline{u}_x}$$

（2）　重力沈降と拡散沈着

図 3.4 で示される矩形管内のエアロゾルの流れを考えると，粒子数濃度式は，

$$u_x \frac{\partial n(x,z)}{\partial x} - v_s \frac{\partial n(x,z)}{\partial z} = D\frac{\partial^2 n(x,z)}{\partial z^2} \tag{3.66}$$

境界条件は，

$$\left.\begin{array}{l} u_{x=0} = n_0 \\ u_{z=\pm h} = 0 \end{array}\right\} \tag{3.67}$$

である．いま，u_x として式 (3.52) を用い，$n^+ = n/n_0$，$z^+ = z/h$，$s = 8Db\cdot x/3Qh$ として上式を無次元化すると，

$$(1 - z^{+2})\frac{\partial n^+}{\partial s} - 2\sigma\frac{\partial n^+}{\partial z^+} = \frac{\partial^2 n^+}{\partial z^{+2}} \tag{3.68}$$

ただし，$\sigma = v_s h/2D = Pe/4(Pe$ は Peclet 数) であって，境界条件は，

$$\left.\begin{array}{l} n^+_{s=0} = 1 \\ n_{z^+=\pm 1} = 0 \end{array}\right\} \tag{3.69}$$

である．上式についての Ingham[25]の解は，$\sigma \leqq 1$ または $s \geqq 0.1$ の範囲で，

$$\frac{\overline{n}(x)}{n_0} = \sum_{i=0}^{\infty} K_{i+1} \exp(-\alpha_i \cdot s) \tag{3.70}$$

で与えられる．ただし，

$$\left.\begin{array}{l} K_1 = 0.91035 + 0.11775\sigma^2 + 0.005586\sigma^4 + \cdots \\ K_2 = -0.14665\sigma^2 - 0.01325\sigma^4 + \cdots \\ \alpha_0 = 2.82776 + 1.14191\sigma^2 - 0.00162\sigma^4 + \cdots \\ \alpha_1 = 13.4858 + 1.34078\sigma^2 - 0.00239\sigma^4 + \cdots \end{array}\right\} \tag{3.71}$$

である．また，$s \lesssim 0.1$ の範囲では次式で近似される．

$$\frac{\overline{n}(x)}{n_0} = 1 - 2.42264s^{2/3} + 0.30000s + (0.08608 - 1.33909\sigma^2)s^{4/3} \tag{3.72}$$

　図 3.7 は $\sigma = 1$ のときの式 (3.70) で，第 2 項までとったときの値，ならびに $\sigma = 0$ のときの式 (3.54) の値を示したものである．なお，一般に二つの独立な沈着機構があるとき，それぞれの沈着率を η_1，η_2 とすると，二つの沈着機構の和は，η_1，η_2 が小さければ $(\eta_1 + \eta_2 - \eta_1 \cdot \eta_2)$ で近似される．したがって，拡散沈着と重力沈降についても式 (3.54)，(3.63) を用いてこれを計算することができる．また，矩形管で管内流速分布が異なる場合[26]，円管の場合[27]の解も上述と同様の方法で求めることができる．

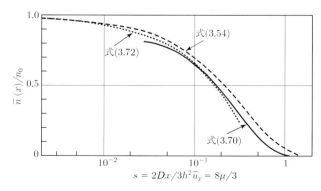

図 **3.7** 矩形管における重力沈降と拡散沈着 $(\sigma = 1)$

3.4 乱流中の沈着

3.4.1 乱流中の粒子の輸送

乱流中の粒子の濃度と輸送速度を，それぞれの時間的平均値と変動成分の和，すなわち $n = \overline{n} + n'$, $v_p = \overline{v}_p + v'_p$ として表すと，輸送フラックスは，

$$\overline{\phi} = \overline{v_p n} = \overline{v}_p \overline{n} + \overline{v'_p n'} = \overline{v}_p \overline{n} + \varepsilon_p \frac{d\overline{n}}{dz} \quad (z > \delta_A) \tag{3.73}$$

ただし，ε_p は粒子の乱流拡散係数，z は輸送方向の座標軸で沈着面を原点とし，v_p は沈着面向きにとる．δ_A は壁面近くの微小厚で $\delta_A \cong a$(粒子半径)．

円管の場合は半径を R とし，円管単位長さ当たりの沈着フラックスとして表すと，

$$\overline{\phi} = 2\pi(R - z)\left(\overline{v}_p \overline{n} + \varepsilon_p \frac{d\overline{n}}{dz}\right) \quad (R > z > \delta_A) \tag{3.74}$$

となる．粒子の乱流拡散係数と流体の乱流拡散係数 ε_f との関係についてはいくつかの研究があり，Hinz[28]によれば，ある限られた時間スケールのもとで，

$$\frac{\varepsilon_p}{\varepsilon_f} = 1 - \frac{1 - b^2}{1 - \left(\frac{\tau_L}{\tau_p}\right)^2} \cdot \frac{\exp\left(-\frac{t}{\tau_p}\right) - \exp\left(-\frac{t}{\tau_L}\right)}{1 - \exp\left(-\frac{t}{\tau_L}\right)} \tag{3.75}$$

ただし，$b = 3\rho_f/(2\rho_p + \rho_f)$，$\tau_L$ は乱流のラグランジュ時間スケール，τ_p は粒子の緩和時間であって，$\tau_L < \tau_p$, $b \ll 1$ では $\varepsilon_p < \varepsilon_f$, $t \gg \tau_p$, τ_L では $\varepsilon_p \to \varepsilon_f$ となる．しかし，非等方的な沈着面近傍の境界層内では，非等方性効果と粒子の慣性挙動により，見かけ上 $\varepsilon_p \geqq \varepsilon_f$ とみなすこともでき，これについては以下に述べるような種々のモデルが提案されている．

3.4.2 粒子の慣性が小さいとき

ここでは，式 (3.73) で $v_p = 0$, $\varepsilon_p \approx \varepsilon_f$ とみなされるような場合について述べる．

（1） 平板の場合 (その1)[29]

乱流場の流速分布は，物体表面付近の乱流効果の及ばない，層流境界層とほとんど同じ性質をもつごく薄い層流底層領域 (δ_L) と，いわゆる乱流領域とに分けて考えることができる．そして，各領域内における流速分布はつぎのような式で表される．すなわち，乱流場におかれた平板を考え，主流方向を x 軸，平板に垂直方向を z 軸とすると，

$$\frac{u_x(z)}{u_*} = 2.5\ln z^+ + 5.5 \quad (z > \delta_L) \tag{3.76a}$$

$$\frac{u_x(z)}{u_*} = z^+ \qquad (z < \delta_L) \tag{3.76b}$$

ただし，u_* は摩擦速度で $u_* = \sqrt{\tau_s/\rho}$（τ_s はせん断力），また，$z^+ = u_*z/\nu$ であって，多くの実験結果によれば，上式はそれぞれ $z^+ > 20$，$z^+ < 5$ において成り立つ．すなわち，平均的には，

$$\delta_L = (5 \sim 20)\frac{\nu}{u_*} \approx 10\frac{\nu}{u_*} \tag{3.77}$$

としてよい．

一方，乱流動粘度はよく知られているように，$\nu_t = \kappa u_* z$（κ は Karman 定数で 0.4）で表され，したがって，乱流場の運動量輸送は，

$$\tau_s = \nu_t \frac{\partial(\rho u_*)}{\partial z}$$

また，質量輸送もこれと同様に次式で表される．

$$\phi = \varepsilon_f \frac{\partial n(x, z)}{\partial z} \tag{3.78}$$

上の両式からもわかるように，ν_t と ε_f とは物理的にも類似のものであり，その数値も同程度のものと推察される．事実，Prandtl は $\varepsilon_f/\nu = 1.4 \sim 2.0$ であることを実験的に確かめ，Scherwood も実験から $\varepsilon_f/\nu = 1.6$ を与えている．すなわち，

$$\varepsilon_f = 1.4 \sim 2.0\kappa u_* z = 0.6 \sim 0.8 u_* z \quad (z > \delta_L) \tag{3.79}$$

と考えてよい．

つぎに，x，y 方向については濃度を一定として平板表面に対する沈着量を求める．まず，$z < \delta_L$ の任意の高さにおける沈着量は，ブラウン運動による拡散沈着が支配的であるから $\phi = D(\partial u/\partial z)$ となるが，ここで，濃度分布は $z = 0$ で $n = 0$ とすれば，

$$n(z) = \frac{\phi z}{D}$$

となる．一方，$z > \delta_L$ においては，

$$\phi' = \varepsilon_f \frac{\partial n'(z)}{\partial z} = \alpha u_* z \frac{\partial n'(z)}{\partial z}$$

ただし，$\alpha = 0.6 \sim 0.8$．したがって，$z = h$ で $n' = n_0$ とすれば，

$$n'(z) = n_0 + \frac{\phi'}{\alpha u_*}\ln\frac{z}{h}$$

また，$z = \delta_L$ においては $\phi = \phi'$，$n = n'$ であるから，

$$\phi = \frac{n_0 D}{\delta_L - \dfrac{D}{\alpha u_*}\ln\dfrac{\delta_L}{h}} \tag{3.80a}$$

あるいは式 (3.77) を上式に代入すれば,

$$\phi = \frac{n_0 D}{\delta_L \left(1 - \dfrac{1}{10\alpha Sc} \ln \dfrac{\delta_L}{h} \right)} \tag{3.80b}$$

さらに, エアロゾル粒子では一般に $Sc \gg 1$ であるから次式を得る.

$$\phi \approx \frac{n_0 D}{\delta_L} \tag{3.80c}$$

（2）　平板の場合 (その 2)[29]

乱流場の流速分布は (1) で述べたように単純ではなく, 乱流領域と流路壁面との間には曲線的な遷移領域がある. そしてこの領域では, 運動量輸送については ν_t と ν との両方の効果があり, また ν_t の値も $\kappa u_* z$ によって一括表現することは適当でない. 質量輸送についても同様であって, つぎのように四つの領域に区分して考えることができる.

①　乱流中心領域：$z > d$ で平板の場合 $d = u_* x / u_0$, この領域では $n_I = n_0$.
②　乱流境界領域：$\delta_0 < z < d$, $\delta_0 \approx 10\nu/u_*$, $\varepsilon_f = \beta z^2 \partial u_x / \partial z \gg D$.
③　粘性底層領域：$\delta < z < \delta_0$, $\varepsilon_f = \gamma u_* z^4 / \delta_0^3 \gg D$.
④　拡散底層領域：$z < \delta$ で, D が支配的, すなわち $\phi = D(\partial n / \partial z)$.

そして, 各領域を通じて輸送フラックスは一定でそれぞれの境界での粒子濃度は連続として解くと次式を得る.

$$\phi = \frac{D n_0}{\delta \left\{ 1 + \dfrac{1}{3} \left[1 - (10\gamma Sc)^{-3/4} \right] - \dfrac{\gamma^{1/4}}{10^{3/4} \beta Sc^{3/4}} \ln \dfrac{\delta_0}{d} \right\}} \tag{3.81a}$$

さらに, エアロゾルでは一般に $Sc \gg 1$ であり, また実験的に求まる β, γ はほぼ 1 であるから, 上式は近似的に,

$$\phi = \frac{D n_0}{\dfrac{4}{3} \delta} = \frac{n_0 u_*}{\dfrac{4}{3} 10^{3/4} \gamma^{-1/4} Sc^{3/4}} \tag{3.81b}$$

となり, ϕ は $D^{3/4}$ に比例することになる.

（3）　円管の場合

滑らかな面を有する円管 (半径 R) 内での, $Re_x (= 2R\overline{u}_x/\nu) < 10^5$ の範囲の実験によると, Fanning の摩擦係数は,

$$f = 0.0791 Re_x^{-1/4} \tag{3.82}$$

で与えられ[30]，摩擦速度は，

$$u_* = \overline{u}_x \sqrt{\frac{f}{2}} = 0.2\overline{u}_x Re_x^{-1/8} \tag{3.83}$$

したがって，式 (3.77) から，

$$\delta_L \approx \frac{10\nu}{u_*} \approx \frac{50\nu Re_x^{1/8}}{\overline{u}_x} = \frac{100R}{Re_x^{7/8}}$$

すなわち，これを式 (3.80c) に代入すると次式を得る．

$$\phi = \frac{Dn_0 Re_x^{7/8}}{100R} \tag{3.84}$$

一方，式 (3.81b)，(3.83) を用い $\gamma = 1$ とおくと，

$$\delta = \frac{56R}{Re_x^{7/8} Sc^{1/4}}$$

すなわち，式 (3.80c) で，$\delta_L = \delta$ とすれば，

$$\phi = \frac{D^{3/4} n_0 Re_x^{7/8} \nu^{1/4}}{56R} \tag{3.85}$$

を得るが，式 (3.84) と上式とは大差はない．

　なお，流路内の断面平均濃度の変化は，沈着フラックスとして式 (3.85) を用いると，

$$-\frac{d\overline{n}(x)}{dx} = \frac{2\pi R\phi}{Q} = \frac{2\phi}{R\overline{u}_x} = \frac{\overline{n}(x)}{14RRe_x^{1/8} Sc^{3/4}}$$

したがって，

$$\frac{\overline{n}(x)}{n_0} = \exp\left(-\frac{x}{14RRe_x^{1/8} Sc^{3/4}}\right) \tag{3.86}$$

　一般に，半径 R，長さ x，流量 Q の円管の場合，円管壁面に向かう沈着速度を v_d とし，圧縮性を無視すると，管内濃度変化は，

$$Qdn(x) = -2\pi Rn(x)v_d dx$$

であるから，管の出口濃度は，断面平均速度を u とすると，

$$\frac{\overline{n}(x)}{n_0} = \exp\left(-\frac{2\pi Rv_d x}{Q}\right) = \exp\left(-\frac{2v_d x}{R\overline{u}}\right) \tag{3.87}$$

となる．

3.4.3 粒子の慣性力を考慮したとき

（1）一 般 解

円管内の単位長さ当たりの沈着フラックスは式 (3.74) で与えられる．ここで，沈着速度を，

$$V_d = \frac{\phi}{2\pi R \,\overline{n}} \quad (\overline{n} : 断面平均濃度) \tag{3.88}$$

で定義し，また (速度$/u_*$)，(長さ $\times u_*/\nu$)，(拡散係数$/\nu$)，(濃度$/\overline{n}$)，(時間 $\times u_*^2/\nu$) によって上式を無次元化し，それぞれ＋印をつけて示すと，

$$V_d^+ = \frac{R^+ - z^+}{R^+} \left(\varepsilon_p^+ \frac{dn^+}{dz^+} + v_p^+ n^+ \right) \tag{3.89}$$

となる．上式の一般解は，

$$n^+(z^+) = V_d^+ \exp\left[-I(z^+)\right] \left\{ \int_{\delta_A^+}^{z^+} Q(z^+) \exp\left[I(z^+)\right] dz^+ + B \right\} \tag{3.90}$$

ただし，B は積分常数．また，

$$I(z^+) = \int_{\delta_A^+}^{z^+} \frac{v_p^+}{\varepsilon_p^+} dz^+ \tag{3.91a}$$

$$Q(z^+) = \frac{R^+}{(R^+ - z^+)\varepsilon_p^+} \tag{3.91b}$$

そして，式 (3.90) の B，V_d^+ はつぎの二つの境界条件から定まる．

$$n_{z^+=R^+}^+ = n_0^+ \tag{3.92a}$$

$$n_{z^+=\delta_A^+}^+ = n_\delta^+ \tag{3.92b}$$

このときの解を沈着速度について示すと，

$$\frac{1}{V_d^+} = \frac{J(R^+)}{n_0^+ \exp\left[I(R^+)\right] - n_{\delta_A^+}^+} \tag{3.93}$$

ただし，

$$J(R^+) = \int_{\delta_A^+}^{z^+} Q(z^+) \exp\left[I(z^+)\right] dz^+$$

である．式 (3.91a)，(3.91b) を求めるには，ε_p，v_p，δ_A を決定する必要があり，これについては種々のモデルが提唱されている．

（2）自由飛行モデル

沈着面近くのある微小厚さ δ までは粒子は乱流輸送で運ばれるが，粒子が乱流領域からこの微小厚層に移行するとき，ある速度 $v_{\delta,p}$ で沈着壁面に向かって投げ出され，

もし，停止距離 $s = v_{\delta,p}\tau_p$ が δ よりも大きければ，粒子は沈着すると考える．このような考え方は Friedlander ら[31] によって提唱され，自由飛行モデル (free flight model) とよばれる．

$z = \delta$ の位置から壁面に向かう粒子フラックスは，

$$\phi_\delta = 2\pi(R-\delta)n_\delta v_{\delta,p} \tag{3.94}$$

すなわち，

$$n_\delta^+ = \frac{V_d^+ R^+}{(R^+ - \delta^+)v_{\delta,p}^+} \tag{3.95}$$

これを式 (3.90) に代入して B を求め，さらに式 (3.93) から V_d^+ を求めると，

$$\frac{1}{V_d^+} = \frac{1}{n_0^+}\exp\left[-I(R^+)\right]\left\{J(R^+) + \frac{R^+\exp\left[I(\delta^+)\right]}{(R^+ - \delta^+)v_{\delta,p}^+} - J(\delta^+)\right\} \tag{3.96}$$

いま，$v_p = 0$，すなわち $I(z^+) = 0$，また $\delta = \delta_A$ とすると，

$$\frac{1}{V_d^+} = \frac{1}{n_0^+}\left[\frac{R^+}{(R^+ - \delta^+)v_{\delta,p}^+} + \int_{\delta^+}^{R^+}\frac{R^+}{(R^+ - \delta^+)\varepsilon_p^+}dz^+\right] \tag{3.97}$$

平板面では $R^+ \gg z^+$，また $z^+ = Z^+$ で $n^+ = n_0^+$ とすると，

$$\frac{1}{V_d^+} = \frac{1}{n_0^+}\left(\frac{1}{v_{\delta,p}^+} + \int_{\delta^+}^{Z^+}\frac{dz^+}{\varepsilon_p^+}\right) \tag{3.98}$$

となる．Friedlander は，乱流場での粒子の拡散係数が流体の乱流拡散係数 ε_f に等しいとして，

$$\varepsilon_p^+ = \varepsilon_f^+ = 0.36z^+ \quad (z^+ > 30) \tag{3.99a}$$

$$= \frac{z^+}{5} - 0.959 \quad (5 < z^+ < 30) \tag{3.99b}$$

$$= \left(\frac{z^+}{14.5}\right)^3 \quad (\delta^+ < z^+ < 5) \tag{3.99c}$$

を用い，さらに $v_{\delta,p}^+$ には $z^+ = 90$ における流体の摩擦速度 $0.9u_*$ を用いた．すなわち，

$$s^+ = v_{\delta,p}^+\tau_p^+ = 0.9\frac{\tau_p u_*^2}{\nu} \tag{3.100}$$

とすると，式 (3.98) の解は次式で与えられる．

$$\frac{1}{V_d^+} = \frac{1524.3}{(s^+)^2} - 50.52 + \frac{1}{\sqrt{\dfrac{f}{2}}} \quad (s^+ < 5) \tag{3.101a}$$

$$\frac{1}{V_d^+} = 5 \ln \left(\frac{25.2}{s^+ - 4.795} \right) - 13.73 + \frac{1}{\sqrt{\dfrac{f}{2}}} \quad (5 < s^+ < 30) \tag{3.101b}$$

$$\frac{1}{V_d^+} = \frac{1}{\sqrt{\dfrac{f}{2}}} \quad (s^+ > 30) \tag{3.101c}$$

ここに，f は式 (3.82) で与えられ，したがって式 (3.101c) は $V_d = u_*^2 / \overline{u}_x$ となる．

Davies[32)] は，粒子の拡散係数を $\varepsilon_p = \varepsilon_f + D$ (D はブラウン拡散係数) とし，さらに，$v_{\delta,p}$ は沈着面から δ の距離における流体の乱れ速度 u_δ' に等しいとした．ここで，Laufer の実験結果から，

$$u_\delta'^+ = \frac{\delta^+}{\delta^+ + 10} \tag{3.102}$$

であるから，

$$\delta^+ = s^+ + a^+ = v_{\delta,p}^+ \tau_p^+ + a^+ \quad (a：粒子半径) \tag{3.103}$$

とすると，上の両式から，

$$v_{\delta,p}^+ = \frac{1}{2} \left(1 - \frac{a^+ + 10}{\tau_p^+} \right) + \left[\frac{1}{4} \left(1 - \frac{a^+ + 10}{\tau_p^+} \right)^2 + \frac{a^+}{\tau_p^+} \right]^{1/2} \tag{3.104}$$

として $v_{\delta,p}^+$ が半理論的に与えられるが，こうして求められた沈着速度は実験値よりも小さい値を与え実用性に欠ける．

このほか，Beal[33)] は，$v_{\delta,p}^+$ の取り方に若干の改良を加え，また吉岡ら[34)] は，Friedlander と同様の方法を重力沈降を考慮した円管内沈着に適用して解を求めた．一方，Sehmel[35)] は，Davies の解が実験値と合わない理由が ε_p の与え方にあるとし，多くの実験結果では，

$$\varepsilon_p^+ = 0.011 (z^+ \tau_p^+)^{1.1} \tag{3.105}$$

であり，一般に $\varepsilon_p^+ > \varepsilon_f^+$ であるとした．

Liu ら[36)]は，粒子の乱流拡散係数として，

$$\varepsilon_p^+ = \varepsilon_f^+ + (u'^+)^2 \tau_p^+ \tag{3.106}$$

を用い (u'^+ は式 (3.102) で与えられる)，また ε_f^+ には Owen[37)]の式を，$v_{\delta,p}^+$ には式 (3.104) を適用して式 (3.97) の解を求めた．ここで，式 (3.97) の右辺第 2 項の積分は，上限を R^+ までとることはできないが，一般には R^+ のかわりに境界層厚さをとれば十分である．

図 3.8 に式 (3.101)，Liu らの解，Davies の解の計算値を示す．多くの実験値は前二者に近い値を示しているが，$\tau_p^+ \gg 10$ では粒子の沈着面からの再飛散により，見かけの沈着速度が減少することがある．また，$\tau_p^+ \leqq 1$ では式 (3.101a) からわかるように $V_d^+ \propto (s^+)^2$ となるが，s^+ に式 (3.100) を用いると，

$$V_d^+ = 5.314 \times 10^{-4} (\tau_p^+)^2 \tag{3.107}$$

となり，実験結果とも近い．

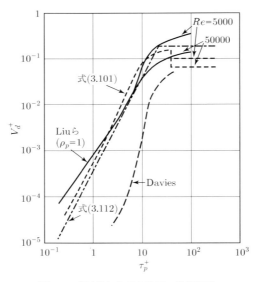

図 3.8　乱流場における粒子の沈着速度

（3）　乱流泳動 (turbophoresis)

自由飛行モデルでは一般に $v_p = 0$ とおき，乱流場での輸送はすべて乱流拡散輸送であるとして実験結果と合致するようにパラメータを選定しているが，その物理的意味は確かではない．

　一方，乱流泳動モデル[38〜41)]は，乱流の非等方性による輸送速度を考慮したもので，流体から粒子に加わる乱流エネルギーを $E = $ 抗力 $(u'/B) \times$ 停止距離 $(u'\,\tau_p)$ とすると，その速度は $dE/dz \cdot B$ であり，次式で与えられる.

$$v_p = -\frac{\tau_p \cdot d(u')^2}{dz} \tag{3.108}$$

　Shin ら[42)]は，乱流泳動効果にさらに粒子運動に対する記憶効果を含めて粒子の速度を次式で与えた. なお，記憶効果とは粒子近傍の媒質の局所的運動以外に，慣性力のように，粒子の履歴に依存する効果をいう.

$$\frac{v_p^+}{\tau_p^+} = -\frac{d}{dz^+}\left[\alpha^+(u'^+)^2\right] + \frac{d}{dz^+}\left\{l_m^+ \frac{d}{dz^+}\left[\alpha^+(u'^+)^2\right]\right\} \tag{3.109}$$

ただし，

$$\alpha^+ = \frac{1}{1 + \dfrac{\tau_p^+}{\tau_L^+}} \quad (\tau_L \text{ はラグランジュ時間スケール}) \tag{3.110}$$

$$l_m^+ = \frac{v_p^+ \tau_D^+}{\exp\left(-\dfrac{2\tau_D^+}{\tau_p^+}\right) - 1} \tag{3.111}$$

であって，α^+ は粒子と媒質との平衡に関する係数 $(0 \sim 1)$，式 (3.111) の τ_D^+ は媒質の乱流拡散時間スケール，l_m^+ は粒子の記憶効果に関する特性長さを表す. ここで，$\tau_p^+ \to$ 小では $\alpha^+ \to 1 : l_m^+ \to v_p^+ \tau_D^+$，$\tau_p^+ \to$ 大では $\alpha^+ \to \tau_L^+/\tau_p^+ : l_m^+ \to$ 大となる.

　上の式を用いて粒子の輸送方程式 (3.73)，あるいはこれを含む粒子の運動方程式を，沈着面と乱流中心における媒質速度と粒子濃度を境界条件として解くことができるが，計算によれば，乱流泳動は $z^+ \approx 20$ 付近で最大となる[41)]. また，記憶効果は $\tau_p^+ \approx 8$ 付近で沈着面方向に最大となり，$\tau_p^+ \approx 25$ では逆方向となるが，全体として乱流泳動は沈着面近傍では大きな効果をもち，Brooke ら[40)]が指摘したような粘性底層での粒子の滞留の可能性も克服され，実験値ともよく適合するとしている.

（4）　その他のモデル

　乱流場の粒子輸送モデルでは，v_p や ε_p の値についてのより理論的裏付けが必要であり，そのためには，乱流構造とくに沈着面近傍の乱流構造，媒質と粒子のエネルギーの授受と粒子の挙動などに関する微視的ないし巨視的 (確率的) な両面からの考察が不可欠である. これらのことを考慮していくつかのモデルが提唱されており，Owen[37)] や Cleaver ら[43)]の境界層から層流底層への乱流バーストを考慮したもの，あるいは Hutchnson ら[44)]の確率モデル，境界層における粒子への揚力なども考慮したもの[45)]な

どがある．また，ラグランジュ的手法では粒子を確率的・平均的に取り扱うのではなく，一つ一つの粒子の運動をモンテカルロ法などによって追跡する[46, 47]ものもある．

　また Guha[48]は，乱流沈着 (乱流泳動を含む) に，熱泳動，静電沈着，重力沈降，揚力効果，などをあわせて考慮したときの粒子沈着について計算し，実験結果と対比してその適合性を検討している．

（5）　実　験　式

Papavergas[49]は，乱流場の粒子沈着に関するそれまでの理論的・実験的研究の成果を検討し，つぎの実験式を得た．図 3.8 にその計算値を示す．

$$V_d^+ = 0.07(Sc)^{-2/3} \qquad (\tau_p^+ < 0.2) \tag{3.112a}$$

$$V_d^+ = 3.5 \times 10^{-4}(\tau_p^+)^2 \quad (0.2 < \tau_p^+ < 20) \tag{3.112b}$$

$$V_d^+ = 0.18 \qquad\qquad (\tau_p^+ > 20) \tag{3.112c}$$

また，直径 d，長さ L の繊維状粒子についてはつぎの実験式が与えられている[50]．

$$V_d^+ = 4.5 \times 10^{-4}(\tau_{v_0 l}^+)^2 + 9 \times 10^{-2}\frac{\tau_{v_0 l}^+}{S\beta^{4/3}} \tag{3.113}$$

ここに，直径 d の球形粒子の無次元緩和時間を τ_d^+ とすると $\tau_{v_0 l}^+ = \tau_d^+(3/2\beta)^{2/3}$，$S = \rho_p/\rho$，$\beta = d/L$ である．

（6）　粗面の効果

　粗面円管内の乱流沈着については，自由飛行モデルを基礎とする解が試みられている[51, 52]．この場合，式 (3.82) にかわって粗面管の実験式を用いる．すなわち，管径 d，有効粗度高さ h に対しては[53]，

$$\frac{1}{\sqrt{f}} = 2.14 - 4.06\log\left(\frac{h}{d} + \frac{4.73}{Re\sqrt{f}}\right) \tag{3.114}$$

また，式 (3.103) の右辺につぎのような粗度効果の補正を行う．

$$\delta^+ = s^+ + a^+ + h^+ + \sigma^+ - e^+ \tag{3.115}$$

ここに，δ は h の標準偏差，e は粗度頂と流体力学的基準面との差であって，それぞれ u_*/ν を乗じて無次元化する．このように，粗度は沈着面近傍の摩擦速度の増加と沈着面の幾何学的かつ流体力学的底上げ効果により，沈着速度を増大させる．

3.5 容器内におけるエアロゾル粒子の変化

3.5.1 静かな場での凝集と沈着

粒子の凝集と沈着とは一般に併行して進行しており，凝集については4章で述べる．またこれらの一般的な解は6章の式 (6.63) を基本として求められなければならないが，ここではごく簡単な場合について述べる．

ある閉じられた容器内で，ゆるやかに一様に混合された粒子の凝集と沈着による粒子数濃度の変化は，凝集定数，沈着定数がともに一定値とすれば，平均濃度を $\overline{n}$ として，

$$-\frac{d\overline{n}}{dt} = K\overline{n}^2 + \beta\overline{n} \tag{3.116}$$

ただし，β は式 (3.8) の沈着定数である．初期濃度を n_0 として上式を解けば，

$$\ln\left(\frac{1}{\overline{n}} + \frac{K}{\beta}\right) - \ln\left(\frac{1}{n_0} + \frac{K}{\beta}\right) = \beta t \tag{3.117}$$

となる．つぎに，球形容器内のエアロゾルについて，壁面への拡散沈着と凝集とを考える．沈着フラックスは式 (3.15) から $\phi = \sqrt{\pi/Dt}\cdot n_0$ で近似できるので，

$$\beta = \frac{4\pi R^2 \phi}{\frac{4}{3}\pi R^3} = \frac{3n_0}{R}\sqrt{\frac{\pi}{Dt}} \tag{3.118}$$

を用いることができる．

$K = $ 一定とし，$y = \overline{n}/n_0$，$x = Dt/R^2$，$S = Kn_0R^2/D$ として式 (3.116) に相当する式を書けば，

$$\frac{dy}{dt} = -\frac{3}{\sqrt{\pi}}x^{-1/2} - Sy^2 \tag{3.119}$$

ここで，初期条件は $x = 0$ で $y = 1$ である．その解は次式で与えられるが[54]，x が小さいときは次式で近似できる．

$$\frac{\overline{n}}{n_0} = \frac{1 - \frac{6}{R}\sqrt{\frac{Dt}{\pi}}}{1 + Kn_0t} \tag{3.120}$$

これは，拡散効果と凝集効果とを別途に求めたときの積に等しい．

3.5.2 乱流場での沈降と拡散沈着

エアロゾルが十分攪拌されており，沈着面から δ の微小境界層以外では粒子数濃度は均一 ($\overline{n}$) であるとする．また，この境界層内部での流速分布と粒子数濃度分布はと

もに直線で近似されるものとすると，このときの粒子の沈着フラックスは，沈降速度を v_s，境界層内での有効拡散係数を D_E とすれば，

$$\phi = v_s n + D_E \left(\frac{dn}{dz} \right)_{z=0} \approx v_s \overline{n} + D \frac{\overline{n}}{\delta} \tag{3.121}$$

すなわち，沈降フラックスと拡散フラックスの和となる．ここで，δ は式 (3.49) の拡散境界層に相当するものであり実験的に求められる．しかし，このような近似は必ずしも一般性がない．その一例として，十分に攪拌された一辺 L の立方体容器内の重力沈降と拡散沈着についての解を示す．

まず，境界層内では，乱流拡散，ブラウン運動による拡散がともに存在するものとすれば，有効拡散係数は $D_E = \varepsilon_f + D$ としてよいが，ここで，式 (3.79) と同様にして $\varepsilon_f = K_e z^2$ とする．したがって，δ 層内の濃度分布はすべての沈着面について，これに垂直方向に z 軸をとって表せば，まず側壁では，

$$\frac{\partial n}{\partial t} = \frac{\partial}{\partial z} \left[(K_e z^2 + D) \frac{\partial n}{\partial z} \right] \tag{3.122a}$$

また，上下壁面については (下面 +，上面 -)，

$$\frac{\partial n}{\partial t} = \frac{\partial}{\partial z} \left[(K_e z^2 + D) \frac{\partial n}{\partial z} \right] \pm v_s \frac{\partial n}{\partial z} \tag{3.122b,c}$$

これらについての近似解が得られており，各沈着面全体の単位時間当たりの沈着粒子数として次式を得た[55]．

$$\Phi = n_0 \left[\frac{8}{\pi} \sqrt{k_e D} + v_s \coth \left(\frac{\pi v_s}{4\sqrt{K_e D}} \right) \right] \tag{3.123}$$

したがって，容器内の平均濃度を $\overline{n}(t)$ とすると，

$$\frac{d\overline{n}}{dt} = -\beta \overline{n}$$

ただし，

$$\beta = \frac{1}{L} \left[\frac{8}{\pi} \sqrt{K_e D} + v_s \coth \left(\frac{\pi v_s}{4\sqrt{K_e D}} \right) \right] \tag{3.124}$$

である．実際に上式を用いるには，K_e すなわち $\partial \overline{u}/\partial z$ の値を知る必要があり，これについては流体力学における種々の実験値が参考になる．

また，半径 R，高さ H の円筒容器の場合についても，上述とまったく同じ方法で解いて次式を得る．

$$\beta = \frac{4}{\pi R} \sqrt{K_e D} + \frac{v_s}{H} \coth \left(\frac{\pi v_s}{4\sqrt{K_e D}} \right) \tag{3.125}$$

一方，質量濃度 C の変化は，粒径が均一とすると，

$$C = C_0 \exp\left(-\alpha t\right)$$

で近似できるが，式 (3.125) の右辺第 2 項が小さいときは，

$$\alpha = \frac{4}{\pi}\left(\frac{1}{R} + \frac{1}{H}\right)\sqrt{K_e D} = \frac{2\gamma}{\pi}\sqrt{K_e D} \tag{3.126}$$

となり，その半減期は次式で与えられる．

$$t_{1/2} = \frac{0.693\pi}{2\gamma\sqrt{K_e D}} \tag{3.127}$$

ただし，γ は円筒容器の沈着面積/容積の比である．

大規模容器内のエアロゾル粒子濃度変化についてはいくつかの実験結果があり，式 (3.121) の δ の値については $0.1 \sim 1$ mm の値が得られているが[56]，実際には熱泳動などほかの効果も加わっているものと考えられる．

参 考 文 献

1) Hunter, R. J., "Fundamentals of Colloid Science", Vol. I, Oxford Sci. Pub.(1987).
2) Levich, V. G., "Physicochemical Hydrodynamics", Prentice Hall(1962).
3) Rodebush, W. H. Hollay, C. E. Jr. and Lloyd, B. A., OSRD-2050(PB-32203)(1943).
4) Nolan, J. J. Nolan, P. J. and Gormley, P. G., Proc. Roy. Irish Acad. **45**, 47(1938).
5) Tan, C. W. and Thomas, J. W., J. Aerosol Sci. **3**, 39(1972).
6) DeMarcus, W. and Thomas, J. W., ORNL-1413(1952).
7) Thomas, J. W., ORNL-1648(1954).
8) Thomas, J. W., Health Phys. **12**, 765(1966).
9) Fuchs, N. A. Stechkina, I. B. and Strasselski, V. I., Brit. J. Appl. Phys. **13**, 280(1962).
10) Brezhnoi, V. M. and Kirichenko, V. V., Sov. J. Atomic Energy, **17**, 300(1964).
11) Tan, C. W. and Hsu, C-J., J. Aerosol Sci. **2**, 117(1971).
12) Ingham, D. B., J. Aerosol Sci. **6**, 125(1975).
13) Taulbee, D. B., J. Aerosol Sci. **9**, 17(1978).
14) Gormley, P. G. and Kennedy, M., Proc. Roy. Irish Acad. **52-A**, 163(1949).
15) Megaw, W. J., J. Nucl. Energy, Pt.A/B, **19**, 585(1965).
16) 高橋幹二，保健物理，**2**, 115(1967).
17) Browning, W. E. Jr. and Ackley, R. D., TID-7641(1962); ORNL-3401(1962); ORNL-3483(1963); ORNL-3691(1964).
18) Takahashi, K., J. Nucl. Sci. Techn. **3**, 401(1966).
19a) Kasahara, M. and Takahashi, K., Techn. Rep. Inst. Atomic Energy, Kyoto Univ. No.165(1974).
19b) Lee, K. W. and Gieske, J. A., Atmos. Environ. **14**, 1089(1980).
20) Knutson, E. O., Aerosol Sci. Techn. **31**, 83(1999).
21) Mercer, T. T. and Mercer, R. L., J. Aerosol Sci. **1**, 279(1970).

22) Sinclair, D. and Hoopes, G. S., Amer. Ind. Hyg. Assoc. J. **36**, 39(1975).

23) Pich, J., J. Aerosol Sci. **3**, 351(1972).

24) Findeisen, W., Pflug. Arch. f. d. ges. Physiol. **236**, 367(1935).

25) Ingham, D. B., J. Aerosol Sci. **7**, 13(1976); ibid. **7**, 373(1976).

26) Taulbee, D. B. and Yu, C. P., J. Aerosol Sci. **6**, 433(1975).

27) Davies, C. N., J. Aerosol Sci. **4**, 317(1973).

28) Hinze, J. O., "Turbulence", Chapt.5, McGraw-Hill(1959).

29) Fuchs, N. A., "The Mechanics of Aerosols", Pergamon Pr.(1964).

30) Schlichting, D., "Boundary-Layer Theory", p.561, McGraw-Hill(1968).

31) Friedlander, S. K. and Johnstone, H. F., I & EC. **49**, 1151(1957).

32) Davies, C. N., Proc. Roy. Soc. **A289**, 235(1966).

33) Beal, S. K., Nucl Sci. Eng. **40**, 1(1970).

34) 吉岡直哉, 金岡千嘉男, 江見準, 化学工学, **36**, 1010(1972).

35) Sehmel, G. A., J. Geophys. Res. **75**, 1766(1970).

36) Liu, B. Y. H. and Illori, T. A., Environ. Sci. Techn, **4**, 351(1974).

37) Owen, P. R., in "Aerodynamic Capture of Particles(ed. E. G. Richardson)", Pergamon Pr.(1960).

38) Caporaloni, M. Tampieri, F. Trombetti, F. and Vittori, O., J. Atmos. Sci. **32**, 565(1975).

39) Reeks, M. W., J. Aerosol Sci. **14**, 729(1983).

40) Brooke, J. W. Hanratty, T. and McLaughlin, J. B., Phys. Fluid, **A6**, 3404(1994).

41) Young, J. and Leeming, A., J. Fluid Mech. **340**, 129(1997).

42) Shin, M. and Lee, J. W., J. Aerosol Sci. **32**, 675(2001).

43) Cleaver, J. W. and Yates, B., Chem. Eng. Sci. **30**, 983(1975).

44) Hutchnson, P. and Hewitt, G. F., Chem. Eng. Sci. **26**, 419(1971).

45) 金岡千嘉男, "エアロゾル粒子の挙動と捕集に関する研究", 京大学位論文 (1973).

46) Brooke, J. W. Kontomaris, K. Hanratty, T. J. and McLaughlin, J. B., Phys. Fluid, **A4**, 825(1992).

47) Lin, C. H. and Chan, L. F., J. Aerosol Sci. **27**, 681(1995).

48) Guha, A., J. Aerosol Sci. **28**, 1517(1997).

49) Papavergas, P. G. and Hedley, A. B., Chem. Eng. Res. Des. **62**, 275(1984).

50) Kvasnak, W. and Ahmadi, G., Aerosol Sci. Techn. **23**, 641(1995).

51) Browne, L. W. B., Atmos. Environ. **8**, 801(1974).

52) Wood, N. B., J. Aerosol Sci. **12**, 275(1981).

53) Bennet, C. O. and Myers, J. E., "Momentum, Heat and Mass Transfer", McGraw-Hill(1962).

54) Pich, J., Atmos. Environ. **11**, 989(1977).

55) Corner, J. and Pendlebury, E. D., Proc. Phys. Soc. **B64**, 645(1951).

56) NEA, "Nuclear Aerosols", OECD(1979).

4章
粒子の凝集と蒸気の凝縮

4.1 粒子の凝集

　この章では粒子間の衝突合体，すなわち凝集について述べる．また，蒸気のエアロゾル粒子への輸送は，粒子間の凝集と類似の現象として取り扱うことができる部分が多いのでこの章に含める．ただし，イオンと粒子との間の輸送現象については5章で述べる．

4.1.1 ブラウン運動による凝集
（1） 粒子の拡散沈着と凝集
　拡散衝突による粒子の凝集については，Smoluchowski[1]によってその基礎的な説明がなされている．

　いま，半径 a_1，a_2，粒子数濃度がそれぞれ n_1，n_2 の粒子からなるエアロゾルを考える．まず，半径 a_1 の粒子1個を固定したとき，これに半径 a_2 の粒子がブラウン運動によって拡散衝突するときの単位時間当たりの衝突数は式 (3.33) から，

$$p_{1,2} = 4\pi R_{1,2}D_2 n_2$$

したがって，単位体積当たりの全粒子の衝突数は，

$$P_{1,2} = p_{1,2}n_1 = 4\pi R_{1,2}D_2 n_1 n_2 \tag{4.1}$$

ここに，$R_{1,2}$ は有効衝突半径であって $R_{1,2} \approx a_1 + a_2$．また，実際には半径 a_1 の粒子もブラウン運動によって運動しているので，このような場合の有効拡散係数 D_E は，a_1，a_2 粒子それぞれの平均2乗飛程を $\overline{(\Delta x_1)^2}$，$\overline{(\Delta x_2)^2}$ とすると，

$$2D_E t = \overline{(\Delta x_1 - \Delta x_2)^2} = \overline{(\Delta x_1)^2} + \overline{(\Delta x_2)^2} = 2(D_1 + D_2)t$$

すなわち，$D_E = D_1 + D_2$ でなければならず，したがって，

$$P_{1,2} = 4\pi(a_1 + a_2)(D_1 + D_2)n_1 n_2 \tag{4.2}$$

となる．これは，最初半径 a_2 の粒子を固定して考えてもまったく同じ結論を得る．また，ここで，$a_1 \gg a_2$ であれば，$a_1 + a_2 \approx a_1$，$D_1 + D_2 \approx D_2$ としてよい．

同一半径 a，粒子数濃度 n の場合には，式 (4.2) で $a_1 = a_2$，$D_1 = D_2 = D$，$n_1 = n_2 = n$ とおくと次式となる．

$$P = \frac{1}{2} P_{1,2} = 8\pi D a n^2 \tag{4.3}$$

また，1 回の衝突凝集によって 2 個の粒子が失われ，新しく 1 個の粒子が生成されるので，衝突凝集の確率が粒径のいかんにかかわらず一定であるとすれば，エアロゾル粒子数濃度の変化は，

$$\frac{dn}{dt} = -K_{B0} n^2 \tag{4.4}$$

ただし，

$$K_{B0} = 8\pi D a = \frac{4kT}{3\mu} Cc \tag{4.5}$$

であって，これを半径 a の粒子の凝集定数という．これは $(\mathrm{m}^3/\mathrm{s})$ の単位をもち，単位体積における単位粒子数濃度当たり，単位時間当たりの衝突凝集数を表す．なお，式 (4.4) を $t = 0$ で $n = n_0$ として解けば次式を得る．

$$\frac{1}{n} - \frac{1}{n_0} = K_{B0} t \tag{4.6}$$

さらに，一般に半径 a_1，a_2 粒子がそれぞれ単位粒子数濃度ずつ存在するときの衝突凝集の確率を，同様にして半径 a_1，a_2 粒子の凝集定数として定義すると式 (4.2) から次式を得る．

$$K_B(a_1, a_2) = 4\pi(a_1 + a_2)(D_1 + D_2)$$
$$= \frac{2kT}{3\mu}(a_1 + a_2)\left[\frac{1}{a_1} + \frac{1}{a_2} + Al\left(\frac{1}{a_1^2} + \frac{1}{a_2^2}\right)\right] \tag{4.7}$$

（2）　凝集定数の値

図 4.1 に K_{B0} の値を示すが，標準状態の空気中では，K_{B0} の値はカニンガムの補正項を無視すれば 3×10^{-16} m^3/s $(3 \times 10^{-10}$ $\mathrm{cm}^3/\mathrm{s})$ の一定値となり，式 (4.6) から $n = n_0/10$ となるのに要する時間を概算するとつぎのとおりである．

n (個/m^3)	10^{16}	10^{15}	10^{14}	10^{13}
t (s)	3	30	300	3000

また，式 (4.7) から，異なった粒径間の凝集定数を求めると表 4.1 のとおりである．ただし，K_{B0} と比較するために $K_B(a_1 + a_2) \times 1/2$ としてある．また（　）内の値は，

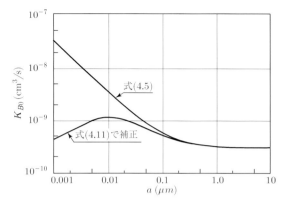

図 **4.1** ブラウン運動による凝集定数 (20 °C. 1 気圧の空気中)

表 **4.1** $K_B(a_1, a_2) \times 1/2$ の値 ($\times 10^{-10} \mathrm{cm}^3/\mathrm{s}$)

a_2 (cm)／a_1 (cm)	10^{-3}	10^{-4}	10^{-5}	10^{-6}	10^{-7}
10^{-3}	3.0	8.7	140	9200	8.2×10^5
10^{-4}		3.2	16	880 (870)	8.2×10^4 (7.9×10^4)
10^{-5}			5.6 (5.2)	97 (88)	8300 (6200)
10^{-6}				35 (12)	910 (220)
10^{-7}					330 (4.5)

あとで述べるように式 (4.11) によって補正したものである．表 4.1 に示すように，大小粒子間の凝集定数は粒径が同一程度のものの値よりもきわめて大きく，多分散粒子の粒子数濃度変化は単分散の場合よりも速い．

　一般に，多分散粒子の総括的凝集定数は，粒度分布を $f(a)$ とすると次式で求められる．

$$[K_B] = \frac{1}{2} \int_0^\infty \int_0^\infty K_B(a_1, a_2) f(a_1) f(a_2) da_1 da_2$$

$$= \frac{2kT}{3\mu} \left[1 + \bar{a} \, \overline{\left(\frac{1}{a} \right)} + Al \, \overline{\left(\frac{1}{a} \right)} + Al \, \bar{a} \, \overline{\left(\frac{1}{a^2} \right)} \right] \qquad (4.8)$$

ただし，$\bar{a}$, $\overline{(1/a)}$ などは，それぞれ a, $1/a$ などの平均値であって，上式は単位粒子数濃度についての値である．したがって，

$$\zeta = \frac{1 + \overline{a}\,\overline{\left(\dfrac{1}{a}\right)} + Al\,\overline{\left(\dfrac{1}{a}\right)} + Al\,\overline{a}\,\overline{\left(\dfrac{1}{a}\right)}}{2\left(1 + \dfrac{l}{a}\right)} \tag{4.9}$$

は多分散度 (polydispersion factor) といい，粒子の多分散の度合いを表す一つの因子であり，$\zeta \geqq 1$ であるが，単分散については当然 $\zeta = 1$ である．図 4.2 に対数正規分布をもつ多分散粒子の総括的凝集定数を示す．

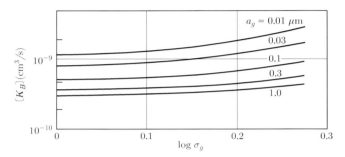

図 **4.2** 多分散粒子の総括的凝集定数

（3） 凝集定数に対する補正

これまでは，ある粒子の中心から $2a$(または $a_1 + a_2$) の仮想的半径の外側では式 (3.31) の拡散輸送にもとづく濃度分布式が適用されるものとして取り扱ってきた．しかし，粒径が小さくなって $2a \ll l_B$ になると，粒子表面から l_B 程度の領域内ではこのような濃度分布式は適用できなくなり，4.3.1 項で後述するガス分子の衝突に似た取り扱いが必要となる．

図 4.3 に示すように，原点粒子から $2a$ の距離にあったものが，凝集しないでさらに l_B だけ動いたときの原点粒子からの距離 $2a + \delta'$ の平均値は，

$$\overline{(OA)^2} = 4a^2 + l_B^2 + 4al_B\cos\theta$$

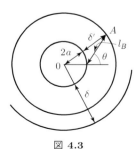

図 **4.3**

を全立体角について積分し，次式で与えられる．

$$\overline{2a+\delta'} = \frac{1}{6al_B}\left[(2a+l_B)^3 - (4a^2+l_B^2)^{3/2}\right]$$

また，固定した原点粒子も同様に運動するので，粒子間の相対距離は結局，$\delta = \sqrt{2}\delta'$ となる．すなわち，原点粒子の中心から半径 $2a+\delta$ の仮想球外ではじめて式 (3.31) の濃度分布が適用され，この内側では濃度 n_1 で，粒子は熱運動をしているものと考える．

そして，半径 $2a+\delta$ の仮想球外面での衝突は，

$$p_1 = 4\pi(2a+\delta)^2 \left(\frac{\partial n}{\partial r}\right)_{r=2a+\delta} \cdot 2D$$

であるが，ここで，仮想球面付近の粒子濃度勾配は 4.2.1 項で後述するように，

$$\left(\frac{\partial n}{\partial r}\right)_{r=2a+\delta} = \frac{n_0-n_1}{2a+\delta}$$

としてよいから，結局，

$$p_1 = 4\pi(2a+\delta)(n_0-n_1)\cdot 2D$$

となる．一方，この仮想球面内側において，熱運動によって衝突する粒子数は，熱運動速度として式 (2.99) を用い，かつ粒子間の相対速度を考慮すれば次式で与えられる．ただし，凝集効率を α とする．

$$p_2 = 4\pi(2a)^2\alpha n_1\sqrt{2}\cdot\frac{\overline{G}}{4} = \frac{32\sqrt{2}a^2\alpha Dn_1}{l_B} \tag{4.10}$$

凝集が定常的であるためには，$p_1 = p_2$ でなければならないので，

$$n_1 = \frac{\pi(2a+\delta)n_0}{\pi(2a+\delta) + \dfrac{4\sqrt{2}\alpha a^2}{l_B}}$$

すなわち，単位体積，単位時間当たりの衝突数は，上式を式 (4.10) に代入し，$n_0/2$ を乗じて得られる．

$$P = 8\pi aDn_0^2\beta_D$$

すなわち，凝集定数の補正は，

$$K = K_{B0}\beta_D \tag{4.11a}$$

$$\beta_D = \left(\frac{\pi l_B}{2\sqrt{2}\alpha a} + \frac{a}{a+\dfrac{\delta}{2}}\right)^{-1} \tag{4.11b}$$

となる. さらに, $a \ll \delta$ では, $l_B = \overline{G}mB$, $D = kTB$ であることを考慮すると $K(a) = 2\sqrt{2}\alpha\pi a^2\overline{G}$ となり, 後述の式 (4.12b) と同じくなる. また, $a \gg \delta$ では $a \gg l_B$ でもあるから $\beta_D = 1$ となる.

また, a_1, a_2 の粒子の凝集定数式 (4.7) に対する補正項を β_{12} とすると式 (4.11) で,

$$a = \frac{a_1 + a_2}{2}$$

$$l_b = \left(\frac{l_{B,1}^2 + l_{B,2}^2}{2} \right)^{1/2}$$

$$\delta = \left(\frac{\delta_1^2 + \delta_2^2}{2} \right)$$

とすればよい. なお, $a_1 \gg a_2$, $a_1 \gg \delta$ であれば $\beta_{12} = 1$ である.

このようにして, K_B の値は a が小さくなると無限に大きくなるのではなく, 図 4.1 に示すように, β_D の効果により $a = 0.01 \ \mu\mathrm{m}$ 付近で最大値をもつ. また凝集効率の効果は $l_B \ll a$ では小さい. これは $l_B \ll a$ では, いったん衝突しながら凝集せずに離れていっても, その距離はせいぜい $\delta \ll a$ のオーダーであり, その粒子が再び接近凝集する確率はほかの粒子よりも大きいためである. このような現象を多重衝突 (multicollision) 効果という. 粒子が小さい場合には, 粒子同士の衝突は気体分子の衝突と同様に取り扱うこともでき, $\alpha = 1$ とすると凝集定数は次式で表される[2].

$$K_B(a_1, a_2) = (a_1 + a_2)^2 \left[\frac{8\pi kT(m_1 + m_2)}{m_1 m_2} \right]^{1/2} \tag{4.12a}$$

したがって, $a_1 = a_2 = a$ に対しては, 上式の 1/2 として次式を得る.

$$K_{B0}(a) = 8a^2 \left(\frac{\pi kT}{m} \right)^{1/2} = 2\sqrt{2}\pi a^2\overline{G} \tag{4.12b}$$

これは, 式 (4.11) で $a \ll \delta$ としたものと等しい. またこれは上式に示すように, 気体分子の衝突を求める式で, その衝突半径を a で, また熱運動速度を粒子の熱運動速度 (式 (2.99)) で置き換えたものにも等しい.

（4） 粒子間に力がはたらく場合の凝集

たとえば, 荷電粒子 (詳しくは 5 章で述べる) の場合のように, 粒子間に引力または斥力がはたらく場合について考える.

粒子に速度ベクトルがある場合の拡散方程式は式 (3.1) で与えられたが, いま粒子間力を $\boldsymbol{F}(r)$ とすると $\boldsymbol{v} = B\boldsymbol{F}$ であるから, 定常状態での拡散は次式で表される.

$$\mathrm{div}\,(\boldsymbol{v}n) = B\,\mathrm{div}\,(\boldsymbol{F}n) = D\nabla^2 n$$

等方性の場合について上式を球座標で表せば,

$$B \frac{1}{r^2} \cdot \frac{d}{dr}(r^2 F n) = D \frac{1}{r^2} \cdot \frac{d}{dr}\left(r^2 \frac{dn}{dr}\right) \quad (2a < r < \infty) \tag{4.13}$$

すなわち,

$$4\pi r^2 \left(-BFn + D \frac{dn}{dr}\right) = P \quad (\text{一定})$$

となり,P は単位時間に半径 r なる球殻を通る粒子数である.上式を $r = 2a$ で $n = 0$,$r = \infty$ で $n = n_0$ として解き,$B/D = 1/kT$ の関係を用いれば,

$$P = \frac{4\pi D n_0}{\displaystyle\int_{2a}^{\infty} \frac{1}{r^2} \exp\left[\frac{\Psi(r)}{kT}\right] dr} \tag{4.14}$$

ただし,$\Psi(r)$ はエネルギーポテンシャルに相当し,

$$\int_r^{\infty} F(r) dr = \Psi(r)$$

ここで,P は単位時間当たりの衝突凝集数に等しく,$\Psi(r) = 0$ または $\Psi(r) = $ 一定の場合は,$P = 8\pi D a n_0$ となり,式 (4.3) に一致する.

いま,$x = 2a/r$ の変数変換を行うと,

$$\int_{2a}^{\infty} \frac{1}{r^2} \exp\left[\frac{\Psi(r)}{kT}\right] dr = \frac{1}{2a} \int_0^1 \exp\left[\frac{\Psi\left(\frac{2a}{x}\right)}{kT}\right] dx$$

となり,凝集定数としての補正項は,

$$\beta_E = \frac{1}{\displaystyle\int_0^1 \exp\left[\frac{\Psi\left(\frac{2a}{x}\right)}{kT}\right] dx} \tag{4.15}$$

ただし,引力がはたらくときは $\beta > 1$,斥力の場合は $\beta < 1$ である.粒子間のファンデルワールス力 (3.1 節を参照) を考慮したときも同様であって,一般に凝集効果は増大する.

(5) 不整形粒子の凝集

不整形粒子の凝集では,有効衝突半径を $\kappa_s(a_1 + a_2)$ とする必要がある.ここで,κ_s は凝集形状係数とよばれる.半径 a_1 の粒子の n 個からなる鎖状凝集体に対して,

$$\kappa_s = \frac{2n+1}{3}$$

が与えられている[3]が，これを粒子と同体積の球形粒子の衝突半径との比，すなわち凝集定数に対する補正値として示すと，

$$\beta_s = \frac{2n+1}{3n^{1/3}} \tag{4.16}$$

となる．さらに，2.3.2 項で示したような動力学的形状係数ともあわせて，ブラウン運動による凝集定数全体に対する補正効果を考えると，n が大きいとき鎖状粒子では $n^{2/3}$ に比例することになる．

4.1.2 速度勾配による凝集

層流場のように，平行流のなかに速度勾配が存在すると，粒子はその速度差によって衝突凝集する．いま，原点を半径 a_1 の粒子の中心にとり，これに半径 a_2 の粒子が衝突する場合を考える．速度差のある方向を z 方向とすると $0 \sim z$ 間の速度差は $(\partial u/\partial z) \cdot z$ である．

いま，原点を中心とする半径 $R_{1,2}$ の仮想球を考え，このなかの半径 a_2 の粒子はすべて固定した半径 a_1 の粒子と衝突凝集するものとすると，単位体積，単位時間当たりの衝突凝集数は，

$$P_{1,2} = 2\int_0^{R_{1,2}} \left(\frac{\partial u}{\partial z}\right) z \cdot 2(R_{1,2}^2 - z^2)^{1/2} dz \cdot n_1 n_2$$
$$= \frac{4}{3}\left(\frac{\partial u}{\partial z}\right) R_{1,2}^3 n_1 n_2 \tag{4.17}$$

ここに，n_1，n_2 はそれぞれ半径 a_1，a_2 の粒子の粒子数濃度である．ここで，$R_{1,2} = a_1 + a_2$ とし，式 (4.7) と同様にして凝集定数を定義すれば，

$$K_L(a_1, a_2) = \frac{4}{3}\left(\frac{\partial u}{\partial z}\right)(a_1 + a_2)^3 \tag{4.18}$$

また，単分散粒子についても同様に，

$$K_{L0} = \frac{16}{3}\left(\frac{\partial u}{\partial z}\right) a^3 \tag{4.19}$$

ここで，ブラウン運動による凝集定数と比較してみると，

$$\frac{K_{L_0}}{K_{B_0}} = \frac{2\left(\dfrac{\partial u}{\partial z}\right) a^2}{3\pi D}$$

であって，$(\partial u/\partial z) = 10 \text{ s}^{-1}$ とすれば，$a = 0.5$，$5\ \mu\text{m}$ でそれぞれ $K_{L_0}/K_{B_0} = 2 \times 10^{-2}$，40 となり，大きな粒子では K_{L_0} の効果は無視できない．

つぎに，多分散粒子の総括凝集定数を求めると，

$$[K_L] = \frac{4}{3}\left(\frac{\partial u}{\partial z}\right)\left[\overline{(a^3)} + 3\overline{(a^2)\cdot\bar{a}}\right] \tag{4.20}$$

したがって，粒子の多分散度は，

$$\zeta_L = \frac{[K_L]}{K_{L_0}} = \frac{\overline{(a^3)} + 3\overline{(a^2)\cdot\bar{a}}}{4\overline{(a^3)}} \tag{4.21}$$

となる．なお，重力沈降速度差による衝突凝集は，雨滴とエアロゾル粒子との衝突合体にもみられるように，とくに大きな粒子の挙動に対してかなり大きな効果を与える．

4.1.3　乱流場における凝集

乱流場におかれた粒子は，二つの機構によって衝突凝集する．一つは，媒質自身の空間的な速度差，すなわち速度勾配によるものであり，ほかの一つは，媒質の速度の時間的変動に対する粒子の追従の仕方が，粒子の大きさ，密度などによって異なるために生ずる粒子間の相対速度によるものである．

（1）　媒質自身の速度差によるもの

① 平均速度勾配から求めた解：いま，等方性乱流を考え，x 方向の速度を $u = U + u'$ とする．ただし，U は平均速度，u' は乱流変動速度である．さて乱流理論によれば，単位体積中の平均エネルギー消費 ε と速度勾配との関係は，

$$\varepsilon = 15\mu\overline{\left(\frac{\partial U}{\partial x}\right)^2} = 15\mu\overline{\left(\frac{\partial u'}{\partial x}\right)^2} = 7.5\mu\overline{\left(\frac{\partial U}{\partial y}\right)^2} \tag{4.22}$$

したがって，これを 4.1.2 項で述べた式に代入すれば，凝集定数として次式を得る．

$$\begin{aligned}
K_T(a_1, a_2) &= 3\cdot\frac{4}{3}\left(\frac{\varepsilon}{7.5\mu}\right)^{1/2}(a_1 + a_2)^3 \\
&= 1.46\left(\frac{\varepsilon_0}{\nu}\right)^{1/2}(a_1 + a_2)^3
\end{aligned} \tag{4.23}$$

ただし，上式の 3 倍の因子は三次元方向を考慮したものであり，また $\varepsilon_0 = \varepsilon/\rho$ $(\mathrm{m^2/s^3})$ は，媒質単位質量当たりのエネルギー消費である．

② 拡散衝突から求めた解[4]：乱流場での媒質の粘度は，乱流粘度を μ_t とすれば $\mu_t + \mu$ で与えられ，乱流の支配的な領域では μ_t が，粒子表面近くでは μ が支配的となる．

まず，μ の支配的な領域での拡散係数は，式 (4.22) で $\partial U/\partial y \approx u_\lambda/\lambda$ とおけば，

$$\varepsilon_f = \alpha\nu_t = \alpha|u_\lambda|\lambda = \alpha\left(\frac{\varepsilon_0}{7.5\nu}\right)^{1/2}\lambda^2 \tag{4.24}$$

ただし，α は 3.4.1 項で述べたように $1.4 \sim 2.0$ の実験定数，λ は乱流規模，u_λ はその相対速度である．

一方，μ_t の支配的な領域について考えると，乱流の輸送理論により $\mu_t = \rho\lambda^2|\partial U/\partial y|$ であるから，これを式 (4.22) に代入すれば $\varepsilon = 7.5\rho\lambda^2(u_\lambda/\lambda)^3$，すなわち，

$$\varepsilon_f = \alpha\nu_t = \alpha\left(\frac{\varepsilon_0\lambda}{7.5}\right)^{1/3}\lambda \tag{4.25}$$

また，μ_t と μ との効果は乱流規模 λ_0 において等しくなるようにするものとすると式 (4.24)，(4.25) より，

$$\lambda_0 = \left(\frac{7.5\nu^3}{\varepsilon_0}\right)^{1/4} \tag{4.26}$$

すなわち，$\lambda < \lambda_0$ では式 (4.24) が，$\lambda > \lambda_0$ では式 (4.25) の効果が大きくなる．さらに粒子表面近傍ではブラウン運動による拡散が支配的な領域があり，その規模 λ_1 は式 (4.24) から，

$$\lambda_1 = \left(\frac{7.5\nu D^2}{\alpha^2\varepsilon_0}\right)^{1/4} \tag{4.27}$$

で与えられるが，エアロゾル粒子の場合には一般に λ_1 の値はきわめて小さいのでこの領域は無視して，λ_0 を境界とする二つの領域の拡散輸送を考える．

さて，ある固定粒子近傍のほかの粒子の拡散輸送は，定常状態については，

$$\frac{1}{r^2}\left[\frac{\partial}{\partial r}\left(D_E r^2\frac{\partial n}{\partial r}\right)\right] = 0 \tag{4.28}$$

ここで，仮想有効半径 R を考え，境界条件を，

$$\left.\begin{array}{l} n_{r=R} = 0 \\ n_{r=\infty} = n_0 \end{array}\right\} \tag{4.29}$$

とし，D_E には式 (4.24) または式 (4.25) を用いて上式を解く．さらに，$r = \lambda_0$ では，これら二つの D_E を用いて求めた n，$\partial n/\partial r$ は等しいはずであるから，結局，固定粒子周辺のほかの粒子の濃度分布として次式が得られる．

$$n = n_0\frac{1 - \left(\dfrac{R}{r}\right)^3}{1 + \dfrac{2}{7}\left(\dfrac{R}{\lambda_0}\right)^3} \quad (r < \lambda_0) \tag{4.30}$$

したがって，単位体積，単位時間当たりの衝突凝集数は，

$$P_{1,2} = 4\pi R^2(D_E)_{r=R}\left(\frac{\partial n}{\partial r}\right)_{r=R}n_1 n_2$$

$$= \frac{12\pi\alpha R^3 n_1 n_2 \left(\dfrac{\varepsilon_0}{7.5\nu}\right)^{1/2}}{1 + \dfrac{2}{7}\left(\dfrac{R}{\lambda_0}\right)^3} \tag{4.31}$$

ここで，$R = a_1 + a_2$，$\alpha = 1.6$ として凝集定数を表せば，

$$K_T(a_1, a_2) = \frac{22.1(a_1 + a_2)^3 \left(\dfrac{\varepsilon_0}{\nu}\right)^{1/2}}{1 + \dfrac{2}{7}\left(\dfrac{a_1 + a_2}{\lambda_0}\right)^3} \tag{4.32}$$

また，単分散粒子では次式となる．

$$K_{T_0} = \frac{88.4 a^3 \left(\dfrac{\varepsilon_0}{\nu}\right)^{1/2}}{1 + \dfrac{16}{7}\left(\dfrac{a}{\lambda_0}\right)^3} \tag{4.33}$$

③ 乱流変動速度成分が正規分布に従うとしたときの解[5]：半径 a_1 の粒子を固定し，これに対する半径 a_2 の粒子の衝突凝集を考える．いま，仮想球半径 R の位置での半径方向の相対速度を v_R とすると，単位時間，単位体積中の粒子衝突数は，

$$P_{1,2} = \frac{1}{2} n_1 n_2 \int_s \overline{|v_R|}\, dS \quad (S \text{ は半径 } R \text{ の球面})$$

いま，v_R の大きさの分布は正規分布であるとし，これを $W(v_R)$ とすれば，

$$W(v_R) = \sqrt{\frac{\beta}{\pi}} \exp\left(-\beta v_R^2\right) \quad (\beta \text{ は定数})$$

それゆえ，式 (4.22) より，

$$\overline{(v_R)^2} = \overline{\left(\frac{\partial u'}{\partial x}\right)^2}\lambda^2 = \frac{\varepsilon_0}{15\nu} R^2$$

とも書ける．さらに v_R の正規分布性から，

$$\overline{(v_R)^2} = 2\int_0^\infty v_R^2 W(v_R)\, dv_R = \frac{1}{2\beta}$$

すなわち，

$$\frac{1}{\beta} = \frac{2}{15}\cdot\frac{\varepsilon_p}{\nu} R^2$$

これを用いて $P_{1,2}$ を求めれば，

$$P_{1,2} = 2R^2 n_1 n_2 \left(\frac{2\varepsilon_0 R^2}{15\nu}\right)^{1/2} \tag{4.34}$$

したがって凝集定数は，$R = a_1 + a_2$ とすれば，

$$K_T(a_1, a_2) = 1.30(a_1 + a_2)^3 \left(\frac{\varepsilon_0}{\nu} \right)^{1/2} \tag{4.35}$$

となる．

以上の結果をみると，①，③は比較的よい一致を示し，また②も $a_1 + a_2 = 10^{-3}$ cm 程度では①，③とかなり近い値となる．

（2）　粒子と媒質との運動のずれによるもの[5]

いま，粒子と媒質との相対速度を，半径 a_1，a_2 の粒子について，それぞれ $q_1(= v_1 - u_1)$，$q_2(= v_2 - u_2)$ とすると，二つの粒子間の相対速度は，

$$\overline{(v_R)^2} = \overline{(v_2 - v_1)^2} = \overline{(q_2 - q_1)^2} + \overline{(u_2 - u_1)^2}$$

ここで，$u_2 - u_1$ の項は（1）で述べたものにほかならないので，$q_2 - q_1$ の項のみについて考える．

粒子の運動方程式は式 (2.16) で述べたように，

$$\frac{dv}{dt} = -\frac{1}{\tau_p}(v - u) + \frac{\rho}{\rho_p} \cdot \frac{du}{dt}$$

すなわち，半径 a_1 の粒子については，

$$\frac{dq_1}{dt} + \frac{1}{\tau_{p_1}} q_1 = \left(\frac{\rho}{\rho_p} - 1 \right) \frac{du_1}{dt} \tag{4.36}$$

ここで，粒子は十分小さく，したがって，緩和時間 τ_p は乱流の速度変動をみるときの時間尺度に比べて十分に小さいものとすると，上式の左辺第1項は第2項に比べて無視できるので，平均2乗について表せば，

$$\overline{(q_1)^2} = \tau_{p_1}^2 \left(1 - \frac{\rho}{\rho_p} \right)^2 \overline{\left(\frac{du_1}{dt} \right)^2}$$

となる．まったく同様の式が半径 a_2 の粒子についても成り立ち，三次元等方性乱流場における半径 a_1，a_2 粒子についての差をとると，

$$\overline{(q_2 - q_1)^2} = (\tau_{p_2} - \tau_{p_1})^2 \left(1 - \frac{\rho}{\rho_p} \right)^2 \cdot 3\overline{\left(\frac{du}{dt} \right)^2} = \overline{(v_R)^2} \tag{4.37}$$

したがって，（1）の③で述べたのと同じ方法によって次式が得られる．ただし，$\overline{(v_R)^2}$ としては式 (4.37) の 1/3 を用いる．

$$P_{1,2} = 2\sqrt{2\pi}(a_1 + a_2)^2 n_1 n_2 |\tau_{p_2} - \tau_{p_1}| \left(1 - \frac{\rho}{\rho_p} \right) \left[\overline{\left(\frac{du}{dt} \right)^2} \right]^{1/2} \tag{4.38}$$

また，等方性乱流では，

$$\overline{\left(\frac{du}{dt}\right)^2} = 1.3\left(\frac{\varepsilon_0}{\nu}\right)^{1/2}$$

であるから，これを代入して凝集定数を求めると次式となる．

$$K_T(a_1, a_2) = 5.71(a_1 + a_2)^2|\tau_{p_2} - \tau_{p_1}|\left(1 - \frac{\rho}{\rho_p}\right)\left(\frac{\varepsilon_0^3}{\nu}\right)^{1/4} \qquad (4.39)$$

$\varepsilon_0 = 10^{-1}$ m^2/s^3 の乱流場では，$a_1 + a_2 < 0.2\,\mu$m ではブラウン運動による凝集が大きく，また単位密度 (1 g/cm^3) の粒子では，$\varepsilon_0 = 10^{-1}$ m^2/s^3，$|a_1 - a_2| = 0.6\,\mu$m で乱流凝集効果と重力沈降速度差による凝集効果がほぼ等しくなる．

表 4.2 は，$\varepsilon_0 = 10^{-4}$ m^2/s^3 のときの式 (4.35)，(4.39) の値を示す．$\varepsilon_0 = 10^{-2}$ m^2/s^3 のときは，式 (4.35) についてはこの値の 10 倍，式 (4.39) については 31.6 倍すればよい．

表 **4.2** $K_r(a_1, a_2)$ の値 ($\times 10^{-10}$ cm^3/s)($\varepsilon_0 = 1$ cm^2/s^3)

a_1 (cm) \ a_2 (cm)	10^{-3}	10^{-4}	10^{-5}	10^{-6}	10^{-7}
10^{-3}	269 0 269	44.7 136 181	34.6 115 150	33.6 113 147	33.6 113 147
10^{-4}		0.269 0 0.269	0.0447 0.0146 0.0593	0.0346 0.0125 0.0471	0.0336 0.0125 0.0461
10^{-5}			2.69×10^{-4} 0 2.69×10^{-4}	4.47×10^{-5} 2.33×10^{-6} 4.70×10^{-5}	3.46×10^{-5} 2.15×10^{-6} 3.68×10^{-5}
10^{-6}				2.69×10^{-7} 0 2.69×10^{-7}	4.47×10^{-8} 1.33×10^{-9} 4.60×10^{-8}
10^{-7}					2.69×10^{-10} 0 2.69×10^{-10}

注) 上段は式 (4.35) より，中段は式 (4.39) より，下段は両者の計.

4.1.4 振動場における凝集

振動場では，2.5 節で述べたように，粒子はその慣性挙動の差によって異なった動きをするので，その間の相対速度によって衝突し凝集する．媒質気体が速度振幅 u_0，角周波数 ω の正弦振動をするとき，半径 a_1，a_2 $(a_1 > a_2)$ の粒子の運動は，それぞれ

式 (2.84) で近似され，したがって，両者の相対速度の速度振幅 v_R および位相のずれ θ は，単振動の合成として次式で表される．

$$v_R = u_0\omega(\tau_{p_1} - \tau_{p_2})[(1 + \tau_{p_1}^2\omega^2)(1 + \tau_{p_2}^2\omega^2)]^{-1/2} \tag{4.40}$$

$$\tan\theta = \omega\frac{\tau_{p_1} - \tau_{p_2}}{1 + \tau_{p_1}\tau_{p_2}\omega^2} \tag{4.41}$$

いま，a_1 粒子を固定し，そのまわりの a_2 粒子の慣性衝突を考えると，衝突効率 E は式 (2.70) で与えられ，したがって凝集定数は，

$$K_A(a_1, a_2) = \pi(a_1 + a_2)^2\beta_R E v_R \tag{4.42}$$

となる．ここに，β_R は凝集によって失われたエアロゾル粒子の補充率 (fill up factor) で，実際には粒子濃度は空間的に一様としてよいのでほぼ $\beta \cong 1$ である．

　正弦振動音波の強度は，c を音速とすると，

$$I = \frac{u_0^2 c\rho}{2}$$

で与えられる．したがって，E として式 (2.70) を用いると $Stk \gg 0.5$ では $K_A \propto I^{1/2}$ となる．一方，粒子間の流体力学的相互作用を考慮したときの衝突効率は，重力沈降の場合について解[6]も与えられており，また Shaw ら[7]はこれを振動場に適用して $\tau_{p_1}\omega/2\pi < 1$ のときの解を得ている．また，$a_1 = a_2 = 0.085 \sim 1.0\,\mu m$ の比較的粒径のそろったエアロゾルに $1 \sim 10$ kHz，$145 \sim 160$ dB の強い音波を加えて (これを音波凝集という)，凝集定数がブラウン運動によるものよりも数倍から 1000 倍も大きくなることを示している[7, 8]．

4.2　蒸気・エアロゾル粒子の混合物

4.2.1　蒸気の粒子への輸送速度

　蒸気とエアロゾル粒子とが混在するとき，蒸気は粒子に吸着し，あるいは粒子から脱着しながらある平衡を保つものと考えられる．さて，蒸気分子は粒子表面近傍の，ある微小厚さ (Δ) までは 4.1.1 項 (3) で述べた粒子の場合と同様に，蒸気の濃度勾配を推進力として拡散輸送されるが，この微小厚層内ではガス分子は一定濃度に保たれて，等方的な熱運動を行いながら粒子表面に衝突し吸着されると考えてよい．

　このような現象は Fuchs[9]，Lassen[10]によって研究されており，つぎのように説明される．すなわち，蒸気の輸送，吸着が定常状態とすれば，拡散輸送は式 (3.5) から次式で表される．

$$\frac{\partial}{\partial r}\left(r^2\frac{\partial C}{\partial r}\right) = 0 \quad (r > a + \Delta) \tag{4.43}$$

ただし，C は蒸気の質量濃度とする．境界条件は $C_{r=\infty} = C_\infty$，さらに $C_{r=a+\Delta} = C_1$ とすると，上式の解は，

$$C = C_\infty - (C_\infty - C_1)\frac{a+\Delta}{r}$$

したがって，$r = a + \Delta$ の球全表面への単位時間当たりの吸着量は，

$$\Phi_{a+\Delta} = 4\pi(a+\Delta)^2 D_g \left(\frac{\partial C}{\partial r}\right)_{r=a+\Delta}$$

$$= 4\pi(a+\Delta)D_g(C_\infty - C_1) \tag{4.44}$$

となる．一方，粒子表面付近の微小厚層についてみると，粒子表面への蒸気分子の単位時間当たりの衝突数は分子運動論から，

$$\Phi_a = 4\pi a^2 \frac{\overline{G_g}}{4}\alpha_c(C_1 - C_d) \tag{4.45}$$

ただし，$\overline{G_g}$ は蒸気分子の平均熱運動速度，C_d は粒子表面の蒸気濃度，α_c は蒸気分子が粒子表面に衝突したときの質量適応係数 (mass condensation coefficient) または付着確率 (sticking probability) である．ここで，連続条件から $\Phi_{a+\Delta} = \Phi_a$ とおけば，

$$C_1 - C_d = \frac{C_\infty - C_d}{1 + \dfrac{\alpha_c a^2 \overline{G_g}}{4(a+\Delta)D_g}} \tag{4.46}$$

したがって，蒸気の単位時間当たりの吸着量は，

$$\Phi = 4\pi a^2(C_\infty - C_d)\overline{G_g}\frac{1}{\dfrac{4}{\alpha_c} + \dfrac{a^2\overline{G_g}}{(a+\Delta)D_g}} \tag{4.47}$$

となる．ここで，$\overline{G_g}$，D_g はいずれも媒質気体 (通常空気) 中における凝縮蒸気の値である．また Δ も同様に凝縮蒸気の平均自由行程に近い値であって[9]，空気分子の平均自由行程を l_a とすると，蒸気濃度が低いときは近似的に，

$$\Delta \approx l_g \approx l_a\left(\frac{2\sigma_g}{\sigma_g + \sigma_a}\right)^2\left(\frac{2m_g}{m_g + m_a}\right)^{1/2} \tag{4.48}$$

で与えられる．ただし，σ は分子の衝突径，m は分子の質量である．$a > l_g$ では $\Delta \approx 2D_g/\overline{G_g}$，すなわち理想気体では $D_g = \overline{G_g}l_g/3$ であるから $\Delta \approx 2l_g/3$[11]．したがって，

$$\Phi = 4\pi a D_g(C_\infty - C_d)\cdot X \tag{4.49}$$

とすれば，

$$X = \left[\frac{1}{1 + \frac{2}{3}Kn} + \frac{4Kn}{3\alpha_c} \right]^{-1} \tag{4.50}$$

となる．ただし，ここでは $Kn = l_g/a$ である．この場合の Kn の値，すなわち種々の気体中の蒸気分子の l_g の値の定義については多少の違いがあるが[12]，ここでは Fuchs ら[13]が，Sahni[14]の拡散衝突計算値との適合性から求めたものを用いると，

$$X = \frac{1 + Kn}{1 + \left(\frac{4}{3\alpha_c} + 0.337 \right)Kn + \left(\frac{4}{3\alpha_c} \right)Kn^2} \tag{4.51a}$$

また，$\alpha_c = 1$ では，

$$X = \frac{1 + Kn}{1 + 1.71Kn + 1.33Kn^2} \tag{4.51b}$$

となる．ここで，$Kn \ll 1$ では，

$$X = \frac{1}{1 + \left(\frac{4}{3\alpha_c} + 0.337 \right)Kn} \rightarrow 1 \tag{4.52a}$$

同様に $Kn \gg 1$ では，

$$X = \frac{3\alpha_c}{4Kn} \tag{4.52b}$$

となる．式 (4.47) で，$\alpha_c/4$ は吸着に対する表面抵抗，$(a + \Delta)D_g/a\overline{G}_g$ は拡散抵抗の項に相当し，粒子が小さいときは α_c は吸着速度に影響するが，粒径が大きくなるとその効果は無視できる．これは，いったん粒子表面に接近しながら，吸着エネルギーのバリヤーをこえられず吸着しえなかった蒸気分子は，4.1.1 項 (3) で述べた多重衝突効果によって再接近衝突の可能性が高いことを意味する．

　粒子表面が蒸気に対して完全吸収 ($C_d = 0$) であれば，吸着は無限に進行することになるが，実際には吸着の進行とともに，粒子表面の蒸気圧と周辺の蒸気圧が等しくなると平衡状態となる．

4.2.2　粒子の凝縮成長と蒸発消滅
（1）　同一成分の蒸気と粒子

　蒸気と粒子の構成物質が同じものである場合を考えると，蒸気の凝縮による粒子 (液滴) の成長や蒸発による消滅についても 4.2.1 項で述べた考察が成り立つ．いま，粒子表面から十分離れたところの蒸気の質量濃度を C_∞，その蒸気圧を p_∞ ($= S{\cdot}p_s$；p_s は

飽和蒸気圧) とすると粒子表面への質量輸送フラックスは，式 (4.49) で $C = pm_g/kT$ とすれば，

$$\Phi = 4\pi a D_g m_g \frac{p_\infty - p_d}{kT} \cdot Y \tag{4.53}$$

ここに，p_d は粒子表面の蒸気圧であって式 (8.1) で与えられる．Y については (2) で後述する．

そして粒径成長速度は，

$$\frac{da}{dt} = \frac{\phi}{4\pi a^2 \rho_p} \tag{4.54}$$

したがって，a_0 から a_1 まで成長するのに要する時間は上式を積分して求められる．蒸発の場合も同様であって，いま飽和蒸気圧近傍で a_0 から a_1 まで蒸発するのに要する時間は，式 (4.51b) を用いて近似解を求めると[15]，

$$t = \frac{1}{AB} \bigg[0.333(y_0^3 - y_1^3) + 0.355(y_0^2 - y_1^2) + 0.623(y_0 - y_1)$$
$$- 0.623 \ln \frac{y_0 + 1}{y_1 + 1} \bigg] \tag{4.55}$$

ただし，$y = 1/Kn$，$A = Dm_g p_{\infty,s}/\rho_p kTl_g^2$，$B = 2\gamma m_g/\rho_p kTl_g^2$ である．水滴では常温で $A = 1.2 \times 10^5$ s^{-1}，$B = 1.8 \times 10^{-2}$ 程度であるから，直径 10 μm，1 μm，0.1 μm の水滴が飽和水蒸気中で消滅するのに要する時間は，それぞれ約 20 s，0.02 s，30 μs となる．

（ 2 ） 凝縮潜熱を考慮したとき

この場合には，粒子表面における熱量 Q の輸送を (1) の物質輸送と同様に考慮し，両者を $-dQ/dt = L \cdot dC/dt$（L は凝縮潜熱）の形で結合して解くことになる．これには Fuchs[8]やそのほかにもいくつかの解があるが，ここでは Fukuta ら[16]の解をやや変形して示すと，

$$Y = \left[\frac{1}{f_c} + \frac{L^2 m_g^2 D_g p_s}{\lambda_g k^2 T^3 f_t} \right]^{-1} \tag{4.56}$$

ただし，λ_g は気体の熱伝導度，f_c，f_t はそれぞれ物質輸送と熱輸送に関する因子で，α_t または α_c に類似のものであるが，式 (2.6b) の粒子表面離脱分子のかわりに，粒子表面から Δ の位置の分子を用いて定義されており，したがって粒子径によって異なった値となる．

（3）　溶解性粒子の場合

粒子が凝縮成分に対して溶解性のときには蒸気成分の取り込みにより粒子は溶液滴となるが，その溶液の物性値に $(')$ をつけて式 (4.56) を書くと，

$$Y = \left[\frac{1}{f_c} + \frac{LL'm_g^2 D_g p_d'}{\lambda_g k^2 T^3 f_t} \right]^{-1} \tag{4.57}$$

ただし，p_d' は溶液滴表面の蒸気圧であって式 (8.2) で与えられる．

溶液滴は成長とともに表面の蒸気圧は減少していくが，一方，溶解成分の濃度低下にともなって凝縮成分の蒸気圧は増大していく．こうして，p_∞ に対して平衡を保つような溶液滴の大きさと濃度が存在することになる．このときの液滴半径 a^* はもとの半径 a_0 に対して[17]，

$$\left(\frac{a^*}{a_0} \right)^3 = \frac{1 + \dfrac{ixS}{1-S} \cdot \dfrac{M_w \rho_s}{M_s \rho_w}}{1 + \dfrac{\eta_0}{1-\eta_0} \cdot \dfrac{M_w \rho_s}{M_s \rho_w}} \tag{4.58}$$

ただし，M は分子量，ρ は密度，S は蒸気の飽和度，添字 w，s，0 はそれぞれ凝縮成分，溶解成分，初期値である．また i，x は 8.1.2 項に示す値，η は成分 w のモル比である．

（4）　2成分蒸気の凝縮

A，B の2成分蒸気の凝縮を考える．ただし，A 成分は微量で液滴中のモル数，媒質気体中の蒸気濃度はそれぞれ $n_B \gg n_A$，$C_B \gg C_A$ とし，凝縮成長は液滴への A 成分の凝縮が律速となり，液滴表面の B 成分の蒸気圧は媒質中の A 成分の蒸気圧と平衡状態にあるものとする．すなわち，式 (4.54) は，

$$\frac{da}{dt} = \frac{\dfrac{dn_A}{dt}}{\dfrac{dn_A}{da}} \tag{4.59}$$

となり，dn_A/dt は式 (4.49) または式 (4.53) において $n_A = \phi/M$ として求められる．一方，dn_A/da は 8.1.2 項で n_s を n_A で置き換えて求められる．ただし，このとき p_d'/p_s は媒質気体中の成分の蒸気圧飽和度とする．Hamill[18] は式 (8.3) を用いて式 (4.59) を求めている．

（5）　凝　縮　係　数

ガス分子の粒子への凝縮については，式 (4.45) で用いた質量適応係数のほかに，式 (4.49) の X または式 (4.56) の Y に $(p_\infty - p_d)/p_\infty$ を乗じて定義した取り込み係数

(uptake coefficient) を用いることがあるが[19]，ここでは，凝縮係数は α_c とほぼ同義語として用いるものとする．この場合，式 (4.56) のなかの f_c と α_c はつぎのように関係づけられる．

$$f_c = \frac{a}{a + \dfrac{4D_g}{G_g \alpha_c}} \approx \left(1 + \frac{4Kn}{3\alpha_c}\right)^{-1} \tag{4.60}$$

実測によれば[20]，α_c の値は，鉄，銅などの金属で ≈ 1，NaCl で $0.11 \sim 0.23$，ヨウ素で $0.055 \sim 1$，ベンゼンで $0.85 \sim 0.95$，水で $0.026 \sim 0.033$[21, 22] などが得られており，一般に，$\alpha_c < \alpha_t \cong 1$，$f_c < f_t \cong 1$ である．また，α_c の値は粒子表面の状態によって変わるとともに，蒸発，凝縮の場合には粒径によっても変わる．硫酸液滴にHCl 蒸気が取り込まれるときの $\alpha_c = 0.3$[23] のほかに，種々の蒸気の水滴への取り込みの実験から $\alpha_c = 0.02 \sim 1$ の値が得られている[24]．

4.2.3 粒子の成長と粒度分布の変化

粒子は g 個の分子を含むものとし，蒸気の粒子への凝縮または蒸発によってその濃度 n_g が時間的に変化するものとすると，

$$\frac{\partial n_g}{\partial t} = \beta_{g-1} n_{g-1} - (\beta_g + \alpha_g) n_g + \alpha_{g+1} n_{g+1} \tag{4.61}$$

ただし，β_g，α_g はそれぞれ分子の粒子への凝縮速度および粒子からの蒸発速度であって次式で与えられる．

$$\beta_k = p_{1,k} n_1 \qquad (p_{1,k}：分子の\ k\ 粒子への衝突頻度)$$
$$\alpha_k = q_{1,k} n_1 \qquad (q_{1,k}：分子の\ k\ 粒子からの蒸発頻度)$$

上式では，$g < (g-1)$，または $g > (g+1)$ の粒子からの生成項は無視した．

いま，分子容を v_m (すなわち，$v_m k = v_k$) とし，p，q，n の値をそれぞれ p_k，q_k，n_k についての Taylor 展開として与え，$v_m = \Delta v$ に関する三次以上の高次項を無視して微分形で表すと，

$$\frac{\partial n(v,t)}{\partial t} = -\frac{\partial}{\partial v}[I_0(v,t)n(v,t)] + \frac{\partial^2}{\partial v^2}[I_1(v,t)n(v,t)] \tag{4.62}$$

ただし，

$$I_0(v,t) = \Delta v(\beta_g - \alpha_g) \tag{4.63a}$$

$$I_1(v,t) = \frac{\Delta v^2}{2}(\beta_g + \alpha_g) \tag{4.63b}$$

であって，上式は式 (4.49) や式 (4.54) から，

$$I_0(v, t) = \frac{dv}{dt} = \frac{\phi}{\rho_p} \tag{4.64}$$

で与えられる．このような場合の粒度分歩変化については，さらに 6.3 節を参照されたい．

参 考 文 献

1) Smoluchowski, M. von, Z. Phys. Chem. **92**, 129(1917).

2) Sahni, D. C., J. Colloid Interf. Sci. **91**, 418(1983).

3) Mercer, T. T., in "Fundamentals of Aerosol Science(ed. D. T. Shaw)", John-Wiley(1978).

4) Levich, V. G., "Physicochemical Hydrodynamics", Prentice Hall(1962).

5) Saffman, P. G. and Turner, J. S., J. Fluid Mech. **1**, 16(1956).

6) Scott, W. T. and Chen, C-Y., J. Atmos. Sci. **27**, 698(1970).

7) Shaw, D. T., in "Recent Developments in Aerosol Science(ed. D. T. Shaw)", p.279, Wiley-Intersci.(1978).

8) Chou, K. H. Lee, P. S. and Shaw, D. T., J. Colloid Interf. Sci. **83**, 335(1981).

9) Fuchs, N. A., "Evaporation and Droplet Growth in Gaseous Media", Pergamon Pr.(1959).

10) Lassen, L. and Rau, G., Z. f. Phys. **160**, 504(1960).

11) Wright, P. G., Disc. Farad. Soc. **30**, 100(1960).

12) Qu, X. and Davis, E. J., J. Aerosol Sci. **32**, 861(1991).

13) Fuchs, N. A. and Sutugin, A. G., in "Topics in Current Aerosol Research(ed. G. M. Hidy and J. Brock)", Pergamon Pr.(1972).

14) Sahni, D. C., J. Nucl. Energy, Pt. A/B, **20**, 915(1966).

15) Davies, C. N., Farad. Symp. Chem. Soc. No.7, 34(1973).

16) Fukuta, N. and Walter, L. A., J. Atmos. Sci. **27**, 1160(1970).

17) Chu, K. J. and Seinfeld, J. H., Atmos. Environ. **9**, 375(1975).

18) Hamill, P., J. Aerosol Sci. **6**, 475(1975).

19) Kulmala, M. and Wagner, P. E., J. Aerosol Sci. **32**, 833(1991).

20) Hidy, G. M. and Brock, J. R., "The Dynamics of Aerocolloidal Systems", p.122, Pergamon Pr.(1970).

21) Chodes, N. Warner, J. and Gagin, A., J. Atmos. Sci. **31**, 1351(1974).

22) Sinnarwalla, A. M. Alofs, D. J. and Cartens, J. C., J. Atmos. Sci. **32**, 592(1975).

23) Vesala, T. Hannemann, A. U. Luo, B. P. Kulmala, M. and Peter, Th., J. Aerosol Sci. **32**, 843(1991).

24) Rudolf, R. Vrtala, A. Kulmala, M. Vesala, T. Viisanen, I. and Wagner, P. E., J. Aerosol Sci. **32**, 913(1991).

5章
荷 電 粒 子

5.1　エアロゾル粒子の荷電

　エアロゾル粒子は，その発生過程や発生後における摩擦電気あるいはイオンとの結合によって荷電される．このような粒子の荷電現象は古くから観測されており，発生直後の荷電状態はたとえば表 5.1 のようである[1]．

表 **5.1**　エアロゾル粒子発生直後の荷電数の例

エアロゾル	発　生　法	粒径 (μm)	荷電数 p
たばこ	燃　焼	$0.1 \sim 0.25$	$1 \sim 2$
MgO	燃　焼	$0.8 \sim 1.5$	$8 \sim 12$
粘　土	分　散	$2 \sim 4$	$20 \sim 40$
Stearic acid	蒸発凝縮	0.2	1
NH_4Cl	蒸発凝縮	0.2	1
NH_4Cl	アルコール溶液より分散	$0.8 \sim 1.5$	$12 \sim 15$

5.1.1　大気中のイオンと動力学的特性

　大気中では，放射線の電離作用によってイオンが生成される．放射線には宇宙線，大気中および地中放射性物質からの放射線があるが，その強さは地域的，時間的に変動し，さらに地表からの高度によっても異なる．大気中放射性物質のほとんどは地中に存在するウラン (U)，トリウム (Th) の崩壊生成物であり，その主要な核種であるラドン (Rn)，トロン (Tn) とその娘核種の濃度は，地表付近で平均 10 Bq/m³ 程度である．α, β, 1 崩壊当たりのイオン生成率は，空気中ではそれぞれ 2×10^5, 2×10^4 イオン対程度とみなしてよいから，これらによるイオン対生成速度は $10^6 \sim 10^7$ イオン対/(m³·s) 程度となる．地表 1 m 付近における全イオン対生成速度は表 5.2 のとおりで[2]，一般に地表高度の増加とともに宇宙線によるものが増加し，そのほかによるものが減少する．また地中放射性物質によるものの地域差は大きく数倍に達することがある．

　大気中で放射線によって電離生成されるイオン (小イオン) の多くは $O_2^{\pm}$, O^-, H_3O^-, $NO^{\pm}$ などの水和物である[3]．このほかに，小イオンまたは Rn, Tn の娘核種

表 5.2　大気中イオン生成速度

放　射　線	イオン対生成速度 (イオン対/(cm³·s))
宇　宙　線	2
空中放射性物質(α)	4.4
〃　　　(β)	0.03
〃　　　(γ)	0.15
地中放射性物質(β)	0.3
〃　　　(γ)	3.2
計	10.08

のうち比較的長寿命の RaA, RaB, ThB などが, 電荷をもったまま空気中の微小粒子に付着したものがあり, これらは大イオンまたは中イオンとよばれる. 気象学の分野ではこれらを表 5.3 のように分類することがある. 生成されたイオンは, 正負イオンの再結合やほかの粒子への付着 (荷電または中和) によって消滅するが, 生成量と消滅量との間にはある平衡関係が保たれており, 大気中の平均的なイオン濃度は表 5.4 のようである[4]. もちろん, この濃度には天候や時刻によってかなりの変動がある. また一般に汚染空気中ではイオンの付着対象となる粒子が多いので, イオン濃度は清浄空気中よりも少なく, イオン濃度は空気汚染度を表す指標の一つとなる.

表 5.3　イオンの大きさ

種　類	大きさ (μm)
小イオン	< 0.005
中イオン	$0.005 \sim 0.015$
大イオン	$0.015 \sim 0.10$

表 5.4　大気中のイオン濃度

	陸上 (イオン/cm³)	海上 (イオン/cm³)
小イオン(正)	$200 \sim 2000$	$300 \sim 500$
〃　　(負)	$100 \sim 4000$	
大イオン(正)	$1000 \sim 10000$	$100 \sim 500$
〃　　(負)		

イオンの質量を m_i, 媒質ガス分子の質量を m_g, 電気素量を e, イオンの平均自由行程を l_i とすると, イオンの拡散係数 D_i, 電気移動度 B_i は次式で表される[5].

$$B_i = \frac{D_i e}{kT} \tag{5.1}$$

ここに,

$$D_i = \frac{3\sqrt{\pi}}{8} l_i \left[\frac{(m_i + m_g)kT}{m_i m_g} \right]^{1/2} \tag{5.2a}$$

$$D_i = \frac{3\pi}{16\sqrt{2}} \overline{G}_i l_i \quad (m_i \gg m_g) \tag{5.2b}$$

$$D_i = \frac{3\pi}{16} \overline{G}_i l_i \quad\quad (m_i \approx m_g) \tag{5.2c}$$

である.

空気中の正負イオンについての多くの測定値は $B_i = 1 \sim 2.2 \times 10^{-4} \mathrm{m}^2/(\mathrm{V \cdot s})$ の範囲にあるが，いま正負イオンのモル質量をそれぞれ 0.130, 0.100 kg/mol として，上式により諸数値を求めると表5.5のとおりである．なお，上式はイオンとガス分子の衝突に関する熱運動解析によって得られるが，式 (5.2a) の $3\sqrt{\pi}/8$ のかわりに $4/(3\sqrt{\pi})$ とした解もあり[6]，表5.5の（ ）内にはこの場合の値を示してある．

表 5.5 イオンの動力学的性質 (20°C, 1気圧の空気中)

名 称		正イオン	負イオン
質 量	m_i (kg)	2.16×10^{-25}	1.66×10^{-25}
平均熱運動速度	G_i (m/s)	2.18×10^{2}	2.49×10^{2}
平均自由行程	l_i (m)	1.46×10^{-8}	1.94×10^{-8}
拡散係数	D_i (m²/s)	3.12×10^{-6} (3.53×10^{-6})	4.26×10^{-6} (4.82×10^{-6})
電気移動度	$B_i(\mathrm{m}^2/(\mathrm{V \cdot s}))^*$	1.23×10^{-4} (1.4×10^{-4})	1.69×10^{-4} (1.91×10^{-4})
再結合係数	α_i (m³/s)	1.6×10^{-12}	

注) *：または (C·s/kg)

5.1.2 単極イオンによる粒子の荷電

（1） 拡 散 荷 電

イオンとエアロゾル粒子が混在しているとき，外部から与えられた電場がなければ，イオンは分子と同じように拡散によって粒子に付着し荷電させる．これを拡散荷電という．

イオンの平均自由行程に比べて粒子径が大きいとき，粒子周辺のポテンシャル場でのイオン密度は，分子運動論から次式で与えられる．

$$\frac{n_{iv}}{n_i} = \exp\left(\frac{V}{kT}\right) \tag{5.3}$$

ただし，n_i は全イオン濃度，n_{iv} はエネルギーポテンシャル V をもつイオン濃度である．ここで，荷電量 pe をもつ半径 a の粒子の周辺の粒子中心から距離 r にあって，粒子と同符号をもつイオンの静電気ポテンシャルは，

$$V(r) = -\frac{pe^2}{4\pi\varepsilon_0 r} \tag{5.4}$$

ただし，ε_0 は真空の誘電率であって $\varepsilon_0 = 8.854 \times 10^{-12}$ F/m (または C/(V·m))．また，粒子とイオンとの単位時間当たりの拡散衝突数は $\pi a^2 n_{iv} \overline{G_i}$ であるから，粒子の

荷電速度は次式で与えられる.

$$\frac{dp}{dt} = \pi a^2 \overline{G_i} n_i \exp\left(-\frac{pe^2}{4\pi\varepsilon_0 akT}\right) \tag{5.5}$$

ここで, $t = 0$ で, $p = 0$ として上式を解けば,

$$p = \frac{4\pi\varepsilon_0 akT}{e^2} \ln\left(1 + \frac{a\overline{G_i} n_i e^2 t}{4\varepsilon_0 kT}\right) \tag{5.6}$$

となる. 上式は $\overline{G_i}$ として適当な値を用れば, l_i/a のかなり広い範囲で適用できる.

上式は分子運動論的考察から得られたものであったが, 拡散衝突はイオンの拡散輸送現象であるから, 4.2 節で述べたガスの拡散衝突と同様に, 式 (4.47) を基礎として解くことができる. その結果を, イオンと粒子との結合係数 η, すなわち単位イオン濃度, 単位時間当たりの粒子の荷電数として表すとつぎのようである.

正イオンと無荷電粒子:

$$\eta_{+0} = 4\pi D_+ a \cdot I(a, \ D_+, \ 0) \tag{5.7}$$

負イオンと無荷電粒子:

$$\eta_{-0} = 4\pi D_- a \cdot I(a, \ D_-, \ 0) \tag{5.8}$$

正イオンと正符号荷電粒子:

$$\eta_{+p} = 4\pi D_+ a \cdot I(a, \ D_+, \ p) \tag{5.9}$$

正イオンと負符号荷電粒子:

$$\eta'_{+p} = 4\pi D_+ a \cdot I'(a, \ D_+, \ p) \tag{5.10}$$

負イオンと負符号荷電粒子:

$$\eta_{-p} = 4\pi D_- a \cdot I(a, \ D_-, \ p) \tag{5.11}$$

負イオンと正符号荷電粒子:

$$\eta'_{-p} = 4\pi D_- a \cdot I'(a, \ D_-, \ p) \tag{5.12}$$

ここで, D_+, D_- はそれぞれ正, 負イオンの拡散係数であるが, いま, $D_+ = D_- = D_i$ とすると式 (4.47) および, 後述の式 (5.49) または式 (5.50) から,

$$I(a, D_i, p) = \frac{1}{\dfrac{4D_i}{\overline{G_i} a} + \dfrac{a}{a + \Delta_i}} \cdot \frac{y}{\exp(y) - 1} \tag{5.13}$$

$$I'(a, D_i, p) = \frac{1}{\dfrac{4D_i}{\overline{G}_i a} + \dfrac{a}{a + \Delta_i}} \cdot \frac{y}{1 - \exp(-y)} \tag{5.14}$$

ただし，y は 5.2.4 項で，衝突半径 $2a$ を a で置き換え，$q_1 = e$，$q_2 = pe$ とおけば，

$$y = \frac{pe^2}{4\pi\varepsilon_0 a kT}$$

となる．また，$a \gg \Delta_i \approx l_i$ ならば $4D_i/\overline{G}_i a \ll 1$ となるので，

$$\eta_{+0} = \eta_{-0} = 4\pi D_i a \tag{5.15a}$$

$$\eta_{+p} = \eta_{-p} = 4\pi D_i a \frac{y}{\exp(y) - 1} \tag{5.15b}$$

$$\eta'_{+p} = \eta'_{-p} = 4\pi D_i a \frac{y}{1 - \exp(-y)} \tag{5.15c}$$

となる．また，$a \ll \Delta_i$ ならば次式を得る．

$$\eta_{+0} = \eta_{-0} = \pi a^2 \overline{G}_i \tag{5.16a}$$

さらに，$y < 1$ のとき式 (5.4) を用いれば次式を得る．

$$\eta_{+p} = \eta_{-p} = \pi a^2 \overline{G}_i \exp(-y) \tag{5.16b}$$

$$\eta'_{+p} = \eta'_{-p} = \pi a^2 \overline{G}_i \exp(y) \tag{5.16c}$$

（2） 衝 突 荷 電

　コロナ放電場のように，外部から電場が与えられているときは，イオンは電場の力によって移動し粒子と衝突する．イオンの電気移動度が B_i，電場の強さが E のとき，粒子によって直接影響を受けない電場領域における電束は $j = n_i e B_i E / 4\pi\varepsilon_0$，一方，粒子近傍で粒子表面に向かうイオン流は $i = jA(p)$ となる．ここで，$A(p)$ は荷電粒子の影響による補正を考慮した粒子の有効断面積であって，次式で与えられる[7]．

$$A(p) = \left(\frac{3\varepsilon}{\varepsilon + 2}\right) \pi a^2 \left[1 - \frac{(\varepsilon + 2)pe}{12\pi\varepsilon_0 \varepsilon E a^2}\right]$$

つぎに，i の時間的変化は粒子の荷電速度に等しいから，

$$\frac{dp}{dt} = \frac{4\pi\varepsilon_0}{e} \cdot \frac{di}{dt} = 4\pi\varepsilon_0 n_i B_i E A(p) \tag{5.17}$$

これを $t = 0$ で $p = 0$ として積分すれば，

$$p = \left(\frac{3\varepsilon}{\varepsilon + 2}\right) \frac{4\pi\varepsilon_0 E a^2 B_i n_i t}{4\varepsilon_0 + e B_i n_i t} \tag{5.18}$$

また，$\varepsilon \to \infty$ では $3\varepsilon/(\varepsilon+2) \to 3$ となり，さらに $t \to \infty$ では飽和荷電量 (p_s) とな
る．すなわち，

$$p_s = \frac{12\pi\varepsilon_0\varepsilon Ea^2}{(\varepsilon+2)e} \tag{5.19}$$

となる．Fuchs ら[8)]は負イオン電流中の $a = 0.5 \sim 3$ μm の粒子について詳細な実験を
行い，式 (5.18) は実験値とよく合致することを示している．

（3） 電場内での荷電

粒径別の荷電量を，拡散荷電については式 (5.6) で $n_i t = 10$ s/m^3 として，また衝
突荷電については式 (5.18) で $\varepsilon = \infty$，$n_i t = \infty$，$E = 10^5$ V/m として計算した結果
を図 5.1 に示す．一般に，電場内での粒子の荷電は拡散荷電と衝突荷電との両方が加
わるが，図 5.1 からわかるように粒子が小さいときは拡散荷電が，大きいときは衝突
荷電が著しい．

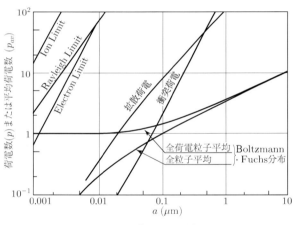

図 5.1　粒子の荷電数

また，Liu ら[9)]は $a \approx l_i$ の場合について検討し，粒子の荷電量がまだ少ないときは，
拡散荷電と衝突荷電との両方の効果により，

$$\frac{dp}{dt} = \frac{eB_i n_i p_s}{4\varepsilon_0}\left(1 - \frac{p}{p_s}\right)^2 + \frac{1}{2}\overline{G}_i\pi a^2 n_i\left(1 + \frac{p}{p_s}\right) \tag{5.20}$$

となるが，荷電量の増加につれて粒子表面付近での電場の影響は小さくなり，拡散荷
電効果が著しくなることを示し，このときの荷電速度は (1) で述べたイオンの濃度分
布を，

$$\frac{n_{iv}}{n_i} = \exp\left(\frac{\Delta V}{kT}\right) \tag{5.21}$$

として,(1)と同様の取り扱いを行うことを提案している.ただし,$\Delta V = V_a - V_0$ で,V_a は粒子表面の,V_0 は $n_{iv} = n_i$ となるところのエネルギーポテンシャルである.

（4） 荷電量のばらつき

すべての粒子がある瞬間に同じ荷電量をもつためには,初期荷電量とイオンの空間濃度分布,電場の強さが一様でなければならない.しかし,イオンと粒子との結合は元来確率的なものであるから,荷電速度は各粒子について同一ではなく,多くの粒子についてみるとある荷電量分布が生じる.いったん荷電量の差が生じると,荷電速度が荷電量によって異なることも加わって,その荷電量分布はある一定の法則性のもとに経時変化することになる.このようなばらつきをなくするためには,荷電時間を短くし,荷電が終わった後は自由イオンの量を急激に減少させてやる必要がある.

（5） 限界荷電量

粒子の荷電量 p は,たとえば式 (5.6) によれば $n_i t$ の増大とともに,また式 (5.18) によれば E の増大とともに無限に増加することになる.しかし,荷電量が多くなると粒子自身の電荷によってその表面に強い電場が存在するようになり,粒子表面からイオンまたは電子の放出がはじまる.こうして荷電量にはある限界値が存在するようになり,これを ion limit(または electron limit) という.このときの限界量は,

$$p_M = \frac{4\pi\varepsilon_0 a^2 E_s}{e} \tag{5.22}$$

ただし,E_s はイオン (または電子) 放出のはじまる限界電場強度である.E_s を ion limit では 2×10^{10} V/m,electron limit では 10^9 V/m として p_M を求めたものを図 5.1 に示したが,$a = 0.01\,\mu\mathrm{m}$, $0.1\,\mu\mathrm{m}$ で,それぞれ $p_M = 10 \sim 10^2$, $10^3 \sim 10^4$ 程度である.

また,同符号の荷電数が増加すると,これらの間の斥力が粒子の表面張力にうちかって粒子表面を破壊するようになる.この限界は Rayleigh limit といわれ,限界荷電量は,

$$p_M = \frac{8\pi(\varepsilon_0\gamma a^3)^{1/2}}{e} \tag{5.23}$$

で与えられる.いま,空気中のアルコール粒子の場合について,$\gamma = 0.021$ N/m としたときの p_M の値を図 5.1 に示したが $a = 0.1\,\mu\mathrm{m}$ で $p_M = 10^3$ 程度である.

5.1.3 正負両イオンによる粒子の荷電と平衡荷電分布

(1) 一つの粒子の荷電

いま，$a \gg l_i$ の正に荷電した粒子を考え，式 (5.15b)，(5.15c) を用いると，

$$\frac{dp}{dt} = n_i(n_{+p} - n'_{+p})$$

$$= -4\pi D_i a n_i \cdot y \tag{5.24}$$

同様にして，$a \ll l_i$ の粒子に対して式 (5.16b)，(5.16c) を用いると，

$$\frac{dp}{dt} = \pi a^2 \overline{G}_i n_i [\exp(-y) - \exp(y)] \tag{5.25}$$

$n_i =$ 一定，$t = 0$ で $p = p_0$ としてこれらを解くと，

$$p = p_0 \exp\left(\frac{-B_i e n_i t}{\varepsilon_0}\right) \quad (a \gg l_i) \tag{5.26}$$

$$\frac{Y-1}{Y+1} = \frac{Y_0-1}{Y_0+1} \exp\left(-\frac{a\overline{G}_i e^2 n_i t}{2\varepsilon_0 kT}\right) \quad (a \ll l_i) \tag{5.27}$$

ただし，$Y = \exp(pe^2/4\pi\varepsilon_0 akT)$ であって，いずれも $t \to \infty$ で $p \to 0$ の中性荷電となる.

(2) 平衡荷電 (粒子が大きいとき)

　正負のイオンとエアロゾル粒子とは，衝突しながら荷電量の増減を繰り返しているが，十分に多数回の衝突を経た後は，粒子の荷電状態はある平衡状態に達しているものと考えられる．イオン数濃度が粒子数濃度に比べて十分大きい場合には，このような平衡状態は実現されやすい．いま，正，負イオンの濃度，移動度がそれぞれ等しいとすれば，その分布はボルツマン (Boltzmann) 分布によって表される．すなわち，全粒子数濃度 N のうち，荷電数 p(正または負) の粒子数濃度を N_p とすると，

$$\frac{N_p}{N} = \frac{1}{\sum} \exp\left(-\frac{p^2 e^2}{8\pi\varepsilon_0 akT}\right) \tag{5.28}$$

ただし，

$$\sum = \sum_{-\infty}^{\infty} \exp\left(-\frac{p^2 e^2}{8\pi\varepsilon_0 akT}\right)$$

ここで，$a > l_i$ すなわち $a > 0.1\,\mu\mathrm{m}$ 程度の大きさの粒子では，$\sum$ の項は積分値で近似できる．すなわち，

$$\sum = \frac{2\pi(2\varepsilon_0 akT)^{1/2}}{e}$$

また，無荷電粒子の全粒子に対する割合は，

$$\frac{N_0}{N} = \frac{1}{\sum} = \frac{e}{2\pi (2\varepsilon_0 akT)^{1/2}} \tag{5.29}$$

さらに，単位体積当たりの全荷電数 $[p]$ および粒子1個当たりの平均荷電数 p_{av} は，正または負の全粒子についてそれぞれ，

$$[p] = 2\sum_{p=1}^{\infty} p N_p \tag{5.30}$$

$$p_{av} = \frac{[p]}{N} \tag{5.31}$$

で与えられるが，大きな粒子については，次式で近似できる．

$$p_{av} = \frac{(8\varepsilon_0 akT)^{1/2}}{e} \tag{5.32}$$

N_p/N の計算値を表 5.6 に，また図 5.1 には p_{av} を示してある．

表 **5.6** ボルツマン分布のときの荷電数の割合 (N_p/N)

a (μm)	$p=0$	± 1	± 2	± 3	± 4	± 5
0.01	(0.8965)	(0.1035)	(0.0000)			
0.03	0.5500	0.4252	0.0246	0.0002	0.0000	
0.1	0.3013	0.4531	0.1926	0.0463	0.0063	0.0005
0.3	0.1740	0.3164	0.2379	0.1479	0.0760	0.0323
1.0	0.0953	0.1852	0.1700	0.1474	0.1207	0.0934
3.0	0.0550	0.1090	0.1059	0.1010	0.0945	0.0867

a (μm)	± 6	± 7	± 8	± 9	± 10	p_{av}
0.01						(0.1035)
0.03						0.4750
0.1	0.0000					1.005
0.3	0.0114	0.0033	0.0008	0.0002	0.0000	1.800
1.0	0.0683	0.0471	0.0307	0.0189	0.0110	3.325
3.0	0.0781	0.0691	0.0599	0.0509	0.0425	5.776

　このように平衡荷電分布がボルツマン分布で表されることは Gunn[10] によって最初に説明された．すなわち，粒子の荷電は小イオンの拡散付着によるものとしたとき，粒子の荷電分布が Gauss の正規分布を保ちながら，しかもある平衡状態にあるための条件を求め，結局，平衡分布としてボルツマン分布が得られることを示した．しかし，実際には，正負イオンの移動度あるいは濃度は多少異なるので，このことを考慮に入れると，$a \gg l_i$(おおむね $a > 0.1\,\mu$m) の大きな粒子に対する平衡荷電分布は次式で表

される.

$$\frac{N_p}{N} = \frac{e}{4\pi\varepsilon_0(2\pi akT)^{1/2}}\exp\left\{-\frac{\left[p-\left(\dfrac{4\pi\varepsilon_0 akT}{e^2}\right)\ln\dfrac{\lambda_+}{\lambda_-}\right]^2}{2\left(\dfrac{4\pi\varepsilon_0 akT}{e^2}\right)}\right\}$$

$$(5.33)$$

ここに, λ_+, λ_- はそれぞれ正負イオンの導電度 (濃度 × 移動度) で, 一般に $\lambda_- > \lambda_+$ であって, 平衡荷電分布の重心は $p = 0$ よりも負の側にずれることになる. また, Keefe[11] は, 平衡荷電状態においては, イオン, 粒子ともに電気力による運動が熱運動と平衡状態にあるものとして簡単にボルツマン分布を導いている. 一般に荷電は非平衡過程であり, 厳密にはこのような平衡条件は成り立たず, またイオンの熱運動には荷電粒子の影像力が無視できないが[12〜15], $a \gg l_i$ ではボルツマン分布の実用性は失われていない.

　一方, 荷電現象を確率過程の一つとみるならば, 正負イオンによる荷電はつぎのように出生死滅過程方程式で表すことができる. ただし, 粒子相互間の衝突は無視し, 正負イオンの濃度, 移動度は等しいものとする.

$$\frac{dN_0}{dt} = (-2\eta_0 N_0 + 2\eta_1' N_1)n_i \tag{5.34a}$$

$$\frac{dN_p}{dt} = [\eta_{p-1}N_{p-1} - (\eta_p + \eta_p')N_p + \eta_{p+1}'N_{p+1}]n_i \quad (|p| \geqq 1) \tag{5.34b}$$

ただし, $\eta_0 = \eta_{+0} = \eta_{-0}$, $\eta_p = \eta_{+p} = \eta_{-p}$, $\eta_p' = \eta_{+p}' = \eta_{-p}'$ とする. n_i はイオン対数濃度であって, ほかからの補給がないとき, その濃度は次式で与えられる.

$$\frac{dn_i}{dt} = -\alpha_i n_i^2 - n_i\left[\eta_0 N_0 + \sum_{p=1}^{\infty}(\eta_p + \eta_p')N_p\right] \tag{5.35}$$

ここで, 式 (5.34) を用い, 全粒子の初期荷電量を 0 として荷電分布の経時変化を計算し, p_{av} について式 (5.28) から求めたものと比較すると図5.2のとおりで, $n_i t > 8 \times 10^{11}$ s/m³ でほぼ荷電平衡に達し, ボルツマン分布に近づいたことがわかる. このことは, もし $n_i = 10^9$ イオン対/m³ であるとすると $t = 15$ min 程度で, ほぼ荷電平衡に達することを意味する. もちろん, このときの N_p/N の値は式 (5.28) で与えられたものに収れんしていく[16].

　不整形粒子の荷電に関する検討はまだ不十分であるが, Rogak[17]らの実験によれば, 凝集粒子の荷電量は, 動力学的に等価な球形粒子 (等価径 d_{ae}) の荷電量よりもやや大きく, 荷電量の等価な球形粒子径を d_{eq} とすると, $d_{eq} \approx 1.1d_{ae}$　$(0.1 < d_{ae} < 0.8)$ と

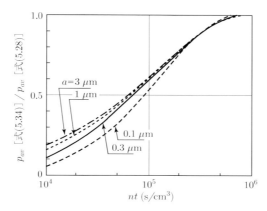

図 **5.2** イオン対による荷電とその経時変化

している.

（ 3 ） 平衡荷電 (粒子が小さいとき)

粒子が小さいとき $(a \lesssim l_i)$ は，荷電による影像力が存在する場でイオンの熱運動による荷電を考えることになる．Fuchs[12] は，4.1.1 項 (3) で述べたと同様に，粒子の外側のある仮想球殻の外ではイオンの拡散を，その内側では熱運動によるものとし，さらに粒子の荷電による影像力も考慮して 5.1.2 項で述べたイオンと粒子との結合係数を次式で表した．なお，ここでは簡単化のために正・負イオンの区別はしない．

$$\eta = \frac{\pi \gamma \overline{G}_i \delta^2 \exp\left[-\dfrac{\Psi(\delta)}{kT}\right]}{1 + \exp\left[-\dfrac{\Psi(\delta)}{kT}\right] \dfrac{\delta^2 \overline{G}_i \gamma}{4D_i} \displaystyle\int_\delta^\infty \dfrac{1}{r^2} \exp\left[\dfrac{\Psi(r)}{kT}\right] dr} \tag{5.36}$$

ここに，$\Psi(r)$ は静電ポテンシャルであって式 (5. 41) で与えられる．また仮想球半径は，$Kn_i = l_i/a$ とすると，

$$\begin{aligned}
\frac{\delta}{a} =& Kn_i^{-2}\left[\frac{1}{5}(1 + Kn_i)^5 - \frac{1}{3}(1 + Kn_i^2)(1 + Kn_i)^3 \right.\\
&\left. + \frac{2}{15}(1 + Kn_i^2)^{5/2}\right]
\end{aligned} \tag{5.37}$$

ただし，$\gamma = (b_{\min}/\delta)^2$ であって，$b_{\min}$ は次式で r を $a \sim \delta$ の範囲で変化させたときの b の最小値である．

$$b^2 = r_m \left\{1 + \frac{2}{3kT}[\Psi(\delta) - \Psi(r_m)]\right\}$$

上の式によって計算された γ の値 (ただし, $l_i = 1.3 \times 10^{-8}$ m) はつぎのとおりである[12].

a(nm)	1	3	10	30	100
$p = 0$	0.052	0.257	0.78	1	1
1	0	0	0.43	1	1
2	0	0	0.039	1	1
3	0	0	0	0.96	1

　これらの式を用い, 式 (5.34) から微小粒子の荷電過程と平衡荷電を計算することができる. また, 実験[18〜20)]によっても, とくに $a < 20$ nm の微小粒子の場合にはボルツマン分布ではなく, 上式によらなければならないことが実証されている. 一般に負イオンの電気移動度が大きいため荷電分布は負の側に偏っており, またこれら微小粒子ではほとんど単一荷電である. いま, ボルツマン分布と Fuchs の理論[21)]による値を全粒子数に対する荷電粒子数の割合 (N_p/N) について比較すると図 5.3 のとおりで, 粒子が小さいほどボルツマン分布との差は大きい.

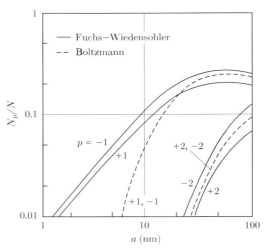

図 **5.3**　両極イオンによる微小粒子の平衡荷電

（4）　放射性粒子の荷電

　放射性粒子は, β 粒子や α 粒子のような荷電粒子の放出により自己荷電 (多くは正電荷) すると同時に, 荷電粒子によって生成されるイオン対または自由電子によって荷電する. この場合の粒子荷電速度についての詳細は Clement ら[22)]によって与えられており, 全体として正側に偏ったボルツマン分布に近い分布が得られることを示し, また, Romey ら[23)]は微小粒子の荷電は (3) によることを実験的に示している.

いま，簡単のために粒子はすべて平均値で一様に荷電しているものとする．そして核崩壊率を λ，それによる自己荷電率 (1 崩壊当たりの荷電数) を m，正負イオン濃度をそれぞれ n_+，n_- とすると，$a \gg l_i$ の粒子に対する正電荷の荷電速度は式 (5.24)($a \ll l_i$ のときは式 (5.25) による) と同様にして[24]，

$$\frac{dp}{dt} = n_+\eta_{+p} - n_-n'_{+p} + \lambda m \tag{5.38}$$

また，正負イオン濃度は，

$$\frac{dn_+}{dt} = -Nn_+\eta_{+p} + I\lambda N - \alpha_i n_+ n_- \tag{5.39a}$$

$$\frac{dn_-}{dt} = -Nn_-\eta'_{+p} + I\lambda N - \alpha_i n_i n_- + \lambda m N \tag{5.39b}$$

ただし，N は粒子数濃度，I は核崩壊当たりのイオン対生成数である．上式の解は数値計算によって得られるが，比放射能を一定として平衡状態を考える．$n_+ = n_- = n$，$I \gg m$ であり，また式 (5.39) の右辺第 1 項はその他の項に比べて小さいものとすると $n \to (I\lambda N/\alpha_i)^{1/2}$，したがって，

$$p_\infty \approx \frac{\varepsilon_0 mkT}{e^2 D_i} \left(\frac{\alpha_i \lambda}{IN} \right)^{1/2} \tag{5.40}$$

すなわち，比放射能が高く，粒子数濃度が低いほど粒子 1 個当たりの荷電数は大きいことになり，これらのことは実験的にも検討されている[25]．また Rn，Tn 崩壊生成物を含む微小エアロゾル粒子の多くが正電荷をもっていること[26]もこのような機構として理解される．核崩壊により生成される α，β 粒子がエアロゾル粒子から放出される割合は，そのエネルギーとエアロゾル粒子径にも依存するので[27]，λ の実効値は厳密にはこれらのことを考慮して「核崩壊率 × 粒子からの放出率」とする．

5.2 荷電粒子の運動

5.2.1 荷電粒子に加わる力

半径が a_1，a_2 の二つの粒子の中心間隔が r(粒子表面間の距離を h とすると $r = h + a_1 + a_2$) で，それぞれの荷電量が q_1，q_2 であるとき，粒子間にはたらく静電ポテンシャルは，

$$\Psi(r) = \frac{1}{4\pi\varepsilon_0} \left\{ -\frac{q_1 q_2}{r} + \frac{\varepsilon - \varepsilon_0}{\varepsilon + \varepsilon_0} \cdot \frac{1}{r^2} \left[\frac{q_2^2 a_1^3}{2(r^2 - a_1^2)} + \frac{q_1^2 a_2^3}{2(r^2 - a_2^2)} \right] \right\} \tag{5.41}$$

ただし，ε は粒子の誘電率で，右辺の第 1 項はクーロン力，第 2 項は誘導電荷によるものである．

二つの粒子の間にはたらく力は $F(r) = -\partial\Psi(r)/\partial r$ であり，次式で与えられる．

$$F(r) = \frac{1}{4\pi\varepsilon_0}\left\{\frac{q_1 q_2}{r^2} - \frac{\varepsilon - \varepsilon_0}{\varepsilon + \varepsilon_0}\cdot\frac{1}{r^3}\right.$$

$$\left.\times\left[\frac{q_2^2(2r^2 - a_1^2)a_1^3}{(r^2 - a_1^2)^2} + \frac{q^2(2r^2 - a_2^2)a_2^3}{(r^2 - a_2^2)^2}\right]\right\} \tag{5.42}$$

ここで，$q_2 = e$，$a_1 \gg a_2$ とすれば，粒子周辺の点電荷 (またはイオン) の場合となり，式 (5.4) は，式 (5.41) で第 1 項のみをとった場合に相当する．また，平面の近傍にある粒子では，$r = a_1 + h$，$a_1 \gg a_2$，$a_1 \gg h$ で，$a_1 \to \infty$ としたときに相当し，もし平面が荷電していなければ $q_1 = 0$ であって，粒子表面と平面との間の距離 h に対して近似的に次式を得る．

$$F(h) = \frac{1}{4\pi\varepsilon_0}\cdot\frac{\varepsilon - \varepsilon_0}{\varepsilon + \varepsilon_0}\cdot\frac{q_2^2}{(2h)^2} \tag{5.43}$$

さらに，平面材が導電体であれば，$\varepsilon \to \infty$ とすると，

$$F(h) = \frac{1}{4\pi\varepsilon_0}\cdot\frac{q_2^2}{(2h)^2} \tag{5.44}$$

となり，影像法によって求めたクーロン力に等しい．このほか，円柱など種々の形状の物体と荷電粒子との間の力についてはほかの文献[28]を参照されたい．

5.2.2　電場内の粒子の運動

電場の強さを E，粒子の荷電量を $q(= pe)$ とすると，粒子の運動方程式は次式となる．

$$m\frac{dv}{dt} = Eq - \frac{v}{B} \tag{5.45}$$

いま，すべての粒子は同符号，等量の電荷をもつものとすると，均一電場内ではお互いに衝突することなく一方向に動くことになるが，やがて平衡速度となる．そのときの速度は，

$$v = BqE = B_e E \tag{5.46}$$

ここで，$B_e(= Bq)$ は粒子の電気移動度 (electrical mobility) とよばれ m^2/(V·s) または C·s/kg の単位をもつ．図 5.4 に標準状態の空気中の値を示す．

5.2.3　荷電エアロゾル内での粒子の運動

ほかから与えられた電場がなくても，荷電粒子の周辺には誘導電場が生じ，その電場と荷電粒子との間の力によって粒子が動く．荷電エアロゾル系の周辺における電場

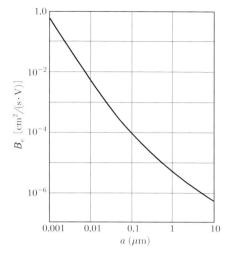

図 **5.4** 単位電荷を有する粒子の電気移動度

の強度は，エアロゾル粒子数濃度を N，全粒子の荷電は同符号，等量で q とすると，Poisson の式で与えられる．すなわち，

$$\operatorname{div} \boldsymbol{E} = \frac{Nq}{\varepsilon_0}$$

式 (5.46) をこれに代入すれば，

$$\operatorname{div} \boldsymbol{v} = \frac{NqB_e}{\varepsilon_0} \tag{5.47}$$

すなわち，エアロゾル粒子は速度 v で系の周辺に向かって移動する．この現象を静電拡散 (electrical diffusion) という．さらに，

$$\operatorname{div} \boldsymbol{v} = -\frac{1}{N} \cdot \frac{dN}{dt}$$

としてよいから，エアロゾル粒子数濃度は，初期濃度を N_0 とすれば次式で減少していく．なお，単極イオンの拡散についてもこれとまったく同様に考えることができる．

$$\frac{1}{N} - \frac{1}{N_0} = \frac{qB_e t}{\varepsilon_0} \tag{5.48}$$

5.2.4 荷電粒子の凝集

異符号荷電粒子の間には引力が，同符号荷電粒子の間には斥力がはたらくので，荷電粒子の凝集は 4.1.1 項 (4) で述べた場合に相当する．すなわち，粒子間にはたらく力として式 (5.41) を用いて，式 (4.15) すなわち，荷電粒子の凝集常数に対する補正項

を求めることができる．すなわち，式 (5.41) でクーロン力のみを考慮し，$a_1 = a_2$ とし，$r = 2a/x$ とおけば，

$$\frac{1}{4\pi\varepsilon_0 kT}\Psi\left(\frac{2a}{x}\right) = \frac{q_1 q_2 x}{8\pi\varepsilon_0 akT}$$

となり，

$$y_{12} = \frac{\left(\dfrac{q_1 q_2}{8\pi\varepsilon_0 a}\right)}{kT}$$

は電気エネルギーと熱エネルギーとの比となっている．

いま，式 (5.28) で与えられるようなボルツマン荷電分布を考えると，同符号荷電粒子については近似的に，

$$\beta_E = \left[\int_0^1 \exp\left(y_{12}x\right)dx\right]^{-1} = \frac{y_{12}}{\exp\left(y_{12}\right) - 1} \tag{5.49}$$

また，異符号荷電粒子に対しては，

$$\beta_E = \frac{|y_{12}|}{1 - \exp\left(-|y_{12}|\right)} \tag{5.50}$$

となる．なお，ボルツマン荷電分布のときは y の平均値，すなわち，$\bar{q}^2/8\pi\varepsilon_0 akT$ の値は 1/2 であるから，全体としては同符号荷電粒子間では $\beta_E = 0.77$，異符号粒子間では $\beta_E = 1.27$ となる．

5.3　荷電装置とモビリティアナライザー

5.3.1　荷 電 装 置

（1）　単極イオンによる荷電

これまで述べたように，イオンとエアロゾル粒子が混在するときは，拡散または衝突荷電によって粒子は荷電するが，粒子を荷電させようとするときは，粒子に対して，

① できるだけ多く荷電させる．
② できるだけ均一な荷電量を与える．
③ できるだけ安定な荷電状態を与える．

の三つの目的のいずれかが優先されることになる．たとえば，電気集塵器では①が，後述するモビリティアナライザーでは①，②，③がともに要求される．

そして①，②の目的のためには，正または負の単極イオンにより，小さい粒子に対しては拡散荷電を，大きい粒子に対しては衝突荷電を主とする方法が用いられる．イオン発生源としては，多くの場合にコロナ放電を用いるが，装置の形状には図 5.5 の

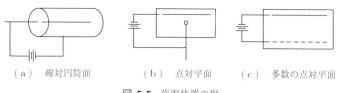

（a） 線対円筒面 　　　（b） 点対平面 　　（c） 多数の点対平面

図 **5.5** 荷電装置の例

ようなものがある．高電圧には交流，直流いずれも用いられるが，正の高電圧を用いたときはオゾンの発生が多く，放電場の安定性，発生イオン量などからみても一般に負電圧のほうがよい結果が得られる．

これまでにも，それぞれの目的に応じて種々の荷電装置が検討されているが[29, 30]，Whitby ら[31, 32]は，①，②，③ の目的を達成させるための条件について検討し，sonic-jet charger を開発している．いずれにしても，荷電粒子は，静電拡散によってしだいに周辺の物体表面に沈着していくので，長時間そのままの状態を保持することは難しい．

（2） 正負イオンによる荷電

正負イオンと粒子を混合すると，荷電分布は時間とともに平衡分布 ($a \gg l_i$ のときはボルツマン分布) に近づき，その状態はかなり安定で再現性もある．平衡分布に到達するのに要する時間は図 5.2 からも予測できるが，一般の大気エアロゾルでは 20 min 以上を要するといわれる．Pollak ら[33]の実験によれば，イオン源がないとき 15 min でボルツマン分布に到達しているが，これは図 5.2 で $n_i = 10^9$ イオン対/m³ とすればオーダー的には一致する．イオン源としては ^{241}Am (α : 5.476 Mev，半減期 461.3 年)，^{210}Pb(RaD)(β : 0.023 Mev，γ，半減期 22 年)，^{210}Po(α : 5.298 Mev，半減期 138 日)，^{85}Kr(β : 0.666 Mev，γ，半減期 10.3 年) など，軟 β 線または α 線を放出する放射性同位元素 (10^7 Bq 程度) が一般に用いられる．平衡荷電量以上に荷電した粒子に対しても平衡を促進するのに役立ち，この場合は中和器 (neutralizer) とよばれる．

エアロゾル粒子の濃度に比べてイオン対濃度が非常に大きい場合は，以上のように粒子はかなり急速に荷電平衡状態に達する．一方，通常よく用いられる連続流出入型の荷電装置による荷電過程については，式 (5.34)，(5.35) にイオン発生項とイオンならびに粒子の流出入項を加えて数値解を求めることができる．こうして求めた解から荷電平衡を得るために必要な滞留時間またはイオン対濃度を求めると，粒径が 1 μm 以下，粒子数濃度が 10^{12} 個/m³ 以下のとき，滞留時間 1 〜 10 s に対して必要なイオン濃度は 10^{13} 〜 10^{14} イオン対/m³ 程度となる．なお，微小粒子の荷電または中和を行う場合には粒子の拡散沈着損失についても留意しなければならない[34]．

密閉容器中にイオン発生速度 R(イオン対/$(\mathrm{m}^3 \cdot \mathrm{s})$) のイオン源があるときのイオン対平衡濃度は $\sqrt{R/\alpha_i}$ であるから，10^{14} イオン対/m^3 のイオン対濃度に対しては，おおむね $R > 1.6 \times 10^{16}$ イオン対/$(\mathrm{m}^3 \cdot \mathrm{s})$，すなわち，荷電装置の容量を $1 l$ とし，α 線源を用いるものとするとその放射能は 10^7 Bq 程度となる．

5.3.2　モビリティアナライザー

式 (5.46) からわかるように，電場内における荷電粒子の運動速度は a, p, E によって決まる．したがって，v, E が知られれば B_e が決まり，さらに p, a の一方を知って他方を求めることができる．このような目的で B_e の分布を求めるのに使われる装置をモビリティアナライザーといい，図 5.6 のような方式がある．同図 (a)，同図 (c) は正または負の単極荷電粒子に，同図 (b) は正負両極荷電粒子の分離測定に適している．

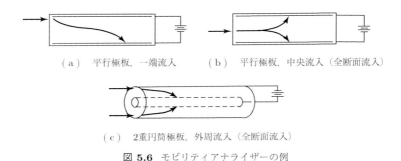

(a)　平行極板，一端流入　　　　(b)　平行極板，中央流入（全断面流入）

(c)　2重円筒極板，外周流入（全断面流入）

図 5.6 モビリティアナライザーの例

同図 (a) のような平行極板の場合，電場の強さが空間的に均一とすれば，粒子の運動はつぎのようになる．いま，高さ h における軸方向 (x 方向) の流速分布を $u(h)$，これに垂直な方向 (h 方向) の粒子の速度を $v(h)$，全流量を Q_t とし，外力は電気力のみとする．また，エアロゾルは $h \approx H$ 付近から流入するものとする．まず，電場の強さは $E = V/H_2$ で与えられるから，

$$v(h) = \frac{B_e V}{H_2} = v \, (一定)$$

となる．一方，軸方向の動きと h 方向の動きとを dt 時間についてみると，

$$dt = \frac{dx}{u(h)} = \frac{dh}{v}$$

したがって，

$$\int_0^L dx (= L) = \frac{H_2}{B_e L} \int_0^{H_2} u(h) dh = \frac{H_2 Q_t}{B_e V W}$$

ただし，H_2 は極板間隔，V は印加電圧，L は極板長さ，W は極板幅である．ここで，U を軸方向の断面平均速度とすれば，

$$B_e = \frac{H_2 Q_t}{LWV} = \frac{H_2^2 U}{LV} \tag{5.51}$$

となる．B_e の分布を知るためには Q_t/LV を変えてそのスペクトルを求めればよいが，一般には Q_t，L を固定して V を変える．

　一般には，エアロゾル流入口の位置は $h = H_2$ ではなく，$H_1 \sim H_2$ の幅をもつ．いま，$u(h) = U$，エアロゾル流量 Q_a，清浄空気流量 Q_c とし，流入口の平均位置として $(H_1 + H_2)/2$ をとれば，式 (5.51) にかわって次式を得る．

$$B_e = \frac{H_2 Q_t}{LWV} \left(1 - \frac{Q_a}{2Q_t} \right) = \frac{H_2 U}{LV} \left(\frac{H_1 + H_2}{2} \right) \tag{5.52}$$

　2重円筒極板の場合は，極板の径をそれぞれ R_1，R_2 $(R_2 > R_1)$ とすると，半径方向の電場の強さは，

$$E(r) = \frac{V}{\ln \left(\dfrac{R_2}{R_1} \right)} \cdot \frac{1}{r}$$

となり，エアロゾルの流入位置を $r = R$ とすれば，平行極板の場合とまったく同様にして，

$$B_e = \frac{\ln \left(\dfrac{R_2}{R_1} \right) Q_t}{2\pi VL} \tag{5.53}$$

を得る．つぎに，流入口の位置が $R_3 \sim R_2$ の幅をもつときは，やはり平行極板のときと同様に $u(r) = U(一定)$ とし，流入位置としては，その内側と外側のエアロゾル流量がまったく等しくなるように $[(R_2^2 + R_3^2)/2]^{1/2}$ をとれば次式を得る．

$$B_e = \frac{\ln \left(\dfrac{R_2}{R_1} \right) Q_t}{2\pi VL} \left(1 - \frac{Q_a}{2Q_t} \right) \tag{5.54}$$

5.3.3　荷電粒子の粒径測定

　もし，粒径と荷電量の関係があらかじめ知られていれば，B_e の測定から粒径を求めることができる．まず，粒径別の荷電量は図 5.1 で与えられるものとして，粒径と電気移動度の関係を示すと図 5.7 のとおりである．

　衝突荷電では荷電量は粒径の 2 乗に比例するが，B_e が粒径にほぼ反比例するので，結果として B_e の値は，図 5.7 に示すように粒径にほぼ比例することになる．荷電装

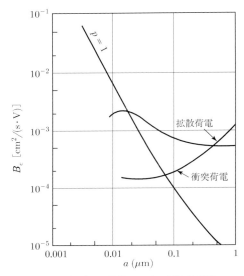

図 **5.7**　各種荷電状態における電気移動度

置としては電気集塵器に類似のものがよく用いられ，粒径が $0.5~\mu m$ 以上の範囲の測定に適用される．

　拡散荷電では，荷電量は粒径にほぼ比例する．したがって，粒径の大きい側では B_e の値はほぼ一定値となるが，小さい粒子側ではカニンガムの補正効果により粒径にほぼ反比例するようになる．すなわち，小さい粒子の粒径測定には拡散荷電法が有利であり，$0.01 \sim 0.5~\mu m$ 程度の小粒子の測定に適用される．ただし，理想的な拡散荷電状態を実現させ，しかも全体として大きな荷電量を与えるには 5.3.1 項で述べたように種々の工夫が必要である．

　両極イオンによる平衡荷電分布の場合には，ある一つの粒径に対しても荷電量は唯一の量ではなく，式 (5.28) で表される分布をもつ．しかし，前述のようにこの分布は荷電状態としては比較的安定であり，しかも実現しやすいので粒径測定にも十分適用しうる．たとえば，

　　①　あらかじめある粒径について，平衡荷電分布としての B_e の分布を求めておき，
　　　　実際の B_e の測定値との対比から求める方法．
　　②　粒径が $0.1~\mu m$ 以下の小さい粒子であれば，無荷電粒子の全粒子に対する割合
　　　　を測定して粒径を求める方法[11, 35]．

などがある．

　多分散粒子に対しては，拡散荷電，衝突荷電の場合のように，粒径と電気移動度の

値が 1 対 1 に対応しているとみなしうるときは，B_e 分布の測定から直接粒度分布を知ることができる．しかし，ボルツマン荷電分布の場合はつぎのような方法がある．たとえば，

③　まず①の方法を多分散粒子に適用するには，一般には，あらかじめ粒度分布型を仮定して，各種の分布について B_e 分布を計算しておき，これと B_e 分布の測定値との対比から最も確からしい粒度分布を推定する．

④　②の方法を多分散粒子に適用すると，対数正規分布の場合の無荷電粒子の割合は，図 5.8 に示すように，ごく小さな粒子の場合を除き，一般に粒径の分散度に対して鈍感なので[36]，このことを逆に利用して多分散粒子の幾何平均径を簡便に求めることができる．

などである．なお，イオンや荷電粒子の測定法や応用の歴史については別の概説[37]を参照されたい．

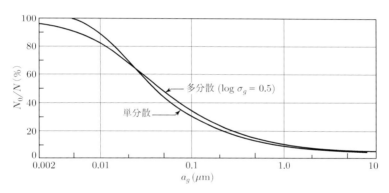

図 **5.8**　両極イオンによる平衡荷電分布のときの無荷電粒子の割合

参 考 文 献

1)　DallaValle, J. M. Orr, C. Jr. and Hinkle, B. L., Brit. J. Appl. Phys. Suppl. **3**, 198(1954).

2)　Loeb, L. B., J. Aerosol Sci. **2**, 133(1971).

3)　Huertas, M. L. Marty, A. M. Fontan, J. Alet, I. and Dutta, G., J. Aerosol Sci. **2**, 145(1971).

4)　Corn, M., in "Air Pollution I (A. D. Stern)", Academioc Pr. p.47(1968).

5)　Chapman, S. and Cowling, T. G., "The Mathematical Theory of Nonuniform Gases", Cambridge Univ.(1970).

6)　Jeans, J. H., "The Dynamic Theory of Gases", 4th ed. Dover(1954).

7)　White, H. J., AIEE Trans. **70**, 1186(1951).

8)　Fuchs, N. A. Petrajanoff, I. and Rotzeig, B., Trans. Farad. Soc. **32**, 1131(1936).

9)　Liu, B. Y. H. and Yeh, H. C., J. Appl. Phys. **39**, 1396(1968).

10)　Gunn, R., J. Meteor. **11**, 339(1954); J. Colloid Sci. **10**, 107(1955); J. Meteor. , **12**, 511(1955).

11) Keefe, D. Nolan, J. and Rich, T. A., Proc. Roy. Irish Acad. **60-A**, 27(1959).

12) Fuchs, N. A., Geof. Pura Appl. **56**, 185(1963).

13) Matsoukas, T., J. Aerosol Sci. **25**, 599(1994).

14) Fillipov, A. V., J. Aerosol Sci. **25**, 611(1994).

15) Mayya, Y. S., J. Aerosol Sci. **25**, 617(1994).

16) Takahashi, K., J. Colloid Interf. Sci. **35**, 508(1971).

17) Rogak, S. N. and Flagan, R. C., J. Aerosol Sci. **23**, 693(1992).

18) Wiedensohler, A. and Fissan, H. J., Aerosol Sci. and Techn. **14**, 358(1991).

19) Reischl, G. P. Makela, J. M. Karch, R. and Necid, J., J. Aerosol Sci. **27**, 931(1996).

20) Alonso, M. Kousaka, Y. Nomura, T. Hashimoto, N. and Hashimoto, T., J. Aerosol Sci. **28**, 1479(1997).

21) Wiedensohler, A., J. Aerosol Sci. **19**, 387(1988).

22) Clement, C. F. and Harrison, R. G., J. Aerosol Sci. **23**, 481(1992).

23) Romay, F. J. and Pui, D. Y. H., J. Aerosol Sci. **23**, 7, 679(1992).

24) Reed, L.D. Jordan, H. and Gieske, J. A., J. Aerosol Sci. **8**, 457(1977).

25) Yeh, H. C. Newton, G. J. Raabe, O. G. and Boor, D. R., J. Aerosol Sci. **7**, 245(1976).

26) Dua, S. K. Kotrappa, P. and Bhanti, D. P., Amer. Ind. Hyg. Assoc. J. **39**, 339(1978).

27) Mercer, T. T., Health Phys. **31**, 173(1976).

28) 江見準, "応用エアロゾル学 (高橋幹二編著)", 3章, 養賢堂 (1984).

29) Liu, B. Y. H. and Vomela, A. C., Analyt. Chem. **40**, 843(1968).

30) Dotsch, E. Friedrichs, H. A. Knacke, O. and Krahe, J., Staub, **29**, 282(1969).

31) Whitby, K. T. and Peterson, C. M., I & EC, Fundamentals, **4**, 66(1965).

32) Whitby, K. T. and Clark, W. E., Tellus, **18**, 573(1966).

33) Pollak, L. W. and Metnieks, A. L., Geof. Pura Appl. **51**, 225(1962); ibid. **53**, 111(1962).

34) Covert,D. Wiedensohler, A. and Russel, L., Aerosol Sci. Techn. **27**, 206(1997).

35) Rich, T. A. Pollak, L. W. and Metnieks, A. L., Geof. Pura Appl. **44**, 233(1959).

36) Rich, T. A., Atmos. Environ. **4**, 301(1970).

37) Flagan,R. C., Aerosol Sci. Techn. **28**, 301(1998).

6章
エアロゾル粒子の粒度分布

6.1 粒子の大きさ

6.1.1 不整形粒子の大きさと形状

　エアロゾル粒子を顕微鏡で観察すると，球形の粒子以外に，球形粒子が合体して鎖状や塊状になったものや，もともと針状や薄片状の不整形粒子も少なくない．このように形の異なる粒子の大きさを表すには，幾何学的な定め方と，これと同等の物理的性状あるいは振る舞いを示す球形粒子の大きさに換算する方法がある．前者は大きな粒子を顕微鏡で観察しながら測定する場合に有用であり，後者は粒子の動力学的性質などから間接的に粒径を求めるときに有用である．なお，今後とくに説明のないかぎり，単に粒径というときは球形粒子については直径をさすことが多いが，この章では必要に応じて半径 a，直径 d_p，体積 v を用いる．

（1） 幾何学的な径

① 　長径 (l)：粒子を水平面上に安定な状態で置いたときの最大長．
② 　短径 (b)：長径に直角な水平方向の最大幅．
③ 　定方向径：一定方向の二つの平行線ではさんだ幅．
④ 　定方向等分径：一定方向の線で粒子の投影面積を 2 等分するときの線分の長さ．
⑤ 　定方向最長幅：一定方向の線分で走査したときの粒子にかかる線分の最長の長さ．
⑥ 　2 軸平均径：$(l + b)/2$.
⑦ 　3 軸平均径：$(l + b + t)/3$，ただし，t は長径および短径に直角方向の厚さ．
⑧ 　立方等価径：$(lbt)^{1/3}$.
⑨ 　円等価径 (d_c)：$(4A_p/\pi)^{1/2}$，ただし，A_p は粒子投影面積．
⑩ 　同等表面積径 (d_s)：$(S/\pi)^{1/2}$，ただし，S は粒子の表面積．
⑪ 　同等体積径 (d_v)：$(6v/\pi)^{1/3}$，ただし，v は粒子の体積．

（2） 物理的換算径

① Stokes 径：Stokes の重力沈降速度式から，球形粒子として求めた動力学的等価径.

② 空気力学径 (aerodynamic diameter または aerodynamic radius)：とくに空気中での動力学的の運動方程式を用い，比重 1 の球形粒子に換算した径.

③ 光散乱径：等価な光散乱現象を呈する球形粒子の径.

以上，①，②の場合は，2.3 節で述べたように，粒子の不整形度とその動力学的性質の関係に注意を要する.

（3） 粒子の不整形度

不整形粒子の形状が，球形粒子に比べてどの程度異なるかを数値的に表現するにはいろいろな方法があるが，粒子の幾何学的性状について示せば，表 6.1 のとおりである．なお，同等の動力学的性質を示す球形粒子と，その表面積，体積などを比較して不整形度を表すこともできるが，これについては 2.3 節を参照されたい.

表 **6.1** 粒子の不整形度の表し方

名　　称	記　号	定　義	球のときの数値
扁平度 (flatiness)	m	b/t	1
扁長度 (elongation)	n	l/b	1
体積形状係数 (volume shape factor)	α_v	$\bar{v}/d_p^3$	$\pi/6$
表面積形状係数 (surface shape factor)	α_s	$\bar{S}/d_p^2$	π
形状係数	ϕ	α_s/α_v	6
表面形数	ϕ_c	$6/\phi$	1
比形状係数 (specific shape factor)	α_{sv}	$\alpha_s/(\alpha_v)^{2/3}$	4.85

表中の m, n は 1 個の粒子の不整形度を，α_v, α_s は粒子群の平均的な不整形度を表すものであって，$\bar{v}$, $\bar{S}$ はそれぞれ粒子の平均体積，平均表面積である．また，d_p は粒子群の粒径に関するなんらかの統計値で，通常 α_v の計算には体積平均径を，α_s については表面積平均径を用いる.

（4） フラクタル次元

フラクタル (fractal) とは，ラテン語の「fractus」(fragment, fraction) からつくられた造語[1a, 1b]で，フラクタル次元は，空間的，時間的な不規則性を定量化したものである．なお，フラクタル的性状とは，不規則性のなかに自己相似性をもつこと，すなわち図形についてみれば，その部分が全体図形の縮小された形になっているようなものを意味し，多くの凝集性粒子にはこのような構造がみられる.

いま，二次元 (平面的) 図形の周辺長を測定した場合，長さ λ_n の直線線分で区切ったときの区分数を n とすると，その長さは $L_n = n \cdot \lambda_n$ で，真の長さは $n \to \infty$(すなわち，$\lambda_n \to$ 微小) としたときの値である．ここで，λ を変えたとき，

$$L_n = \alpha \lambda_n^{\beta} \quad (\alpha, \beta は定数)$$

の関係があるとすると次式を得る．

$$\frac{dL_n}{d\lambda_n} = \alpha \beta \lambda_n^{-(1-\beta)}$$

ここで，

$$D_f = 1 - \beta \tag{6.1}$$

を二次元図形のフラクタル次元 (または Hausdorff 次元) といい，λ_n，L_n の関係は両対数紙上 (Richardson プロットという) で勾配 β の直線となる．直線，平面ではそれぞれ $D_f = 1$，2 であり，円形のような規則的図形ではこのようなフラクタル性はみられない．また，両対数紙上で β の異なる二つの直線で示されるときは，λ の小さい側は構成微小粒子の特性を，大きい側は凝集粒子の全体的形状 (構成粒子のつながり方) に関する情報を与える．

三次元 (または二次元) 的物体については，半径 a_p(体積 v_p) の粒子 N_p 個で構成される凝集粒子の換算半径を a(体積 v) とすると，フラクタル次元は次式で定義される[2, 3a]．

$$N_p = \frac{v}{v_p} = B \left(\frac{a}{a_p} \right)^{D_f} \quad (B は定数) \tag{6.2}$$

球形粒子，円板状粒子ではそれぞれ $D_f = 3$，2 で，多くの凝集性粒子では，拡散成長粒子では $D_f = 1.75 \sim 1.9$，反応成長粒子では $D_f = 2.1 \sim 2.2$ の値が得られている[4]．B は形状係数 (fractal pre-factor) である．また，凝集体の質量中心から各構成粒子までの距離の 2 乗平均を回転半径 (R_g) として，$a = R_g$ とすれば，すすの場合，$B = 2.4 \pm 0.4$，$D_f = 1.7 \pm 0.15$[3a]，またクラスターの凝集体についての数値実験では $B = 1.27$，$D_f = 1.82$ となっている[3b]．ここで，R_g は当然同等体積半径よりも大きく，凝集粒子の成長とともにその差は大きくなる．

さらに，凝集体の構造を各構成粒子相互の距離 (r) を変数とする相関関数 $C(r)$ で表すこともできる[5, 6]．すなわち，

$$C(r) = \frac{1}{N_p} \sum_{r'} n(r') n(r + r') \propto r^{-A} \tag{6.3}$$

となる．$n(r)$ は空間位置 r における粒子密度 (粒子数) であって，$D_f = d - A$ (d は
ユークリッド次元で，二次元では $d = 2$) である．そして二次元の拡散凝集に関する計
算実験では $D_f = 1.7$ ($A = 0.3$) が得られている．

6.1.2　粒子の大きさに関する統計値

多くの異なった粒子からなる粒子群の大きさとその分散の状態は，平均径と大きさ
のばらつきの度合いを示す種々の統計値で表される．

（1）　平均の大きさ

半径 a の粒子数を n 個とする．不整形粒子については a のかわりに 6.1.1 項で述べ
た種々の大きさを用いることもできる．

① 算術平均径 (average radius, arithmetic mean radius)

$$\overline{a} = \frac{\sum (na)}{\sum n} \tag{6.4}$$

② 最多半径 (a_M, mode radius)

　　n (実際には $a \sim a + \Delta a$ の間の粒子数) が最も多い粒子半径

③ 中央半径 (a_m, median radius)

　　粒子を大きさの順に並べたときの中央の粒子の半径

④ 幾何平均半径 (geometric mean radius) または対数平均半径 (logarithmic mean radius)

$$a_g = \left(\prod a^n \right)^{1/\sum n} \tag{6.5a}$$

または，

$$\log a_g = \frac{\sum (n \log a)}{\sum n} \tag{6.5b}$$

⑤ 平均表面積半径 (mean surface radius)

$$\overline{a}_s = \left[\frac{\sum (na^2)}{\sum n} \right]^{1/2} \tag{6.6}$$

⑥ 平均体積半径 (mean volume radius)

$$\overline{a}_v = \left[\frac{\sum (na^3)}{\sum n} \right]^{1/3} \tag{6.7}$$

⑦　長さ平均半径 (linear mean radius)

$$\bar{a}_l = \frac{\sum (na^2)}{\sum (na)} \tag{6.8}$$

⑧　面積平均半径 (surface mean radius)

$$\bar{a}_{vs} = \frac{\sum (na^3)}{\sum (na^2)} \tag{6.9}$$

以上の定義は粒子の個数を基準にしたものであるが，たとえば，半径 a の粒子群の質量を w として，n を w で置き換えれば質量を基準とした表現となる．中央径については，個数基準のものは CMD (count median diameter)，質量基準のものは MMD (mass median diameter) とよばれ，とくに空気力学的径についての質量基準中央径は MMAD (mass median aerodynamic diameter) として，保健衛生工学関係でよく用いられる．

（2）　大きさのばらつき
大きさのばらつきの度合いや粒径の分布の広がりの状態を表すのに，つぎのような因子が用いられる．なお，$\sigma/\bar{a}$ を変動係数という．
①　標準偏差

$$\sigma = \left\{ \frac{\sum [n(a - \bar{a})^2]}{\sum n} \right\}^{1/2} \tag{6.10}$$

②　幾何標準偏差の対数値

$$\log \sigma_g = \left\{ \frac{\sum [n(\log a - \log a_g)^2]}{\sum n} \right\}^{1/2} \tag{6.11}$$

6.2　粒度分布関数

6.2.1　粒度分布関数とモーメント
エアロゾル粒子は，一般に多くの異なった大きさの粒子の集まりであって，全粒子の大きさの分布は粒度分布関数 (particle size distribution function) で表される．
　いま，全粒子数を N，このうち粒径が $a \sim a + da$ の範囲の粒子数を $dN\ [= n(a)da]$ とすると，粒度分布関数はつぎのように定義される．

$$f(a) = \frac{1}{N} \cdot \frac{dN}{da} = \frac{n(a)}{N} \tag{6.12a}$$

もちろん,

$$\int_0^\infty f(a)da = 1$$

である. なお,

$$F(a) = \int_0^a f(a)da \tag{6.12b}$$

を粒度分布関数という場合 (このときは式 (6.12a) を粒度分布密度関数という) もあるが, ここではこれを累積粒度分布関数 (accumulative particle size distribution function) とよぶ. また,

$$M_r = \int_0^\infty a^r f(a)da \tag{6.13}$$

を粒度分布関数の r 次のモーメントといい, $M_0 N$ は全粒子数濃度を, M_1 は算術平均径を, $M_2 \cdot 4\pi N$ は表面積濃度を, $M_3 \cdot 4\pi N/3$ は体積濃度を表す.

　また, 一つ一つの粒径測定値から粒度分布を求めるときは, 粒径 a, すなわち $a - \Delta a/2$ から $a + \Delta a/2(\Delta a$ は分割幅) の範囲の粒子数を $\Delta N(a)$ とすると, 粒度分布関数に相当する離散型の分布表示, すなわち粒度分布のヒストグラムはつぎのように表される.

$$f(a)\Delta a = \frac{\Delta N(a)}{N} \tag{6.14}$$

　エアロゾル粒子の粒度分布関数を, 粒子の生成機構や粒子の動力学的挙動との関連において解析的に求めようとする試みもいくつかあるが, これについては 6.3, 6.4 節で述べる. 実際にどのような関数形を用いるかは, 測定結果との合致性, 数学的取り扱いの便易, そのなかに含まれるパラメータの意義などによって判断される.

6.2.2　種々の粒度分布関数
(1)　正 規 分 布
正規分布 (normal distribution) または Gauss 分布は次式で与えられる.

$$f(a) = \frac{1}{\sqrt{2\pi}\sigma} \exp\left[-\frac{(a-\overline{a})^2}{2\sigma^2}\right] \tag{6.15}$$

この分布は a 軸に対して対称であり, かつ,

$$\overline{a} = a_M = a_m \tag{6.16}$$

である. この分布のときは, 粒径測定値を大きさの順に並べ, その累積頻度を正規確率紙上にプロットすれば, 測定値は一直線上にのり, σ は次式から求められる.

$$\sigma = 84.13 \% \text{ 径} - 50 \% \text{ 径}$$

$$= 50\ \%\ \text{径} - 15.87\ \%\ \text{径} \tag{6.17}$$

この分布関数は，凝縮や，晶出などによって生成される粒子について用いられた例があるが，変数 (粒子径) が負の値をとりうるなど，粒度分布関数としては実際的でない面もあり，エアロゾル粒子ではあまり用いられない．

（2） 通常の対数正規分布

一般に対数正規分布 (logarithmico-normal distribution または log-normal distribution) といわれるものは次式で表される．

$$f(a) = \frac{1}{\sqrt{2\pi}\, a \ln \sigma_g} \exp\left[-\frac{(\ln a - \ln a_g)^2}{2\ln^2 \sigma_g} \right] \tag{6.18a}$$

または，$\ln a$ を独立変数として表せば，

$$f(\ln a) = \frac{1}{\sqrt{2\pi}\, \ln \sigma_g} \exp\left[-\frac{(\ln a - \ln a_g)^2}{2\ln^2 \sigma_g} \right] \tag{6.18b}$$

である．この分布関数は，正規分布の場合の a を $\ln a$($\log a$ であっても同じ形となる) で置き換えたものであって，対数目盛の a 軸に対しては対称分布であるが，図 6.1 に示すように普通目盛の軸に対しては，小さな粒径側に偏った非対称分布となり，

$$\ln a_M = \ln a_g - \ln^2 \sigma_g \tag{6.19}$$

$$a_m = a_g \tag{6.20}$$

となる．正規分布との関係は，$\bar{a}$ は式 (6.41) で，また標準偏差は次式で与えられ，

$$\sigma = \exp\left(2\ln a_g + \ln^2 \sigma_g\right)[\exp\left(\ln^2 \sigma_g\right) - 1] \tag{6.21}$$

となる．また，この分布のときは，（1）の場合と同様に，粒径測定値からその累積頻度を対数正規確率紙上にプロットすれば，測定値は一直線上にのり，σ_g は次式から求められる．図 6.2 はその一例である．

$$\sigma_g = \frac{84.13\ \%\ \text{径}}{50\ \%\ \text{径}} = \frac{50\ \%\ \text{径}}{15.87\ \%\ \text{径}} \tag{6.22}$$

また，粒度分布に下限値 a_1，上限値 a_2 があるときの分布は，つぎのようになる．

$$f(\ln a) = \frac{1}{\sqrt{2\pi}\, \ln \sigma_g} \exp\left\{ -\frac{1}{2\ln^2 \sigma_g}\left[\ln \frac{(a - a_1)(a_2 - a_1)}{(a_2 - a_1)a_g} \right]^2 \right\} \tag{6.23}$$

このような対数正規分布は，破砕過程を経て生成される粉体や多くのエアロゾル粒子の粒度分布として広くその適用性が認められている．

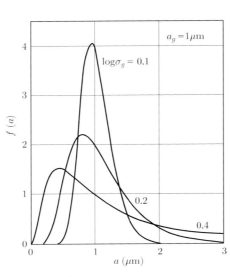

図 **6.1** 対数正規分布

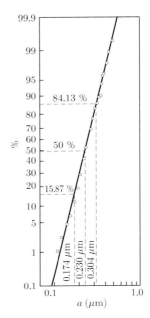

図 **6.2** 粒度分布実測例 ($a_g = 0.23\,\mu\mathrm{m}$, $\sigma_g = 1.32$)

（3） n 次の対数正規分布

Espensheid ら[7]は，$\ln a$ を変数とする，より一般的な対数正規分布をつぎのように定義した．これを n 次の対数正規分布 (n-th order log-normal distribution) とよぶ.

$$f_n(a) = c_n a^n \exp\left[-\frac{(\ln a - \ln a_n)^2}{2\ln^2 \sigma_n}\right] \tag{6.24}$$

ここに，a_n, σ_n はそれぞれ粒子径の平均，分散に関連する値，c_n は正規化のための定数であって，c_n を計算して書きなおすと，

$$f_n(a) = \frac{a^n \exp\left[-\dfrac{(\ln a - \ln a_n)^2}{2\ln^2 \sigma_n}\right]}{\sqrt{2\pi}\ln \sigma_n a_n^{n+1} \exp\left[\dfrac{(n+1)^2 \ln^2 \sigma_n}{2}\right]} \tag{6.25}$$

ここで，$n = -1$ とおけば式 (6.18) に等しくなる．すなわち，通常の対数正規分布は -1 次の対数正規分布とよんでよい．

また，$n = 0$ とおくと，

$$f_0(a) = \frac{\exp\left[-\dfrac{(\ln a - \ln a_0)^2}{2\ln^2 \sigma_0}\right]}{\sqrt{2\pi}\,\ln\sigma_0 a_0 \exp\left(\dfrac{\ln^2 \sigma_0}{2}\right)} \tag{6.26}$$

となる．そして a_0 は最多径 a_M に一致し，$\bar{a}$ との間にはつぎの関係がある．

$$\ln\bar{a} = \ln a_0 + 1.5\ln^2 \sigma_0 \tag{6.27}$$

また，$\ln\sigma_0$ と標準偏差との間には，

$$\sigma = a_0[\exp(4\ln^2 \sigma_0) - \exp(3\ln^2 \sigma_0)]^{1/2} \tag{6.28}$$

の関係があり，$\ln\sigma_0 \ll 1$ のときには，

$$\sigma \approx a_0 \ln\sigma_0 \tag{6.29}$$

となる．

このような 0 次の対数正規分布 (ZOLD) は，a_0(すなわち，a_M) をパラメータとした関数であるので，図 6.3 に示すように，σ_0 がかわっても最多径はかわらない．この点が図 6.1 と比較して，通常の対数正規分布よりも感覚的な理解が容易な点である．

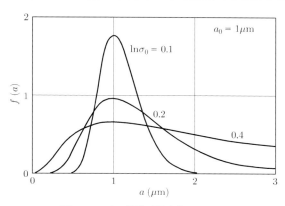

図 **6.3** 0 次の対数正規分布 (ZOLD)

（4） ガンマ関数を含む一般的な分布式

抜山ら[8)]は噴霧された水滴についての多くの実測から，粒度分布は一般に次式で表されるとした．

$$f(a) = \frac{qb^{(p+1)/q}}{\varGamma\left(\dfrac{p+1}{q}\right)}a^p \exp(-ba^q) \quad (a > 0) \tag{6.30}$$

ここで, b, p, q はいずれも噴霧条件によって決まる定数であるが, 一般に, $p = 2$, $q < 1$ の値を得ている. また, この分布ではつぎのような関係が成り立つ.

$$a_M = \left(\frac{p}{bq} \right)^{1/q} \tag{6.31}$$

また, r 次のモーメントは,

$$M_r = \frac{\Gamma \left(\dfrac{p+1+r}{q} \right)}{b^{r/q} \Gamma \left(\dfrac{p+1}{q} \right)} \tag{6.32}$$

したがって, 算術平均径は上式で $r = 1$ として求められる. 古くから用いられてきた Rossin-Rammler の式, すなわち,

$$f(a) = A a^{p-1} \exp\left(-B a^p \right) \quad (A, \ B \text{ は常数}) \tag{6.33}$$

や, あるいは正規分布なども式 (6.30) の特殊な場合に相当し, さらにこの関数は, Schumann[9] が雨滴の粒度分布関数として示しているように, あるいは 6.4 節で後述するように平衡粒度分布として興味深いものである.

　また, Stevenson ら[10]は, この種の分布式を下限値 a_1 のある場合に適用して次式を与えている.

$$f(a) = \frac{3}{\Gamma \left(\dfrac{2}{3} \right) s^2} (a - a_1) \exp\left[-\left(\frac{a - a_1}{s} \right)^3 \right] \tag{6.34}$$

ただし, s は分散に関連した値であって, a_M や分布の半値幅 w との間にはつぎのような関係がある.

$$w = 0.9015 s \tag{6.35}$$

$$a_M = a_1 + \frac{s}{3^{1/3}} \tag{6.36}$$

（5）　Junge の分布

　大気中のエアロゾル粒子は, 発生源や発生後の履歴の異なる多くの粒子からなり, 粒径の範囲も広い. Junge[11]はいくつかの異なった方法による測定結果を総合して, $a = 0.1 \sim 10\,\mu\text{m}$ の範囲での大気エアロゾル粒子の粒度分布は, 一般に次式で表されることを示した. これを Junge の指数分布則とよび, 多くの実測からその妥当性が認められている.

$$\frac{dN}{d(\log a)} = f(\log a) = c a^{-\beta} \quad (c \text{ は定数}) \tag{6.37}$$

または,

$$\frac{dN}{da} = f(a) = c_1 a^{-(\beta+1)} \quad (c_1 \text{ は定数}) \tag{6.38}$$

ここに, β の値は一般には $1 \sim 3.5$ 程度で, 大陸では $2.5 \sim 3$, 海洋上では $1 \sim 3$, また $a = 1 \sim 10\ \mu\text{m}$ の微小雨滴に対しては 3 程度の値が得られているが, これらを平均してみるとほぼ 3 に近い. この分布は, 図 6.4 に示すように, 両対数紙上で直線となり, 粒子の体積分布はこの領域ではほぼ一定となる. また, 上式が $a = 0.1 \sim 10\ \mu\text{m}$ であてはまるものとすると, この範囲の粒子数は全体の $10\ \%$ 程度であるが, 粒子体積 (質量) についてみればこの範囲のものが全粒子の大部分を占める.

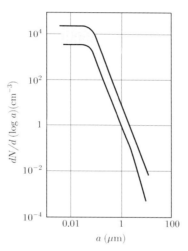

図 **6.4** 大気中粒子の粒度分布 (Junge：イオン測定, カスケードインパクター測定, 重力沈降測定より)

6.2.3 対数正規分布の場合の統計値
(1) 個数基準の場合
通常の対数正規分布を用いて, 6.1.2 項で述べた種々の統計値を計算する. まず,

$$(\overline{a}_k)^k = \frac{\sum (na^k)}{\sum n} \tag{6.39}$$

と定義すると,

$$(\overline{a}_k)^k = \frac{1}{\sqrt{2\pi} \ln \sigma_g} \int_{-\infty}^{\infty} a^k \exp\left[-\frac{(\ln a - \ln a_g)^2}{2 \ln^2 \sigma_g} \right] d(\ln a)$$

$$= \exp\left(k \ln a_g + \frac{k^2}{2} \ln^2 \sigma_g \right)$$

$$= a_g^k \exp\left(\frac{k^2}{2}\ln^2\sigma_g\right) \tag{6.40a}$$

したがって,

$$\ln\overline{a}_k = \ln a_g + \frac{k}{2}\ln^2\sigma_g \tag{6.40b}$$

または,

$$\overline{a}_k = a_g \exp\left(\frac{k}{2}\ln^2\sigma_g\right) \tag{6.40c}$$

したがって,

$$\ln\overline{a} = \ln a_g + 0.5\ln^2\sigma_g \tag{6.41}$$

$$\ln\overline{a}_s = \ln a_g + \ln^2\sigma_g \tag{6.42}$$

$$\ln\overline{a}_v = \ln a_g + 1.5\ln^2\sigma_g \tag{6.43}$$

同様にして,

$$(\overline{a}_l)^k = \frac{\sum(na^k)}{\sum(na^l)} \tag{6.44}$$

と定義すれば,

$$\ln(\overline{a}_l)^k = (k-l)\ln a_g + \frac{k^2-l^2}{2}\ln^2\sigma_g \tag{6.45}$$

したがって,

$$\ln\overline{a}_l = \ln a_g + 1.5\ln^2\sigma_g \tag{6.46}$$

$$\ln\overline{a}_{vs} = \ln a_g + 2.5\ln^2\sigma_g \tag{6.47}$$

また, これらを常用対数を用いて表せば次式となる.

$$\log\overline{a} = \log a_g + 1.151\log^2\sigma_g \tag{6.48}$$

$$\log\overline{a}_s = \log a_g + 2.303\log^2\sigma_g \tag{6.49}$$

$$\log\overline{a}_v = \log a_g + 3.454\log^2\sigma_g \tag{6.50}$$

（2）　質量基準の場合

　個数基準粒度分布が通常の対数正規分布で表されるものとすれば, 質量基準粒度分布も同じ対数正規分布となることは明らかである. いま, 半径 a の粒子の質量を w と

すると，質量基準粒度分布 $f'(a)$ は式 (6.12) と同様の定義から，

$$f'(a) = \frac{w}{\sum w} = \frac{\rho \alpha_v n (2a)^3}{\sum [\rho \alpha_v n (2a)^3]}$$

$$= \frac{1}{\sqrt{2\pi} a \ln \sigma'_g} \exp \left[-\frac{(\ln a - \ln a'_g)^2}{2 \ln^2 \sigma'_g} \right] \tag{6.51}$$

ただし，a'_g，σ'_g はそれぞれ質量基準粒度分布に対する幾何平均径，幾何標準偏差である．

一方，この場合の算術平均径は，

$$\bar{a}_w = \frac{\sum [wa]}{\sum w} = \frac{\sum [\rho \alpha_v n (2a)^3 a]}{\sum [\rho \alpha_v n (2a)^3]}$$

$$= \frac{\sum [na^4]}{\sum [na^3]}$$

ゆえに，式 (6.40)，(6.45) から，それぞれ，

$$\ln \bar{a}_w = \ln a'_g + 0.5 \ln^2 \sigma'_g$$

$$\ln \frac{\sum [na^4]}{\sum [na^3]} = \ln a_g + 3.5 \ln^2 \sigma_g$$

さらに，対数正規分布の性質から $\sigma_g = \sigma'_g$ であるから，結局つぎのような関係が得られる．

$$\ln a_g = \ln a'_g - 3.0 \ln^2 \sigma_g \tag{6.52}$$

または，

$$\log a_g = \log a'_g - 6.908 \log^2 \sigma_g \tag{6.53}$$

同様にして，

$$\log \bar{a} = \log a'_g - 5.757 \log^2 \sigma_g \tag{6.54}$$

$$\log \bar{a}_s = \log a'_g - 4.605 \log^2 \sigma_g \tag{6.55}$$

$$\log \bar{a}_v = \log a'_g - 3.454 \log^2 \sigma_g \tag{6.56}$$

となる．

6.3　粒度分布変化

6.3.1　粒子の生成機構と粒度分布

一般に，粒度分布を粒子生成の素過程との関連において，理論的に取り扱うことは困難であるが，ここではごく単純な場合について述べる.

（1）　生成過程にある粒子の到達目標としての対数正規分布

粒子の生成過程を一つの確率過程と考えるとき，粒度分布が漸近的に通常の対数正規分布に近づくことは，つぎのようにして説明される.

まず，簡単のために初期粒度は均一とする (実際にはある有限範囲の分布をもっていても同じ結果を得る). そして，粒径変化の過程を時間的に J 個の微小区間に分割したとき，各区間での変化 (成長または破砕など) の割合は，粒子の大きさや他の粒子の存在の有無にかかわらず一定とする. すなわち，$j-1$ から j の段階にいたる間の粒径変化の割合は，

$$\frac{a_j - a_{j-1}}{a_{j-1}} = \varepsilon_{j-1} \quad (\text{成長のときは正})$$

となるが，微小区間を小さくし，J を大きくとると，J 段階を経たときの粒径 a_J については，

$$\sum_{j=1}^{J} \frac{a_j - a_{j-1}}{a_{j-1}} \approx \int_{a_0}^{a_J} \frac{da}{a} = \ln a_J - \ln a_0 = \sum_{j=1}^{J} \varepsilon_{j-1}$$

すなわち，

$$\ln a_J = \ln a_0 + \sum_{j=1}^{J} \varepsilon_{j-1} \tag{6.57}$$

となる. ゆえに，中心極限定理によれば，このような場合,独立確率変数 ε_0，$\varepsilon_1, \cdots, \varepsilon_{j-1}$ の和である $\ln a_J$ は，J が大きくなると正規分布に従い[12]，結局 a_J の分布は通常の対数正規分布となる.

（2）　成長速度式からみた粒度分布

粒子の成長速度を次式で表す.

$$\frac{da}{dt} = K(a) \tag{6.58}$$

ここに，$K(a)$ は粒子の成長速度係数ともいうべきものであって，4.2.2項で述べたが，簡単のためにここでは a のみの関数とする. いま，$t = t_0$ で $a = a_0$ として上式を積分

すると，

$$t = t_0 + \int_{a_0}^{a} \frac{da}{K(a)} \tag{6.59}$$

となるが，粒径がどのような速度で変化し，どのような大きさになるかは元来，確率的なものであるから，粒径が a_0 から a まで変化するのに要する時間，すなわち，式 (6.59) の t の値は，それぞれの粒子について確定的なものではなく，ある確率分布をもつと考えられる．そしてその確率分布は，粒子数と経過時間が十分大きければ正規分布であるとしてよい．したがって，この場合の粒度分布は次式で表される．

$$f(a) = \frac{1}{\sqrt{2\pi}\sigma_t} \exp\left[-\frac{(t-\bar{t})^2}{2\sigma_t}\right] \tag{6.60}$$

ただし，$\bar{t}$ は粒子の生成開始後の経過時間，σ_t は各粒子の所要時間分布の標準偏差である．

いま，式 (6.58) において一次反応型の粒度分布変化を考えると，

$$\frac{da}{dt} = ka \quad (k \text{ は定数}) \tag{6.61}$$

これを $t = 0$ で $a = a_0$ として積分すると，

$$t = \frac{1}{k}(\ln a - \ln a_0)$$

となり，これを式 (6.60) に代入すれば，通常の対数正規分布が得られる．Kottler[13] はこのようにして粒度分布関数としての対数正規分布の理論的根拠を与えたが，これは (1) で述べたことを別の方法で説明したに等しい．

（ 3 ） 粒子の空間分布のばらつきと粒度分布

エアロゾル粒子の空間分布は，ある瞬間についてみればかなりのばらつきがあるものと考えられる．また，4.2.1 項で述べたような拡散による凝縮成長を考えるとき，凝縮蒸気の空間分布にも当然空間分布やゆらぎが存在し，その結果として粒子の成長速度にもばらつきが生じると考えられる．(2) ではこのゆらぎが正規分布に近いとしたが，Koppe[14] は，粒子数濃度の空間的ゆらぎが正規分布に近いとした．

また Srivastava[15] は，ある瞬間において，ある一つの粒子が占める空間体積の確率を考慮し，粒度分布として次式を与えた．

$$f(a) = \frac{3a^2}{\bar{a}^3} \exp\left(-\frac{a^3}{\bar{a}^3}\right) \tag{6.62}$$

これは，雨滴の粒度分布についても適用されているが，この関数は式 (6.30) において $b = (\bar{a})^{-3}$，$p = 2$，$p = 3$ とおいたものにほかならない．

6.3.2 粒度分布の時間的変化
（1） 粒度分布変化を表す一般式

エアロゾルの状態は，元来，不安定なものであって，粒子の粒度分布は程度の差こそあれ時間的に変化しているものとみなさなければならない．一般に，エアロゾル粒子の性状，すなわち粒度分布に影響を及ぼすと考えられる要因をあげるとつぎのようである．

① 生成条件：ⓐ 凝縮，凝集などによる成長，ⓑ 破砕，ⓒ 化学反応または結合など，粒子の生成機構に関する条件．

② 混合条件：生成条件や生成後の履歴の異なるものがどのように混合されるかの条件．

③ 媒質条件：ⓐ 静止，ⓑ 層流，ⓒ 乱流など，気体の動力学的条件．

④ 場の条件：ⓐ 重力場，ⓑ 電場，ⓒ 磁場など，粒子に対する外力の条件．

⑤ 境界条件：ⓐ 閉領域，ⓑ 半閉領域，ⓒ 開領域など，エアロゾル空間の境界に関する条件．

そして，このような条件によって拘束されながら経時変化する粒度分布は，一般に次式で表され，GDE (general dynamic equation) とよばれる[16〜18]．なお，この節では便宜上，粒子の大きさをその体積で表すことが多い．

$$
\begin{aligned}
\frac{\partial n(v,t)}{\partial t} =\ & \lambda_s n_s(v,t) - \lambda_l n(v,t) - \frac{\partial}{\partial v}\left[\frac{\partial v}{\partial t} n(v,t)\right] \\
& - n(v,t)\int_0^\infty p(v,v')n(v',t)\,dv' \\
& + \frac{1}{2}\int_0^v p(v',v-v')n(v',t)n(v-v',t)\,dv' \\
& - v_p(v)\nabla n(v,t) + D(v)\nabla^2 n(v,t)
\end{aligned}
\tag{6.63}
$$

ここに，右辺は第1項が生成項で微小粒子の場合は離散型分布となることが多い．第2項は消滅項．第3項は凝縮成長項で，$\partial v/\partial t$ は式 (4.64) で与えられる．第4項，第5項はそれぞれ凝集による消滅項と生成項である．p は単位体積，単位時間当たりの衝突凝集確率で4章で述べたが，これを粒子体積について示すと，

$$
p(v,v') = \frac{2kT}{3\mu}(v^{1/3}+v'^{1/3})\left(\frac{Cc(v)}{v^{1/3}}+\frac{Cc(v')}{v'^{1/3}}\right) \quad (Kn \lesssim 1) \tag{6.64a}
$$

$$
p(v,v') = \left(\frac{3}{4\pi}\right)^{1/6}\left(\frac{6kT}{\rho_p}\right)^{1/2}(v^{1/3}+v'^{1/3})^2\left(\frac{1}{v}+\frac{1}{v'}\right)^{1/2}
$$

$$
(Kn \gg 1) \tag{6.64b}
$$

また，第6項は重力沈降速度などによる移動速度 v_ρ による速度輸送項，第7項は拡散項であって境界面における拡散沈着もこの項に含まれる．

いま，式 (6.13) のモーメントを $n(v)$ について，

$$M_k = \int_0^\infty v^k n(v)\,dv = \int_0^\infty v^k N f(v)\,dv \tag{6.65}$$

と再定義すると，粒子数濃度 N と体積濃度 ϕ はそれぞれ次式で表される．

$$N(t) = \int_0^\infty n(v,t)\,dv = M_0 \tag{6.66}$$

$$\phi(t) = \int_0^\infty v\cdot n(v,t)\,dv = M_1 \tag{6.67}$$

上の微積分方程式の解析界や近似解は数多く試みられており[19, 20]，たとえば凝集項のみの場合，

$$p(v,v') = A + B(v + v') + C(v + v') \tag{6.68}$$

としたとき，① $A=1$，$B=C=0$，② $A=C=0$，$B=1$，③ $A=B=0$，$C=1$，のときの解析解はガンマ関数を含む多項式で与えられる．とくに初期粒度分布が指数関数型のときの解は，①すなわち $A=K_0$ では，

$$n(v,t) = \frac{N^2}{\phi} \exp\left(-\frac{N}{\phi}v\right) \tag{6.69}$$

ただし，N は式 (4.6) と同じく，

$$N = \frac{N_0}{1 + K_0 N_0 t} \tag{6.70}$$

であり，$\phi = $ 一定であるから，N/N_0 を時間スケールにとれば $n(v) = $ 一定となる．

（2） 多成分系への拡張[17, 21]

いま，質量 m の粒子には J 種の成分があり，そのうち成分 j の質量を m_j，その粒度分布を q_j とすると，

$$m = \sum_{j=1}^J m_i \tag{6.71}$$

$$q_j(m,t) = m_j n(m,t) \tag{6.72a}$$

したがって，

$$q(m,t) = \sum_{i=1}^J q_j(m,t) \tag{6.72b}$$

すなわち, 式 (6.63) のうち, 凝集のみに相当する部分について書くと次式が得られる.

$$\frac{\partial q_j(m,t)}{\partial t} = -q_j(m,t) \int_0^\infty p(m,m') \frac{q(m',t)}{m'}\,dm'$$

$$+ \frac{1}{2} \int_0^m p(m', m-m') q_j(m',t) \frac{q(m-m',t)}{m-m'}\,dm' \tag{6.73}$$

この方法の適用にはいくつかの試みがあるが, たとえば, 含有放射性核種の変化 (モンテカルロ法)[22]や大気エアロゾルの変質 (区分分割法)[23]を知るために用いられている.

(3) モーメント法

式 (6.65) で定義されたモーメントを用いて式 (6.63) の GDE を書き表したものを MDE (moment dynamic equation) という[18]. いま, ブラウン凝集のみを考え, 凝集定数として式 (6.64a) を用いる.

$$\frac{dM_0}{dt} = -K\left[M_0^2 + M_{1/3}M_{-1/3}\right.$$

$$\left. + Al\left(\frac{4\pi}{3}\right)^{1/3}(M_0 M_{-1/3} + M_{1/3}M_{-2/3})\right] \tag{6.74a}$$

$$\frac{dM_1}{dt} = 0 \tag{6.74b}$$

$$\frac{dM_2}{dt} = 2K\left[M_1^2 + M_{4/3}M_{2/3}\right.$$

$$\left. + Al\left(\frac{4\pi}{3}\right)^{1/3}(M_1 M_{2/3} + M_{4/3}M_{1/3})\right] \tag{6.74c}$$

ただし, $K = 2kT/3\mu$, A は式 (2.12) の値である.

いま, 粒度分布は時間の経過にかかわらず対数正規分布 (幾何平均体積 $v_g(t)$, 幾何標準偏差 $\sigma_g(t)$, 全粒子数濃度 $N(t)$) で表されるものとすると式 (6.18), (6.40), (6.65) から,

$$M_k = N v_g^k \exp\left(\frac{k^2}{2}\ln^2\sigma_g\right) \tag{6.75a}$$

$$= M_1 v_g^{k-1}\exp\left[\frac{(k^2-1)}{2}\ln^2\sigma_g\right] \tag{6.75b}$$

$$v_g = \frac{M_1^2}{M_0^{3/2}M_2^{1/2}} = \frac{\phi^2}{N^{3/2}}\cdot M_2^{-1/2} \tag{6.76}$$

$$\exp\left(\ln^2 \sigma_g\right) = \frac{M_0 M_2}{M_1^2} = \frac{N}{\phi^2} \cdot M_2 \tag{6.77}$$

また，$M_1 =$ 一定なので，式 (6.75b) から，

$$\frac{dM_k}{dt} = M_1 v_g^{k-1} \exp\left[\left(\frac{k^2-1}{2}\right)\ln^2 \sigma_g\right]$$

$$\times \left[(k-1)\frac{d(\ln v_g)}{dt} + \frac{(k^2-1)}{2}\cdot\frac{d(\ln^2 \sigma_g)}{dt}\right] \tag{6.78}$$

したがって，これを式 (6.74) に代入して N，v_g，σ_g を求めることができ，この方法をモーメント法という[18, 19, 24]．粒度分布関数には式 (6.30) のようなガンマ関数型を用いることもできる．そして簡単な場合には，解析解や近似解が得られ[25〜27]，粒度分布関数には基準となる粒子の大きさとして，$\bar{v}_g = 4\pi/3 \cdot a_g^3$(ただし，$a_g$ は個数基準の幾何平均半径) をとると式 (6.18a) に変わって次式を得，この式が用いられることが多いが上述の手順はまったく同様である．

$$f(v) = \frac{1}{3\sqrt{2\pi}v\ln \sigma_g}\exp\left[-\frac{(\ln v - \ln \bar{v}_g)^2}{18\ln^2 \sigma_g}\right] \tag{6.79}$$

こうして，ブラウン凝集に生成や凝縮成長のある場合[28〜30]，さらに壁面損失[29, 30]がある場合などに適用されている．また，ほかの種々の計算法との比較検討[33, 34]なども行われており，モーメント法は，実用性を失わない範囲において計算時間の短縮などの点で最もすぐれているとされている．さらにこのほかに凝集性粒子への適用例[35, 36]もある．

（4） 粒度分布変化に対する各機構の寄与

　容積 V，底面積 A，内面積 S の容器内のエアロゾルについて，ブラウン運動による凝集，重力沈降，容器内面への拡散沈着を考える．エアロゾル濃度は空間的に一様とすると式 (6.63) は次式で表される．

$$\frac{\partial n(v,t)}{\partial t} = -n(v,t)\int_0^\infty K_B(v,v')n(v,v')\,dv'$$

$$+ \frac{1}{2}\int_0^v K_B(v',v-v')n(v',t)n(v-v',t)\,dv'$$

$$- \frac{A}{V}v_s(v)n(v,t) - \frac{SD(v)}{V\delta}n(v,t) \tag{6.80}$$

ここに，K_B は凝集定数であって式 (6.64) で与えられる．また v_s，D はそれぞれ粒子の重力沈降速度，拡散係数，δ は 3.5.2 項で述べた有効拡散境界層厚さに相当する．ここで，初期粒子数濃度 $N(0) = N_0$，粒子体積基準値を v_1，$K_{B_0} = 2kT/3\mu$ とし，

$x = v/v_1$，$y(x, \tau) = n(v, t)/N_0$，$\tau = K_{B_0}N_0 t$ によって式 (6.80) を無次元表示すると，

$$\frac{\partial y(x, \tau)}{\partial \tau} = - y(x, \tau) \int_0^\infty \beta_B(x, x') y(x', \tau) \, dx'$$

$$+ \frac{1}{2} \int_0^x \beta_B(x', x - x') y(x', \tau) y(x - x', \tau) \, dx'$$

$$- \alpha_{GC} \cdot y(x, \tau) - \alpha_{DC} \cdot y(x, \tau) \qquad (6.81)$$

ただし，

$$\beta_B(x, x') = \frac{K_B(v, v')}{K_0}$$

$$= (x^{1/3} + x'^{1/3}) \left[x^{-1/3} + x'^{-1/3} + (x^{-2/3} + x'^{-2/3}) \frac{A'l}{v_1^{1/3}} \right]$$
$$(6.82a)$$

$$\alpha_{GC} = \frac{A v_s}{V K_0 N_0} \qquad (6.82b)$$

$$\alpha_{DC} = \frac{SD}{V K_0 N_0 \delta} \qquad (6.82c)$$

ここで用いた無次元時間 τ は，ブラウン運動による凝集を基準として定められたものであり，同様に重力沈降，拡散沈着に関する無次元特性時間を定めることができる．すなわち，

$$\tau_B = K_{B_0} N_0 t \qquad (6.83a)$$

$$\tau_G = \frac{A v_s t}{V} = \alpha_{GC} \cdot \tau_B \qquad (6.83b)$$

$$\tau_D = \frac{SDt}{V\delta} = \alpha_{DC} \cdot \tau_B \qquad (6.83c)$$

ここで，α_{GC}，α_{DC} は重力沈降，拡散時間のブラウン凝集との比を表し，$\alpha_{GC} > 1$，$\alpha_{DC} > 1$ では，それぞれブラウン凝集に比べて粒子数濃度変化に対する寄与が大きいことを意味する．同様に $\alpha_{GC}/\alpha_{DC} > 1$ では重力沈降効果が拡散沈着に比べて大きい．乱流凝集や容器にエアロゾルの出入りがある場合などについても Yoshida ら[37]によって検討がなされている．

（5）　粒度分布変化の数値計算

　式 (6.63) や式 (6.73) は，上述のようにごく簡単な場合のほかはその解析解は得られず，一般には数値計算によって経時変化を知ることになる．その場合，粒径は体積の

最小基本値 v_1 を単位とし，その整数倍として与えればよいが，粒径範囲が広いとき，かりに 4 桁の範囲を対象とすると v の範囲は 12 桁に及び，事実上計算不可能となる．一方，v_1 のかわりに粒径を基準とした最小単位 a_1 をとればこの困難は緩和されるが，凝集粒子の粒径が与えられた区分粒径と対応せず誤差の原因となる．これらの点を克服するためにはいくつかの方法がある．種々の数値計算法には，誤差，計算時間などからみて得失があるので[16]，目的に応じて使い分ける必要がある．

① J 変換法：いま，粒子体積の基本単位を $v(J_0)$ とし，J 番目の粒子体積を，

$$v(J) = v(J_0) \exp\left[\alpha(J - J_0)\right] \tag{6.84}$$

とする．したがって，$v(J')$ と合体して $v(J)$ となるような粒子の番号は，

$$\overline{J} = J + \frac{1}{\alpha} \ln\left\{1 - \exp\left[-\alpha(J - J')\right]\right\} \tag{6.85}$$

ここで，$J_0 = 1$，$\alpha = \ln 2$ とすると好都合であり，この場合は，

$$v(J) = v(1) \cdot 2^{(J-1)} \tag{6.86}$$

$$\overline{J} = J + \frac{1}{\ln 2} \ln\left[1 - 2^{-(J-J')}\right] \tag{6.87}$$

となる．こうして，粒子体積を基準とした粒度分布 $n(v,t)$ を変数 J を基準とする関数 $f(J,t)$ に変換できる[38]．

式 (6.63) で凝集項と凝縮成長項を考慮し，式 (6.86)，(6.87) を用いて J 変換を行うと，

$$\frac{\partial f(J,t)}{\partial t} = \int_1^{J_h} \frac{v(J)}{v(\overline{J})} p(\overline{J}, J') f(J',t) f(\overline{J},t)\, dJ'$$

$$- f(J,t) \int_1^{J_m} p(J.J') f(J',t)\, dJ'$$

$$- \frac{\partial}{\partial J}\left[\frac{1}{v(J)} \cdot \frac{\partial v(J)}{\partial t} f(J,t)\right] \tag{6.88}$$

となる．ただし，$J_h = J - 1\ (J \geqq 2)$ で，J_m は J の最大値である．また式 (6.66)，(6.67) に対応して，次式を得る．

$$N(t) = \int_1^{J_m} f(J,t)\, dJ \tag{6.89}$$

$$\phi(t) = \int_1^{J_m} v(J) f(J,t)\, dJ \tag{6.90}$$

上式は便宜上積分形で書いたが，実際は J は離散整数であり，和の形で数値計算

を行う．また，式 (6.86) で $v(1)$ として最大粒子の体積をとることもできるが[39]，このときは $J = 0 \sim 1$ となる．

② 区分分割法：粒子の大きさを m 個の領域に分け，各領域の積分値，

$$Q_l(t) = \int_{v_{l-1}}^{v_l} v \cdot n(v, t)\, dv \quad (l = 1, 2, \cdots, m) \tag{6.91}$$

について式 (6.63) に相当する離散型の式をつくる[40, 41]．もちろん，凝集定数その他の粒径に依存する値はその部分の代表値によって置き換えられる．

以上，いずれの場合でも粒子の大きさは粒径あるいは $Kn(= l/a)$ にとることもできる[42]．式 (6.63) について，粒子生成，凝集，凝縮成長をともなう場合の数値計算は数多くあり[43~45]，さらに粒子の組成をも考慮した場合，あるいは凝集性粒子についても②の方法が適用されている[46]．

6.4 平衡粒度分布

粒度分布の経時変化を式 (6.63) から考察すると，ある粒径については，その生成項と消滅項のいずれかが支配的な段階が存在するが，過渡的ではあっても生成項と消滅項とが相等しくなる場合もありうる．このような平衡状態が，粒度分布の範囲全体にわたって，しかも同時に達成されれば，とくになんらかの条件で変化がないかぎり，多少のゆらぎをともないながらもその状態は保持され，ここに，いわゆる平衡粒度分布が存在することになる．しかし，このような平衡分布は，あるエアロゾルについては，その粒度分布の漸近的到達目標ともいうべきものであって，実際には，ある限られた粒径範囲から，徐々にこのような平衡状態が実現していくものと考えられる．そして，消滅項の支配的なエアロゾル系においては，最多径よりも粒径の大きい側においてこのような状態はより実現されやすいことになる．また，このような平衡分布が存在するためには，その粒径範囲においては，粒子の体積濃度も一定でなければならないが，さらにこれを広義に拡張して，体積濃度が必ずしも一定でなくても，その範囲の粒度分布関数形が不変であれば，これを平衡粒度分布と名付けてもよいと考えられ，以下とくにことわらないかぎり広義の平衡粒度分布をさすものとする．

これまで多くの実測例から，相異なるさまざまな生成条件や環境条件のもとでも，粒子の粒度分布が，対数正規分布やガンマ関数分布，あるいは指数分布などの形で近似されることがわかっている．また，式 (6.69) などの解析解からも，平衡粒度分布ともいうべきものの存在がある程度推測される．そして，平衡粒度分布に関する理論的研究は，Friedlander[47] の次元解析的研究にはじまるといってよい．

6.4.1 次元解析による検討

完全に平衡に達したときの粒度分布は，時間に無関係な粒径のみの関数で表される．したがって，このような平衡粒度分布関数を ψ とすれば，粒度分布は一般に時間の関数 G と ψ とで表される．すなわち，

$$n(v,t) \approx G(t) \cdot \psi(\eta) \tag{6.92}$$

ここに，$\eta = v/v_c$（v_c はある体積基準値），また，平衡到達時においては，これらの間につぎの次元的関係がある．

$$[n(v)] = \mathrm{cL}^{-3}\mathrm{v}^{-1}\psi(\eta) \tag{6.93}$$

ただし，c は無次元定数，L はエアロゾル空間の広がりに関する特性長さ，v はエアロゾルの体積に関する特性値である．さて，粒度分布変化は，粒径（v：m³），凝集定数（K_B：m³/s），沈降速度（v_s：m/s），拡散係数（D：m²/s）などの因子と，粒度分布変化の結果としての体積移行定数（ある粒径から他の粒径に移行する粒子の体積濃度速度 ε：m³/(m³·s)）とに関連するが，平衡領域においては，これらの因子の間には次元的に次式が成り立たなければならない．

$$\mathrm{L}^{-3}\mathrm{v}^{-1} = f(v, \varepsilon, K, v, D, \cdots) \tag{6.94}$$

実際には，ある粒径範囲において支配的な効果をもつような因子は限られたものであり，この限られた因子についての次元解析を行えばよい．

まず，これらの因子の次元はつぎのとおりである．ただし，T は時間を表す．

粒子の大きさ：

$$[\,v\,] = \mathrm{v}$$

体積移行速度：

$$[\,\varepsilon\,] = \mathrm{vL}^{-3}\mathrm{T}^{-1}$$

ブラウン凝集定数 $(Kn < 1)$（温度を θ で表す）：

$$[K_B] = \left[\frac{4k\theta}{3\mu}\right] = \mathrm{L}^3\mathrm{T}^{-1}$$

重力沈降速度：

$$[v_s] = \left[\frac{2g(\rho_p - \rho)v^{2/3}}{9\mu}\right] = \mathrm{LT}^{-1}$$

まず，ブラウン運動による凝集のみが支配的な場合を考えると，

$$L^{-3}v^{-1} = f(v, \varepsilon, K_B)$$

を解けばよい．ただし，f は次元方程式であって，

$$L^{-3}v^{-1} = v^m \left(\frac{v}{L^3 T}\right)^n \left(\frac{L^3}{T}\right)^\rho$$

となり，$m = -3/2$，$n = 1/2$，$p = -1/2$ とすればよい．したがって，平衡粒度分布関数は，

$$n(v) = c \left(\frac{\varepsilon}{K_B}\right)^{1/2} \psi(\eta) v^{-3/2} \tag{6.95}$$

となる．重力沈降の場合については，

$$n(v) = c \left(\frac{\varepsilon v^{2/3}}{v_s}\right)^{3/4} \psi(\eta) v^{-9/4} \tag{6.96}$$

となる．平衡粒度分布が成り立っている粒径範囲を $v_1 \sim v_2$ とし，この範囲では体積濃度も時間に無関係な値であるとすると，式 (6.93) を用いれば，

$$\begin{aligned}
\phi &= \int_{v_1}^{v_2} v n(v) \, dv \\
&= \frac{c}{L^3 v} v_c^2 \int_{\eta_1}^{\eta_2} \eta \psi(\eta) \, d\eta
\end{aligned} \tag{6.97}$$

ただし，$\eta_1 = v_1/v_c$，$\eta_2 = v_2/v_c$ である．また，

$$I_v = \int_{\eta_1}^{\eta_2} \eta \psi(\eta) \, d\eta$$

とおき，式 (6.93) と合わせて考慮すれば，

$$n(v) = c \frac{\phi}{I_v} v^{-2} \eta^2 \psi(\eta) \tag{6.98}$$

となる．すなわち，ある平衡粒度分布領域で粒子の体積濃度が一定に保たれている場合は，粒度分布は v^{-2} の形で表さなければならないことになる．

いま，Junge の粒度分布式 (6.38) を，$n(v) = cv^{-\gamma}$ と書けば，$\gamma = (\beta + 3)/3$ であるから，$\beta = 3$ では $\gamma = 2$ となり，式 (6.98) で得られた結果と完全に一致し，またほかの場合に得られた結果もこれに近く，したがって Junge の粒度分布は，平衡状態の粒度分布の一部分を表現したものともみなされる．

6.4.2 自己保存分布関数

前節の次元解析による検討は，ある限られた粒径範囲を，ごく単純化された条件のもとで取り扱ったものであるが，平衡粒度分布関数の全体的様相をより明らかにするためには，さらに一般的な解析的ないし数値的検討が必要である.

式 (6.92) の関数 $\psi(\eta)$ は，粒度分布の経時変化が，乱流エネルギースペクトルの経時変化に類似していることから，乱流エネルギースペクトルにおける平衡保存関数に相当するものとして，Swift ら[48]によって提唱されたもので，自己保存分布関数 (SPDF : self-preserving distribution function) とよばれ，最終的に到達すべき平衡粒度分布関数形に相当し，このような関数の解を相似解 (similarity solution) という.

いま，式 (6.92) を式 (6.66)，(6.67) に代入すれば，N, ϕ は一般に次式で表される.

$$N(t) = G(t)v_c \int_0^\infty \psi(\eta)\, d\eta = G(t)v_c$$

$$\phi(t) = G(t)v_c^2 \int_0^\infty \psi(\eta)\, d\eta = G(t)v_c^2 \overline{\eta}$$

ここに，$G(t)$, v_c はともに時間の関数であるが，N, ϕ が与えられれば上の両式から，

$$v_c(t) = \frac{\phi}{N} \cdot \frac{1}{\overline{\eta}} \tag{6.99}$$

$$G(t) = \frac{N^2}{\phi}\eta \tag{6.100}$$

として求められる. したがって，

$$\psi_1(\eta) = \overline{\eta}\psi(\eta) \tag{6.101}$$

として新しい関数を定義するならば，これもまた一つの，しかもより一般的な SPDF と考えてよい. さらに，v_c として $\overline{v}$ をとれば $\overline{\eta} = 1$ となり，この場合の粒度分布関数はつぎのように書ける.

$$n(v,t) = \frac{N^2}{\phi}\psi_1(\eta) = \frac{1}{(\overline{v})^2}\psi\left(\frac{v}{\overline{v}}\right) \tag{6.102}$$

そして，上式は平衡段階のみでなく，経時的にどの段階でも成り立つ.

（1） 相 似 変 換

ここでは，凝集と凝縮成長による粒度分布変化について考えると，式 (6.63) から，

$$\frac{\partial n(v,t)}{\partial t} + \frac{\partial}{\partial v}[I(v,t)n(v,t)] = \frac{1}{2}\int_0^v p(v', v-v', t)n(v',t)n(v-v',t)\, dv'$$

$$- n(v,t)\int_0^\infty p(v,v',t)n(v',t)\, dv' \tag{6.103}$$

また，全粒子数濃度の時間的変化は，単位時間，単位体積当たりの全凝集回数と，凝縮による粒子径の両端での粒子の出入りの差に等しいから，

$$\frac{dN(t)}{dt} = -\frac{1}{2} \int_0^\infty \int_0^\infty p(v,v',t)n(v,t)n(v',t)\,dv'$$

$$- I(v,t)n(v,t)\Big|_{v=0}^\infty \tag{6.104}$$

同様に，体積濃度は凝縮成長のみに関連して，

$$\frac{d\phi(t)}{dt} = \int_0^\infty I(v,t)n(v,t)\,dv - vI(v,t)n(v,t)\Big|_{v=0}^\infty \tag{6.105}$$

ここで，式 (6.102) から，

$$\psi(\eta,\tau) = \frac{n(v,t)\phi}{N^2} \tag{6.106a}$$

$$\eta = \frac{N}{\phi}v \tag{6.106b}$$

$$\tau = \left(\frac{N}{N_0}\right)^2 \tag{6.106c}$$

を用いて式 (6.103) を書き換えることができるが，とくに $t \to \infty$ において $\psi(\eta,\tau) \to \psi(\eta)$，すなわち，SPDF としての相似解が得られるのは，

$$p(v,v',t) = \alpha(t)\bar{p}(\eta,\eta') \tag{6.107a}$$

$$I(v,t) = a(t)\overline{I}(\eta) \tag{6.107b}$$

のほか若干の場合である[20, 49, 50]．ただし，相似変換が可能であることは必ずしも $\psi(\eta)$ についての解が存在することを意味しない．なお，

$$\mu_\nu = \int_0^\infty \eta^\nu \psi(\eta)\,d\eta \tag{6.108}$$

とすると，

$$\mu_0 = \mu_1 = 1$$

であって，式 (6.104)，(6.105) はこれらの式からつぎのように変換される．

$$\frac{dN}{dt} = -\alpha(t)N^2\left[\frac{1}{2}\overline{M}_1 + \gamma b_1\right] \tag{6.109}$$

$$\frac{d\phi}{dt} = a(t)N(b_3 - b_2) \tag{6.110}$$

ただし,

$$\overline{M}_1 = \int_0^\infty \int_0^\infty \overline{p}(\eta, \eta') \psi(\eta) \psi(\eta') d\eta' d\eta \tag{6.111a}$$

$$\gamma = \frac{a(t)}{\alpha(t)\phi(t)} \tag{6.111b}$$

$$b_1 = I(\eta)\psi(\eta)\Big|_{\eta=0}^\infty \tag{6.111c}$$

$$b_2 = \eta I(\eta)\psi(\eta)\Big|_{\eta=0}^\infty \tag{6.111d}$$

$$b_3 = \int_0^\infty I(\eta)\psi(\eta)\, d\eta \tag{6.111e}$$

である. さらに, これらの式を用いて, 式 (6.103) を変換すると,

$$\{\eta[\overline{M}_1 + 2\gamma(b_1 - b_2 + b_3)] - 2\gamma I(\eta)\} \frac{d\psi(\eta)}{d\eta}$$

$$+ 2\left[\overline{M}_1 + \gamma(2b_1 - b_2 + b_3) - \gamma\frac{dI}{d\eta} - P(\eta)\right]\psi(\eta)$$

$$+ \int_0^\eta \overline{p}(\eta', \eta - \eta')\psi(\eta')\psi(\eta - \eta')\, d\eta' = 0 \tag{6.112}$$

ここに,

$$P(\eta) = \int_0^\infty \overline{p}(\eta, \eta')\psi(\eta')\, d\eta' \tag{6.113}$$

である.

（2） 凝集のみの場合

$I(v, t) = 0$ であるから $\gamma = b_1 = b_2 = b_3 = 0$. したがって, 式 (6.112) は,

$$\eta \overline{M}_1 \frac{d\psi(\eta)}{d\eta} + 2[\overline{M}_1 - P(\eta)]\psi(\eta) + \int_0^\eta \overline{p}(\eta', \eta - \eta')\psi(\eta')\psi(\eta - \eta')\, d\eta'$$

$$= 0 \tag{6.114}$$

となる.

① 生成項と消滅項が等しいとき：式 (6.114) で $2P(\eta)\psi(\eta)$ は消滅項を, 第 3 項は
生成項を表す. したがって, 両者が相等しいときは簡単に,

$$\eta \frac{d\psi(\eta)}{d\eta} + 2\psi(\eta) = 0 \tag{6.115}$$

となり, その解は,

$$\psi(\eta) = c\eta^{-2} \tag{6.116}$$

となり，6.4.1 項で述べた Junge の分布に対応した分布形となる.

② $p(v, v') = $ 一定のとき：式 (6.114) で $\overline{M}_1$, $P(\eta)$, $p(\eta, \eta')$ はそれぞれ一定となり，したがって，

$$\eta \frac{d\psi(\eta)}{d\eta} + \int_0^\eta \psi(\eta')\psi(\eta - \eta')\,d\eta' = 0 \tag{6.117}$$

となり，その解は Laplace 変換により求められる[51]. すなわち，

$$\psi(\eta) = \exp(-\eta) \tag{6.118}$$

となる. これは Schumann[52] の解や Hidy[53] の近似解とも一致し，$\eta = 1$ 付近では①の値とも近い.

③ ブラウン運動による凝集：凝集定数は式 (6.64a) で与えられ，式 (6.114) はつぎのように表される. これに対する一般解は得られていないが，カニンガムの補正項を無視した場合，生成項が無視できるような大粒径側と，消滅が無視できるような小粒子側について，それぞれつぎの解が得られている[49].

$$\psi(\eta) = 0.5086\eta^{-1.06} \exp\left(1.758\eta^{1/3} - 1.275\eta^{-1/3}\right) \quad (\eta < 0.1) \tag{6.119a}$$

$$\psi(\eta) = 0.915 \exp\left(-0.95\eta\right) \quad (\eta > 1.0) \tag{6.119b}$$

また，カニンガムの補正項を考慮したとき[54]，自由熱運動領域，すなわち $Kn \gg 1$ の場合についての解[55]，あるいは $\psi(\eta)$ についての直接の数値解[56]などが得られている. 図 6.5 で①はブラウン凝集 ($Kn \ll 1$)[57]，②はブラウン凝集 ($Kn \gg 1$)，③はブラウン凝集と凝縮成長があり $\phi^{2/3}N^{1/3} = $ 一定の場合の SPDF[55]で，③のような状況は大気中の光化学スモッグについて確かめられている[58].

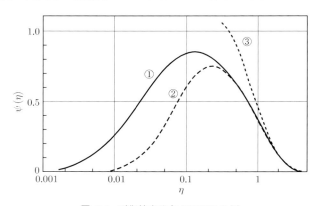

図 **6.5**　平衡粒度分布 (SPDF) の例

④　凝集粒子への拡張：半径 a_p の球形粒子から構成される体積 v の凝集粒子の形状を表すフラクタル次元 D_f (式 (6.2)) を用いると，たとえば $Kn \gg 1$ のときのブラウン凝集については式 (6.64b) のかわりに[59]，

$$K(v, v') = \left(\frac{3}{4\pi}\right)^{\alpha} \left(\frac{6kT}{\rho_p}\right)^{1/2} a_p{}^{\beta} \left(\frac{1}{v} + \frac{1}{v'}\right)^{1/2} (v^{1/D_f} + v'^{1/D_f})^2$$

(6.120)

ただし，$\alpha = 2/D_f - 1/2$，$\beta = 2 - 6/D_f$ として，③と同様な計算を行い SPDF を求めることができる[60]．そして，その結果の妥当性は微小粒子 ($a_p = 10$ nm) による実験によって確かめられ，また $D_f \sim 1.8$ を与えている[61]．

参 考 文 献

1a)　Mandelbrot, B. B.,"Fractal, Form, Chance and Dimensions", W. H. Freeman (1977).

1b)　Mandelbrot, B. B., "The Fractal Geometry of Nature", W. H. Freeman(1983).

2)　Richter, R. Sander, L. M. and Cheng,Z., J. Colloid Interf. Sci. **100**, 203(1984).

3a)　Koylu, U. M. Xing, Y. and Rosner, D. E., Langmuir, **11**, 4848(1995).

3b)　Brasil, A. M. Farias, T. L. Garvalho, M. G. and Koylu, U. O., J. Aerosol Sci. **32**, 489(2001).

4)　Sorensen, C. M., Aerosol Sci. Techn. **35**, 648(2001).

5)　Meakin, P., Phys. Rev. **A27**, 1495(1983).

6)　Written, T. A. and Sander, L. M., Phys. Rev. **B27**, 5686(1983).

7)　Espenscheid, W. F. Kerker, M. and Matijevic, E., J. Phys. Chem. **68**, 3093(1964).

8)　抜山四郎，棚沢泰，日本機械学会論文集，**5**, 131(1939).

9)　Schumann, T. E. W., Quart. J. Roy. Meteor. Soc. **66**, 195(1940).

10)　Stevenson, A. F. Heller, W. and Wallach, M. L., J. Chem. Phys. **34**, 1789(1964).

11)　Junge, C. E., "Air Chemistry and Radioactivity", p.113, Academic Pr.(1965).

12)　Aitchson, J. and Brown, J. A. C., "The Lognormal Distribution", p.13, Cambridge Univ.(1963).

13)　Kottler, F., J. Frankl. Inst. **250**, 339(1950); ibid. **250**, 419(1950); J. Phys. Chem. **56**, 442(1952).

14)　Koppe, H., Z. Physik. **156**, 211(1959).

15)　Srivastava, R. C., J Atmos. Sci. **26**, 776(1969).

16)　Seigneur, C. Hudischewskyj, A. B. Seinfeld,J.H. Whitby,K.T. Whitby, E. R. Brock, J.M. and Barnes. H. M., Aerosol Sci. Techn. **5**, 295(1986).

17)　Williams, M. M. and Loyalka, S. K., "Aerosol Science: Theory and Practice", Chapt.3, Pergamon Pr.(1991).

18)　Whitby, E. R. and McMurry, P. E., Aerosol Sci. Techn. **27**, 673(1997).

19)　Drake, R., in "Topics in Current Aerosol Research Pt.II(ed. G. M. Hidy and J. R. Brock)", Pergamon Pr.(1972).

20)　Pulvermacher, B. and Buchenstein, E., J. Colloid Interf. Sci. **46**, 428(1974).

21)　Katoshevski, D. and Seinfeld, J. H., Aerosol Sci. Techn. **27**, 541(1997): ibid. **27**, 550(1997).

22)　Kourti, N. and Schatz, A., J. Aerosol Sci. **29**, 41(1998).

23) Pilinis,K.P. Capaldo,A. Nenes, A. and Pandis, S.N. Aerosol Sci. Techn. **32**, 482(2000).

24) McGraw, R. Nemesure, S. and Schwartz, S. E., J. Aerosol Sci. **29**, 761(1998).

25) Lee, K. W. Lee, Y. J. and Han, D. S., J. Colloid Interf. Sci. **188**, 486(1997).

26) Park, S. H. Lee, K. W. Otto, E. and Fissan, H., J. Aerosol Sci. **30**, 3(1999).

27) Otto, E. Fissan, H. Park, S. H. and Lee, K. W., J. Aerosol Sci. **30**, 17(1999).

28) Pratsinis, S. E., J. Colloid Interf. Sci. **124**, 416(1988).

29) Megaridis, C. M. and Dobbins, R. A., Aerosol Sci. Techn. **12**, 240(1990).

30) Xiong, Y. and Pratsinis, S. E., J. Aerosol Sci. **22**, 637(1991).

31) Rosner, D. E. and Tussopoulos, M., J. Aerosol Sci. **22**, 843(1991).

32) Pratsinis, S. E. and Kim, K. S., J. Aerosol Sci. **20**, 101(1989).

33) Frenklach, M. and Harris, S. J., J. Colloid Interf. Sci. **118**, 252(1987).

34) Barret, J. C. and Webb, N. A., J. Aerosol Sci. **29**, 31(1998).

35) Jain, S. and Kodas, T. T., J. Aerosol Sci. **29**, 259(1998).

36) Park, S. H. and Lee, K. W., J. Colloid Interf. Sci. **246**, 85(2002).

37) Yoshida, T. Kousaka, Y. and Okuyama, K., "Aerosol Science for Engineers", Chapt.4, Power Co.(1979).

38) Suck, S. H. and Brock, J. R., J. Aerosol Sci. **10**, 581(1979).

39) Gelbard, F. and Seinfeld, J. H., J. Comput. Phys. **28**, 357(1978).

40) Gelbard, F. and Seinfeld, J. H., J. Colloid Interf. Sci. **63**, 472(1978).

41) Gelbard, F. and Seinfeld, J. H., J. Colloid Interf. Sci. **78**, 485(1980).

42) Gelbard, F. Seinfeld, J. H. J., Colloi Interf. Sci. **68**, 173(1979).

43) Ramabhardan, T. E. Peterson, T. W. and Seinfeld, J. H., AIChE. J. **22**, 840(1976).

44) Middleton, P. and Brock, J., J. Colloid Interf. Sci. **54**, 249(1976).

45) Gebhard, F. and Seinfeld, J. H., J. Colloid Interf. Sci. **68**, 363(1979).

46) Jeong, J.I. and Choi, M., J. Aerosol Sci. **32**, 565(2001).

47) Friedlander, S. K., J. Meteor. **17**, 373(1960); ibid. **17**, 79(1960); ibid. **18**, 753(1961).

48) Swift, D. L. and Friedlander, S. K., J. Colloid Sci. **19**, 621(1964).

49) Ramabhardan, T. E. and Seinfeld, J. H., Chem. Eng. Sci. **30**, 1019(1975).

50) Drake, R. L., J. Colloid Interf. Sci. **57**, 411(1976).

51) Friedlander, S. K. and Wang, C. S., J. Colloid Interf. Sci. **22**, 126(1966).

52) Schumann, T. E. W., Quart. J. Roy. Meteor. Soc. **66**, 195(1940).

53) Hidy, G. M. and Lilly, D. K., J. Colloid Sci. **20**, 867(1965).

54) Wang, C. S. and Friedlander, S. K., J. Colloid Interf. Sci. **24**, 170(1967).

55) Lai, F. S. Friedlander, S. K. Pich, J. and Hidy, G. M., J. Colloid Interf. Sci. **39**, 395(1972).

56) Hidy, G. M., J. Colloid Sci. **20**, 123(1965).

57) Pich,J. Friedlander, S. K. and Lai, F. S., J. Aerosol Sci. **1**, 115(1970).

58) Husar, R. B. and Whitby, K. T., Environ. Sci. Techn. **7**, 241(1973).

59) Matsoukas,T. and Friedlander, S. K., J. Colloid Interf. Sci. **146**, 595(1991).

60) Dekkers, P. E. and Friedlander, S. K., J. Colloid Interf. Sci. **248**, 295(2002).

61) Dekkers, P. E. Tuinman, I. L. Marijnissen, C. M. Friedlander, S. K. and Scarlet, B., J. Colloid Interf. Sci. **248**, 306(2002).

7章
エアロゾル粒子による光散乱

7.1 コロイド粒子の光散乱

水の濁り，空にかかる虹，やかんから立ちのぼる白い湯気，あるいは小さな孔から太陽の光が暗い室内にさし込んだときの塵の輝きなどは，すべて水中や空気中の微小粒子による光の散乱現象によるものである．このようなコロイド粒子による光の散乱現象に関する研究は，1902年にRichterが金コロイド中の光行路を観察したことにはじまるといわれるが，その後，Tyndall，Rayleigh，Mie，Debye，Gansらの理論的，実験的研究によって発展させられてきた．また，Mieの理論は，その後のこの分野の研究の基礎をなしており，いくつかの成書[1~3]にもみられるように，近来，コロイド粒子の光散乱に関する研究は著しい進歩をとげてきた．そして，このような進歩は，エレクトロニクスの進歩により，光散乱量の精密な測定が可能になったことと，同時に，電子計算機により複雑なMieの理論式の数値計算が可能になったことによる．

また，光散乱現象は，古くからハイドロゾル粒子の研究手段，とくに粒径測定の手段に応用[2]されてきたが，その方法の多くはエアロゾル粒子の測定にも利用できる．したがって，ここではとくにふれないかぎり，エアロゾル粒子とハイドロゾル粒子との区別はしない．

粒子は半径 a の球形粒子とし，媒質および粒子の光の屈折率をそれぞれ m_1，m_2，媒質および真空中の光の波長をそれぞれ λ，λ_0 として，光散乱に関する基本的因子をつぎのように定義する．

$$\lambda = \frac{\lambda_0}{m_1} \tag{7.1}$$

$$m = \frac{m_2}{m_1} \tag{7.2}$$

$$\alpha = \frac{2\pi a}{\lambda} \quad (粒径パラメータ) \tag{7.3}$$

$$\beta = m\alpha \tag{7.4}$$

物質の屈折率は, μ_r を比透磁率 (μ/μ_0), ε_r を比誘電率 $(\varepsilon/\varepsilon_0)$, σ を導電率, $\omega(= 2\pi c/\lambda : c$ は光の速度) を角周波数, ただし, 添字 0 はそれぞれ真空中の値とすると,

$$m = n - ik \tag{7.5}$$

で表され, また,

$$n^2 - k^2 = \varepsilon_r \mu_r \tag{7.6a}$$

$$2nk = \frac{\sigma \mu_r \lambda}{2\pi \varepsilon_0 c} \tag{7.6b}$$

の関係がある. k は消衰係数とよばれ, 非吸収性物質では $k = 0$ である. 媒質が空気の場合の種々のエアロゾル粒子の屈折率の例を表 7.1 に示す[4~7].

表 **7.1** 物質の屈折率 $(20\,^\circ\mathrm{C})$

物　質	λ (nm)	n	k
水	395	1.3402	~ 0
水	589	1.3330	~ 0
Dioctyl phthalate (DOP)	589	1.49	~ 0
Dioctyl sebacate (DOS)	589	1.45	~ 0
Stearic acid (SA)	589	1.49	~ 0
Linoleic acid	589	1.47	~ 0
Polystylene latex (PSL)	589	1.60	~ 0
Polyvinyl toluen	589	1.59	~ 0
Polyalpha olefines (PAO)	589	1.46	~ 0
食塩	589	1.55	~ 0
アルミニウム	500	0.77	6.08
銀	560	0.12	3.45
鉄	590	2.80	3.34
大気エアロゾル			
非吸収性粒子	可視光	1.5	~ 0
弱吸収性粒子	可視光	1.5	0.01
ダスト	可視光	1.5	0.01
煙	可視光	1.55	0.1
炭素	可視光	2.0	1.0
炭素 (50 % 空隙)	可視光	1.5	0.5
炭素 (75 % 空隙)	可視光	1.25	0.25
すす	633	$1.7 \sim 1.9$	$0.4 \sim 0.8$
すす	515	$1.5 \sim 1.7$	$0.4 \sim 0.5$
すす	488	1.7	0.7

注) 金属については, Bass, M.(ed.), "Handbook of Optics", 2nd ed. Vol.2, McGraw-Hill (1995). など参照のこと.

また屈折率の波長依存性は[2]，

$$n = \left\{ \frac{\mu_r \varepsilon_r}{2} \left[\left(1 + \frac{\sigma^2}{\varepsilon^2 \omega^2} \right)^{1/2} + 1 \right] \right\}^{1/2} \tag{7.7a}$$

$$k = \left\{ \frac{\mu_r \varepsilon_r}{2} \left[\left(1 + \frac{\sigma^2}{\varepsilon^2 \omega^2} \right)^{1/2} - 1 \right] \right\}^{1/2} \tag{7.7b}$$

となる．この式からわかるように，吸収性物質の屈折率の波長依存性は非吸収性のものに比べて大きい．すすの屈折率は，その生成過程によって幅があるが，その波長依存性についてはつぎの実験式も提案されている[7]．ただし，$\lambda (\mu \mathrm{m})$ である．

$$n = 1.811 + 0.1263 \ln \lambda + 0.027 \ln^2 \lambda + 0.017 \ln^3 \lambda \tag{7.8a}$$

$$k = 0.5821 + 0.1213 \ln \lambda + 0.2309 \ln^2 \lambda - 0.01 \ln^3 \lambda \tag{7.8b}$$

なお，複数成分が内部混合した粒子の屈折率は，近似的にそれぞれの成分の体積平均値で表すことができる[6]．

7.2 光散乱の理論

7.2.1 散乱光の角度分布

光散乱に関する理論的アプローチには，よく知られているように Rayleigh-Gans-Debye の研究があるが，これは粒子の屈折率が小さく $m - 1 \ll 1$，$2 \alpha m - 1 \ll 1$ の条件が満足される場合についてのみ適用できる．一方，Mie の理論は，球形粒子の光散乱について完全解を求めたものであり一般に適用できる．

Mie[8] は Maxwell の電磁方程式を球形粒子に適用し，これを粒子表面における電場，磁場およびエネルギーに関する連続条件のもとに解いてつぎのような解を得た．すなわち，1個の粒子に，単位強度の偏光されていない自然光の入射があったとき，粒子から距離 R (ただし，$R \gg a$)，散乱角 θ における散乱光強度 I_θ は次式で表される．ただし，θ は図 7.1 に示すように，入射光の進行方向からはかった角度，i_1，i_2 はそれぞれの振動方向が観測面に垂直または平行な偏光成分を示す．

$$I_\theta = \frac{\lambda^2}{8 \pi^2 R^2} (i_1 + i_2) \tag{7.9}$$

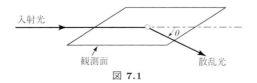

入射光

観測面　　　　散乱光

図 **7.1**

$$i_1 = \left| \sum_{n=1}^{\infty} \frac{2n+1}{n(n+1)} \{a_n \pi_n + b_n \tau_n\} \right|^2 \tag{7.10a}$$

$$i_2 = \left| \sum_{n=1}^{\infty} \frac{2n+1}{n(n+1)} \{b_n \pi_n + a_n \tau_n\} \right|^2 \tag{7.10b}$$

ただし,

$$a_n = \frac{S'_n(\beta)S_n(\alpha) - mS'_n(\alpha)S_n(\beta)}{S'_n(\beta)\Phi_n(\alpha) - m\Phi'_n(\alpha)S_n(\beta)} \tag{7.11a}$$

$$b_n = \frac{mS'_n(\beta)S_n(\alpha) - S'_n(\alpha)S_n(\beta)}{mS'_n(\beta)\Phi_n(\alpha) - \Phi'_n(\alpha)S_n(\beta)} \tag{7.11b}$$

$$S_n(\alpha) = \left(\frac{\pi\alpha}{2} \right)^{1/2} J_{n+1/2}(\alpha) \tag{7.12}$$

$$C_n(\alpha) = (-1)^n \left(\frac{\pi\alpha}{2} \right)^{1/2} J_{-(n+\frac{1}{2})}(\alpha) \tag{7.13}$$

$$\Phi_n(\alpha) = S_n(\alpha) + iC_n(\alpha) \tag{7.14}$$

$$\pi_n = \frac{1}{\sin\theta} P_n^{(1)}(\cos\theta) \tag{7.15}$$

$$\tau_n = \frac{d}{d\theta} P_n^{(1)}(\cos\theta) \tag{7.16}$$

で, J は Bessel 関数, $P_n^{(1)}$ は Legendre の陪関数, また $i = \sqrt{-1}$ である.

α が微小の (おおむね $\beta < 0.5$) ときは, 式 (7.9) は n に対して急速に収れんするので, たとえば, a_n については $n = 2$ まで, b_n については $n = 1$ をとると, つぎのような近似式が得られる.[1]

$$i_1 = \left| \frac{3}{2}a_1 + \frac{3b_1 + 5a_2}{2}\cos\theta \right|^2 \tag{7.17a}$$

$$i_2 = \left| \frac{3}{2}a_1\cos\theta + \frac{3}{2}b_1 + \frac{5}{2}a_2\cos2\theta \right|^2 \tag{7.17b}$$

ただし,

$$a_1 = \frac{2}{3}i\alpha^2 \frac{m^2-1}{m^2+2} \left(1 + \frac{3}{5}\alpha^2 \frac{m^2-2}{m^2+2} - \frac{2}{3}i\alpha^3 \frac{m^2-1}{m^2+2} \right) \tag{7.18a}$$

$$a_2 = \frac{1}{15}i\alpha^5 \frac{m^2-1}{2m^2+3} \tag{7.18b}$$

$$b_1 = -\frac{1}{45}i\alpha^5(m^2-1) \tag{7.18c}$$

さらに, α を微小として α^3 の項のみをとれば,

$$i_1 = \alpha^6 \left| \frac{m^2-1}{m^2+2} \right|^2 \tag{7.19a}$$

$$i_2 = \alpha^6 \left| \frac{m^2-1}{m^2+2} \right|^2 \cos^2\theta \tag{7.19b}$$

したがって,

$$I_\theta = \frac{8\pi^4 a^6}{R^2\lambda^4} \left| \frac{m^2-1}{m^2+2} \right|^2 (1+\cos^2\theta) \tag{7.20}$$

となり, これは Rayleigh の光散乱式と同じである.

a_n, b_n は α, m の関数, π_n, τ_n は θ の関数であるから, i_1, i_2 は全体としては α, m, θ の関数となる. この関数の数値計算は非常に複雑であるが, これまで多くの計算が行われている. これらの計算結果には, 古くは LaMer[9] によるものがあり, 成果の一覧はたとえば, Hodkinson[10], Kerker[2] によるまとめがあり, またその近似的取り扱いについては Kokhanovsky らの概説[11]があるが, i_1, i_2 のような基礎的数値はデータとして保存され, 必要に応じて利用に供されているものも少なくない. なお, 図 7.2 は i_1, i_2 についての計算例である. これら光散乱の計算コードについても種々の改良が

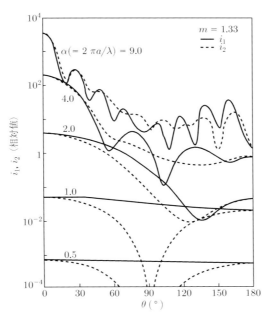

図 **7.2** 散乱光強度の角度分布

行われている[12〜14].

このような光散乱量の角度分布は，図 7.2 にもみられるように，粒径パラメータによって特徴的な性質をもっている．そして，これらの特徴は，もちろん粒子の屈折率にも関連するが，粒径パラメータについてはおおむねつぎのように区分できる．

① $\alpha < 0.3$ ：この領域は，いわゆる Rayleigh 散乱を含む領域であって，i_1，i_2 は式 (7.17) で表されるような単調な角度分布を有する．すなわち，i_1 は全散乱角でほとんど一定値，i_2 は $\theta = 90°$ でほとんど 0 となる．また i_1，i_2，I_θ はいずれも $\theta = 90°$ に対して対称に近い．

② $0.3 < \alpha < 2$ ：この領域では，i_2 成分の $\theta = 90°$ 付近における値が増大するとともに，全体として $\theta < 90°$ の前方散乱量が $\theta > 90°$ の後方散乱量以上の値を示すようになる．すなわち，$\theta = 90°$ に対する対称性が失われていくが，角度分布の単調性はまだそれほど失われていない．また，α の増大に対する全散乱量の増大も著しい．なお，この領域でも屈折率のなかの吸収項が大きい場合には，後方散乱が前方散乱より大きくなることがある[15].

③ $2 < \alpha < 5$ ：$\theta = 90°$ 付近における i_2 成分の増大と，$\theta = 90°$ 軸に対する非対称性が著しくなるとともに，角度分布の単調性が失われ，振動的変化をするようになる．

④ $\alpha > 5$ ：角度分布の不規則的振動性がますます著しくなるとともに，後方散乱が再び増大する．全散乱光量は粒径の 2 乗にほぼ比例するようになる．また，極大または極小の現れる数は α の値にほぼ等しい．

さらに粒子が大きく $\alpha > 300$ では回折と反射が支配的となる．回折光強度を Fraunhofer の回折式で表すと，

$$I(\theta) = \frac{\alpha^2}{4\pi} \left[\frac{2J_1(\alpha \sin\theta)}{\alpha \sin\theta} \right]^2 \tag{7.21}$$

ただし，J_1 は一次の Bessel 関数であって，$\alpha \sin\theta \cong \alpha\theta \cong 3.84$ (radian) のせまい前方散乱角内に約 84 % が含まれることになる．

以上の説明は，単一粒子についてのものであったが，多粒子の分散集合体であるコロイド系についても同様のことがいえる．すなわち，単位体積中の全粒子からの散乱量 $I(\theta)$ は，粒子数濃度を N とすれば，

$$I(\theta) = I_1(\theta) + I_2(\theta) \tag{7.22a}$$

$$I_1(\theta) = CN \int i_1(\alpha, m, \theta) f(\alpha)\, d\alpha \tag{7.22b}$$

$$I_2(\theta) = CN \int i_2(\alpha, m, \theta) f(\alpha)\, d\alpha \tag{7.22c}$$

となる．ここで，C は多重散乱効果，測定装置の条件などに関連する因子である．とくに α，N，R が大きいときには多重散乱効果は著しいが，低濃度の場合は $C = 1$ としてよい．

7.2.2 光の散乱と減衰

コロイド系を通過する平行光線の減衰は，よく知られているように，

$$I = I_0 C \exp\left(-\tau_T L\right) \tag{7.23}$$

で表される．ただし，I_0，I はそれぞれ入射光，透過光の強さ，L は光路長，C は前述のように多重散乱による再生因子で，$\tau_T L$ が小さいときは $C = 1$ としてよい．τ_T は濁度 (turbidity) であって，粒子 1 個当たりの光の減衰断面積 (extinction cross section) を Q_{ext} とすると，

$$\tau_T = Q_{ext} N \tag{7.24}$$

となる．さらに Q_{ext} は吸収性粒子では，散乱断面積 Q_{scat} と吸収断面積 Q_{abs} からなり，

$$Q_{ext} = Q_{scat} + Q_{abs} \tag{7.25}$$

となるが，非吸収性粒子では $Q_{ext} = Q_{scat}$ である．これらの断面積は，I_θ を全立体角について積分して求められる．すなわち，

$$Q_{scat} = \frac{\lambda^2}{2\pi} \sum_{n=1}^{\infty} (2n+1)\{|a_n|^2 + |b_n|^2\} \tag{7.26}$$

$$Q_{ext} = \frac{\lambda^2}{2\pi} \sum_{n=1}^{\infty} (2n+1)\{\mathrm{Re}\,(a_n + b_n)\} \tag{7.27}$$

ここで，Re は実数部分を表す．また Reyleigh 散乱では式 (7.20) を θ について積分して次式を得る．

$$Q_{scat} = 2 \int_0^{\pi/2} I_\theta 2\pi R^2 \sin\theta d\theta$$

$$= \frac{128\pi^5}{3} \cdot \frac{a^6}{\lambda^4} \left| \frac{m^2 - 1}{m^2 + 2} \right|^2 \tag{7.28}$$

これらの断面積を粒子の投影面積 πa^2 で割ったものは，

$$K_{scat} = \frac{Q_{scat}}{\pi a^2} = \frac{2}{\alpha^2} \sum_{n=1}^{\infty} (2n+1)\{|a_n|^2 + |b_n|^2\} \tag{7.29}$$

のように無次元量であって,散乱効率 (scattering efficiency) とよばれる.同様に減衰効率 (attenuation efficiency) K_{ext},吸収効率 (absorption efficiency) K_{abs} を定義することができる.すなわち,Rayleigh 散乱領域での K_{ext} は[1],

$$K_{ext} = \frac{8}{3}\alpha^4 \,\mathrm{Re}\left\{\left(\frac{m^2-1}{m^2+2}\right)^2\right\}$$

$$- \mathrm{Im}\left\{4\alpha\frac{m^2-1}{m^2+2} + \frac{4}{15}\alpha^3\left(\frac{m^2-1}{m^2+2}\right)^2 \cdot \frac{m^4+27m^2+28}{2m^2+3}\right\} + \cdots \tag{7.30}$$

ただし,Im は虚数部で吸収項を表す.

K_{ext} の値は図 7.3 に示すように,α が小さいときは α の増大とともに急激に増大するが,その後,振動しながら一定値 2.0 に収れんしていく.また,α のかわりに $2\alpha(m-1)$ を用いて整理すると,K_{ext} の値は屈折率によらずある幅の値におちつく.

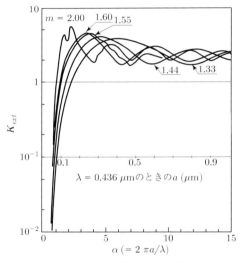

図 7.3 非吸収性粒子の散乱効率

7.2.3 吸収性・不整形粒子の光散乱

(1) 吸収性粒子

球形吸収性粒子の場合の K の値の例を図 7.4 に示す[15].式 (7.30) からもわかるように,一般に微小粒子では K_{abs} の寄与が大きいが,粒径の増大とともに K_{scat} の値が大きくなっていく.Rayleigh 散乱領域の場合,散乱,吸収効率は式 (7.28) あるいは

$$Q_{a,agg} = N_p Q_{abs} \tag{7.34b}$$

ただし，Q_{scat}，Q_{abs} は半径 a_p の球形粒子の値，D_f は凝集粒子のフラクタル次元 (6.1.1 項 (4) 参照) で，多くの場合 1.7 ~ 1.8 程度である[4]．このほか，すすの場合の D_f，R_q と光散乱特性との関係などについては多くの研究がある[19~22]．

7.2.4　動いている粒子の光散乱

動いている粒子による散乱光はドップラー効果により入射光に対して f_D だけの周波数変位をもつ．f_D は粒子の速度 v に比例し，粒子の屈折率や大きさには関係しない．この原理により，f_D の測定から粒子の速度を求めるのがレーザードップラー流速計[23, 24] (LDV : laser Doppler velocimeter または LDA : laser Doppler anemometer) である．

入射光の周波数を f (波長 λ) とすると，散乱光の周波数は $f \pm f_D$ となるが，これを直接測定することは容易でないので，通常は光学的な方法によって f_D だけを取り出して測定する．図 7.6 は差動型とよばれる方法であって，レーザービームを等強度の二つのビームに分割し角度 2θ で交差させる．このとき，レーザー光の可干渉性により交差部分に干渉じま (フリンジ) を生じ，フリンジ幅は，

$$D_{fr} = \frac{\lambda}{2\sin\theta} \tag{7.35}$$

となる．したがって，粒子が入射光中心線の直角方向に対して角度 ϕ，速度 v で通過すると，散乱光から，

$$f_D = \frac{v \cdot \cos\phi}{D_{fr}} = \frac{v}{\lambda} 2\sin\theta \cdot \cos\phi \tag{7.36}$$

のビート信号が得られ，これはドップラー周波数変位にほかならない．通常は $\phi = 0$ とする．f_D を測定するための光学系あるいはデータ処理法については，このほかにもさまざまな方法があり[21]，粒子と媒質との相対速度の測定から粒子の動力学的径を求

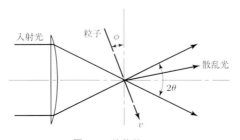

図 **7.6**　差動型 LDV

めることもできる[25]. レーザー光源には, He–Ne ($\lambda = 632.8$ nm), Ar–Ion ($\lambda = 488$ nm, 514.5 nm) がよく用いられる.

また, 光散乱体である粒子のブラウン運動が著しい場合には, 散乱光のゆらぎも著しいので, たとえば, その時間的ゆらぎを散乱光強度 (実際には光子数) の自己相関関数として測定し, ブラウン拡散係数, すなわち粒子の大きさを求めることができる. このように, 周波数変位やゆらぎをともなう光散乱現象を準弾性光散乱 (quasi-elastic light scattering) または動的光散乱 (dynamic light scattering) といい, その測定から分子や粒子の挙動や性質などを求める手法を光散乱スペクトロスコピーという[26, 27].

7.3　光散乱の粒子測定への応用

7.3.1　単分散粒子の粒径測定

ここでは, 粒子群の測定について述べるが, 光散乱現象のうち, 粒径によって変化するような一つまたはいくつかの量を測定することによって, これまで述べた理論式にもとづき, その粒径を求めることができる. この場合に必要な条件は, 測定量に対応する粒径値の一価性と, 粒径の差に対する測定値変化の敏感さ, すなわち粒径分解能である.

一般に, 単分散粒子の粒径測定に用いられる方法を分類するとつぎのようである.

（1）　単色波長光を用いるもの

① 偏光比 (または散乱光比) の測定による方法 (偏光比法)：散乱光の偏光の度合いを表すにはいろいろの方法があるが, ここでは偏光比 (polarization ratio) をつぎのように定義する.

$$\rho(\theta) = \frac{i_2(\theta)}{i_1(\theta)} \tag{7.37}$$

一方, 入射光側に偏光板を用いて二つの直線偏光を入射させたときの, 散乱光の比を散乱光比 (scattering ratio) というが, 等方性の球形粒子か, または非等方性であっても, これらがまったく方向性をもたないように混合されているときは, 偏光比と散乱光比は同じ値となる. また,

$$P(\theta) = \frac{i_2(\theta) - i_1(\theta)}{i_2(\theta) + i_1(\theta)} = \frac{\rho(\theta) - 1}{\rho(\theta) + 1} \tag{7.38}$$

は偏光度 (degree of polarization) とよばれる.

いま, $\theta = 90°$ の場合の偏光比 $\rho(90)$ についてみると, その値は一般に α の変化によって振動的に変化するが, 図 7.7 にみられるように α の小さい領域では,

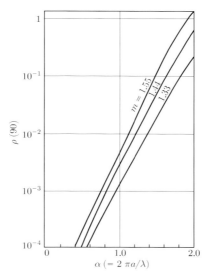

図 7.7 $\theta = 90°$ における偏光比と粒径パラメータとの関係

その変化は単調，かつ，α の変化に対して敏感なので，$\rho(90)$ を測定することによって α を，さらに粒径 a を求めることができる．$\theta = 90°$ 以外でも原理的には粒径測定が可能であるが，粒径分解能からみて，$\theta = 90°$ 付近が最も適当である．Heller ら[28]のハイドロゾルについての適用例がある．

② 散乱光の角度分布測定による方法 (極大極小法)：α が大きくなると I_θ(または $i_1(\theta)$, $i_2(\theta)$) は θ に関して振動するようになるが，この特性を利用して粒径を求めることができる．とくに，極大値，極小値の現れる角度とその数を知れば，粒径測定を効果的に行うことができ，この方法を極大極小法という．この方法は Gucker ら[29]，Maron ら[30]によって DOP エアロゾル，PSL ハイドロゾルに適用されている．

③ 散乱光の非対称度から求める方法 (非対称度法)：$\theta = 90°$ 軸に対する，前方，後方散乱の非対称性の度合いを非対称度 (dissymetry) といい，非対称因子 (dissymetry factor) はつぎのように定義される．

$$Z = \frac{I(\theta)}{I(180 - \theta)} \tag{7.39}$$

θ としては一般に $45°$ が用いられ，Heller ら[31]は，I のかわりに i_1, i_2 の非対称因子を計算している．Z の値は α の増大とともにその変化は小さくなり，最終的には $Z = 1$ に近づく．しかし，図 7.8 に示すように $\alpha < 2$ の領域では，Z の値は

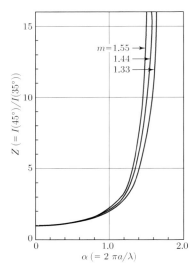

図 **7.8** 非対称度 $[Z = I(45°)/I(135°)]$ と粒径パラメータとの関係

粒径の変化にきわめて敏感で，しかも単調に変化するので，この特性を粒径測定に利用できる．この方法は Doty ら[32]によって提案され，その後いくつかの応用例がある．

（2） 多種の単色波長光を用いるもの

④ 濁度の波長依存性を用いる方法 (極大濁度法)：この方法は，古くから用いられてきた DQ 法[33]を拡張したものと考えられる．すなわち，λ を変えて濁度を測定し K_{ext} を求めると，λ の変化に応じて α が変わるので，図 7.3 に示すように，K_{ext} の極大値，極小値が現れる．Inn ら[34]はこの特性を利用して粒径を求めた．

（3） 多色波長光を用いるもの

⑤ 色帯の角度分布測定による方法 (HOTS 法)：空中の虹に見られるように，入射光として白色光を用いると，波長によって α, β が異なるので，散乱角の変化によって散乱光中に色帯が現れる．これを HOTS (higher order tyndall spectra) 現象という．いま，I のうち赤色成分を $I_{\theta, R}$，反対色の緑色成分を $I_{\theta, G}$ とすれば，$I_{\theta, R}/I_{\theta, G}$ が大きいほど赤色帯として観察されやすい．こうして，赤色帯の現れる角度，数を測定して粒径を求めることができる[35, 36]．この方法は，OWL という簡単な装置で測定することができるので広く利用されている．

以上の各種の方法の適用範囲は，おおむねつぎのとおりである．ただし，$\alpha > 50$ となるとその光散乱現象はきわめて複雑になるので，その測定は別の方法によらねばな

らない.

$$\alpha < 0.3 \quad : ③$$
$$0.3 < \alpha < 2 : ①, \ ②, \ ③$$
$$2 < \alpha < 5 \quad : ①, \ ②, \ ④, \ ⑤$$
$$\alpha > 5 \quad : ②, \ ④$$

多分散粒子であっても，粒径の不均一度が小さければ上述の方法を用いてその平均的な大きさを求めることができる．しかし，それぞれの方法で求めた平均径は必ずしも同一ではない．また，これらの方法のなかでも，HOTS 法は粒径の不均一性に敏感であり，かなり均一な粒径でないと HOTS 現象は観測できない．したがって，これを逆用して粒度分布の均一性を検討できる．たとえば，Kerker[2)]は，粒度分布関数として式 (6.26) を用い，$m = 1.40$, $a_0 = 0.4 \ \mu\mathrm{m}$ のとき，HOTS 現象の観測される限界を $\log \sigma_0 = 0.07$, すなわち $a_0 \log \sigma_0 = 0.028 \ \mu\mathrm{m}$ としており，これは式 (6.29) の関係からみて，ほかの平均径を用いたときもほぼ同様であるとみられる．

7.3.2 多分散粒子の粒度分布測定

コロイド系の光散乱に関する諸測定量は，一般には粒径と粒子数濃度の二つの因子に関連するから，ある一つの測定値から粒径を求めようとする場合には，原理的には，濃度があらかじめ知られているか，あるいは，④の方法のように濃度に関する因子を消去できるものでなければならない．さもなければ，①，②，③の方法のように，濃度に直接関係しない二次的な測定量に着目する必要がある．

多分散粒子の場合には，粒径は粒度分布に置き換えられるので，求めるべき値は，かりに粒度分布関数の形が知られたとしても，なお平均値と粒径のばらつきに関する二つの未知数が残り，単分散の場合よりも未知量が一つ多い．したがって，前述の単分散粒子測定法のうち，測定量をさらに一つ以上つけ加えられるものが，一応，原理的には多分散粒子の粒度分布測定にも適用しうる可能性をもつといえる．たとえば，①，②，③，④の方法については，その波長に関するスペクトルが，あるいは①については，その角度分布が知られればよいことになる．しかし，エアロゾルの場合には，粒子濃度測定を単独に，しかも精度よく行うことは必ずしも容易でなく，むしろ，濃度は粒度分布と同程度に測定困難な因子と考え，粒度分布測定の段階では，これもまた未知量として取り扱うのが一般的であるから，結局，多分散粒子の粒度分布測定法として，一般的に実用の可能性のあるのは，①，②の方法を拡張して，その波長への依存量を測定する方法と，①の方法で，さらにその角度分布を測定するものにしぼられてくる．すなわち，

⑥ 偏光比 (または散乱光比) の波長に関するスペクトルから求める方法：多分散粒子の偏光比は式 (7.22), (7.37) と 6 章で述べたような粒度分布関数から求められる．ただし，粒径は粒径パラメータ α で表す．

　光散乱現象は α の値に依存するので，同一母集団の粒子であっても，波長を変えると異なった光散乱量となり，波長に関する光散乱スペクトルが得られる．Heller ら[37]は，$\theta = 90°$ における散乱光比の波長依存値を測定し，あらかじめ粒度分布を仮定して求めておいた計算値との対比から，最も適合度のよい粒度分布を求めている．

⑦ 偏光比の角度分布から求める方法：Kerker ら[38]は，粒度分布関数として式 (6.26) で示したような 0 次の対数正規分布を用いて偏光比の角度分布を計算し，多くの異なったエアロゾル粒子を用いて，この方法の有用性を詳細に検討している．粒度分布関数を対数正規分布として偏光比を計算したものが与えられている．図 7.9 はその一例[39]である．

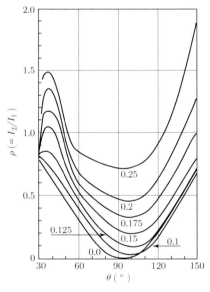

図 7.9 偏光比の角度分布 $m = 1.49,\ \alpha_g = 1.0$ (パラメータは $\log \sigma_g$)

⑧ 偏光比および非対称度の波長依存性を利用する方法：ある粒度分布をもった多分散粒子があるとき，これを 2 種以上 n 種の単色波長 $(\lambda_1, \cdots, \lambda_n)$ の光で測定し，$\rho(\theta)$, Z について n 個の (ρ_n, Z_n) の測定値を得たとする．いま，粒度分布は通常の対数正規分布で表されるものとすると，λ_n に対応する粒度分布は n 個の

$(\alpha_{g_n}, \sigma_{gn})$ で表すことができる．そして，もともと同一の母集団から得られた粒度分布は同一のものであるから，これらの間にはつぎの関係が成立しなければならない．

$$\alpha_{gn}\lambda_n = 一定, \qquad \sigma_{gn} = 一定 \tag{7.40}$$

すなわち，2種以上の単色入射光を用い，$\rho(\theta)$ または Z のいずれか一方を測定するか，または1種以上の単色入射光を用いて $\rho(\theta)$，Z の両方を測定して，上式を最もよく満足するような (α_g, σ_g) の組み合わせを求めればよい．$\rho(\theta)$ としては通常 $\rho(90)$ が用いられるが，$\rho(90)$，Z については⑦の場合と同じ範囲についての計算がある[40]．この方法の適用範囲は，$\rho(90)$，Z の値が α に関して単調な変化をするような領域に限られ，おおむね $\alpha < 2$ の範囲である．

なお，光散乱のエアロゾル粒子計測への応用に関する歴史[41]，凝集性，吸収性粒子の計測[4]についてはさらにほかの文献を参照されたい．

参 考 文 献

1) Van de Hulst, H. C., "Light Scattering by Small Particles", John Wiley(1957).
2) Kerker, M., "The Scattering of Light and Other Electromagnetic Radiation", Academic Pr.(1969).
3) Bohren, C. F. and Huffman, D. R., "Absorption and Scattering of Light by Small Particles", Wiley Intersci. (1983).
4) Sorensen, C. M., Aerosol Sci. Techn. **35**, 648(2001).
5) Colbeck, I. and Harrison, R. M., Atmos. Environ. **20**, 1681(1986).
6) Horvath, H., Atmos. Environ. **27A**. 293(1993).
7) Chang, H. and Charalampopoulos, T. T., Proc. Mat. Phys. Sci. Vol.430, 577(1990).
8) Mie, G., Ann. der Phys. **25**, 377(1908).
9) LaMer, V. K., PB-944(1943).
10) Hodkinson, J. R., in "Aerosol Science(ed. C. N. Davies)", Academic Pr.(1966).
11) Kokhanovsky, A. A. and Zege, W. P., J. Aerosol Sci. **28**, 1(1997).
12) Bradshaw, P., J. Aerosol Sci. **6**, 147(1975).
13) Lentz, W., J. Appl. Opt. **15**, 668(1976).
14) Wiscombe, W. J., J. Appl. Opt. **19**, 1505(1980).
15) Deirmendijan, D., "Electromagnetic Scattering on Spherical Polydispersions", p.47, Elsevier(1969).
16) Proctor, T. D. and Harris, G. W., J. Aerosol Sci. **5**, 81(1974).
17) Proctor, T. D. and Barker, O., J. Aerosol Sci. **5**, 91(1974).
18) Zerull, R. H. Giese, R. H. Schwill, S. and Weiss, K., in "Light Scattering by Irregular Shaped Particles(ed. D. W. Schuerman)", p.273, Plenum(1979).
19) Bonczyk, P. A. and Hall, R. J., Langmuir, **7**, 1274(1991).

20) Sorensen, C. M. Cai, J. and Lu, N., Lngmuir, **8**, 2064(1992).

21) Cai,J. Lu, N. and Sorensen, C. M., Langmuir, **9**, 2861(1993).

22) Koylu, U. O. Xing, Y. and Rosner, D. E., Langmuir, **11**, 4848(1995).

23) Yeh, Y. and Cummings, H. Z., Appl. Phys. Lett. **4**, 176(1964).

24) Durst, F. Melling, A. and Whitelaw, J. H., "Principles and Practice of Laser Doppler Anemometry", Academic Pr.(1976).

25) Mazumder, M. K. and Kirsch, K. J., Rev Sci. Instr. **48**, 622(1977).

26) 伊藤正行，"応用エアロゾル学 (高橋幹二編著)"，5 章, 養賢堂 (1984).

27) Itoh, M. and Takahashi, K., J. Aerosol Sci. **7**, 815(1991).

28) Heller, W. and Tabibian, R., J. Phys. Chem. **66**, 2059(1962).

29) Gucker, F. T. Rowell, R. L. and Chiu, G., in "Aerosols-Physical Chemistry and Applications(ed. K. Spurny)", p.59, Gordon & Breach(1965).

30) Maron, S. H. and Elder, M. E., J. Colloid Sci. **18**, 107(1963).

31) Heller, W. and Nakagaki, M., J. Chem. Phys. **31**, 1188(1959).

32) Doty, P. and Steiner, R. F., J. Chem. Phys. **18**, 1211(1950).

33) Dezelic, G. Dezelic, N. and Tezak, B., J. Colloid Sci. **18**, 888(1963).

34) Inn, E. C. Y., J. Colloid Sci. **6**, 368(1951).

35) Johnson, J. S. and LaMer, V. K., J. Amer. Chem. Soc. **69**, 1184(1947).

36) Kitani, S., J. Colloid Sci. **15**, 287(1960).

37) Heller, W. and Wallach, M. L., J. Phys. Chem. **67**, 2577(1963).

38) Kerker, M. Matijevic, E. Espenscheid, W. F. Farone, W. A. and Kitani, S., J. Colloid Sci. **19**, 213(1964).

39) Takahashi, K. and Kasahara, M., Techn. Rep. Eng. Res. Inst. Kyoto Univ. No.143(1968).

40) Takahashi, K., J. Colloid Interf. Sci. **24**, 159(1967).

41) Kerker, M., Aerosol Sci. and Techn. **27**,522(1997).

8章
エアロゾルの生成

エアロゾル粒子は，

① 冷却，膨張などによる蒸気の凝縮，

② 化学反応による蒸気圧の低い物質への変化，

③ 噴霧，破砕，研磨などによる物質の微細化，

などによって生成される．燃焼や爆発などにはこれらのいくつかの機構が含まれる．

8.1 液滴の蒸気圧

8.1.1 単成分液滴

半径 a の単成分液滴表面の蒸気圧 p_d は，Thomson-Gibbs の式で与えられる．すなわち，

$$\ln\left(\frac{p_d}{p_s}\right) = \frac{2\gamma M}{a\rho \boldsymbol{R}T} = \frac{2\gamma v_m}{akT} \tag{8.1}$$

ただし，p_s は平面上の飽和蒸気圧，γ は表面張力，M は分子量，v_m は分子容であって表 8.1 にいくつかの物質の物性値を示す．

表 8.1

物 質 名	T(K)	M	ρ (g/cm^3)	γ (N/m)
水	277	18	1.00	0.075
Methylalcohl	273	32	0.81	0.0235
Ethylalcohl	273	46	0.80	0.0240
n-butylalcohl	270	74	0.83	0.0261
Ethylacetate	240	88	0.94	0.038
Benzene	293	78	0.88	0.0289
CCl$_4$	293	154	1.59	0.0257

また，水 (4 °C) とステアリン酸 (70 °C) について，式 (8.1) の値を示すと図 8.1 のとおりで，ステアリン酸では，A 点のように式 (8.1) で表される臨界蒸気圧よりも高い蒸気圧のもとでは (あるいは，液滴径がその蒸気圧に対する臨界径よりも大きければ) 液滴は成長し，B 点のように逆の場合には蒸発消滅していく．

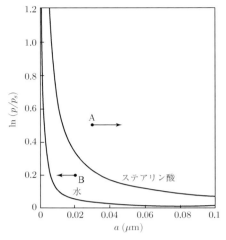

図 **8.1** 液滴の大きさと臨界蒸気圧

8.1.2　溶液滴の蒸気圧

溶解性物質 (添字 s) を含む液滴表面の溶媒成分 (添字 w) の蒸気圧 p'_d は,

$$\frac{p'_d}{p_s} = \frac{n_w}{n_w + ixn_s} \exp\left(\frac{2\gamma'M}{a'\rho'\boldsymbol{R}T}\right) \tag{8.2}$$

ただし, n はモル数, x は溶解成分のうち溶解しているものの割合, $(')$ は溶液についての値を示す. i は非理想溶液に対する van't Hoff 因子で溶液の種類や濃度によって異なるが, NaCl, H_2SO_4 では $i = 2$ である.

希薄溶液 $(n_w \gg n_s)$ では, 近似的に Raoult の法則が成り立つ. すなわち,

$$\ln\left(\frac{n_w}{n_w + ixn_s}\right) = -\frac{ixn_s}{n_w}$$

であり, 式 (8.2) は近似的に,

$$\ln\left(\frac{p'_d}{p_s}\right) = \frac{2\gamma'M_w}{a'\rho'\boldsymbol{R}T} - \frac{ixn_s}{\dfrac{1}{M_w}\left(\dfrac{4}{3}\pi(a')^3\rho' - n_sM_s\right)} \tag{8.3}$$

となる. 溶解性物質量 m_s に対しては, 上式右辺第 1 項が微小で $x = 1$ のときは,

$$\frac{p'_d}{p_s} = 1 + \frac{B}{a'} - \frac{C}{(a')^3} \tag{8.4}$$

となる. ただし, $B = 2\gamma'M_w/\rho'\boldsymbol{R}T$, $C = 3iM_wm_s/4\pi\rho'M_s$ であって, $m_s = $ 一定のとき, 蒸気圧が最大となるような臨界核が存在し,

$$a'_{cr} = \left(\frac{9im_s\boldsymbol{R}T}{8\pi\gamma'M_s}\right)^{1/2} \tag{8.5}$$

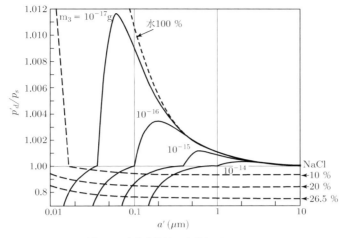

図 **8.2** 食塩溶液滴の水蒸気圧 (20°C)

となる．図 8.2 は NaCl 水溶液の水蒸気圧の計算値である．

8.2 蒸気の凝縮と粒子の生成

8.2.1 均質相核形成

（1） 単一成分蒸気からの核形成[1, 2]

凝縮核がなく単に蒸気のみが存在するときの水分子の凝縮を考える．水分子の大きさは $a = 2 \times 10^{-8}$ cm 程度であるから，式 (8.1) からすると，これに対する臨界蒸気圧は $p/p_s = 10^4$ 程度となり，このように高い蒸気圧は現実にはありえない．しかし，凝縮核のない場合でも，水蒸気がかなりの過飽和度になれば，水滴が発生しうる．これは，蒸気相内における蒸気分子の空間的，時間的な濃度の「ゆらぎ」により，局部的，瞬間的に分子の「クラスター」または「芽」とよばれる分子集団が存在するためと考えられている．すなわち，このような分子集団の生成，消滅は可逆的に行われているが，このうちのいくつかのものは，安定な粒子に成長する臨界の大きさ以上となっており，これを核として凝縮粒子が発生するものと考えられる．そして，このような蒸気分子相互の結合により核が生成することを均質相核形成 (homogeneous homomolecular nucleation，または単に homogeneous nucleation) といい，これらの凝縮過程を総称して無核自己凝縮という．

さて，g 個の分子からなるクラスターを A とし，これを液滴と考えたときの半径を a_g とする．いま，A_g の生成は A_1 と A_{g-1} の合体によるものが支配的で，蒸発消滅と

の間に平衡が成り立っているものとすると,

$$A_{g-1} + A_1 \rightleftarrows A_g \tag{8.6}$$

そして,全分子数濃度を N, A_g の濃度を n_g とすると,一般に,

$$n_g = N \exp\left(-\frac{\Delta G}{kT}\right) \tag{8.7}$$

ここに,S を分子蒸気圧の (過) 飽和度とすると,

$$\Delta G = 3\gamma \left(\frac{4}{3}\pi v_m^2\right)^{1/3} g^{2/3} - gkT \ln S$$

$$= 4\pi a_g^2 \gamma - \frac{4\pi a_g^3}{3v_m} kT \ln S \tag{8.8}$$

であって,ガス相から A_g の液滴状クラスターを形成するのに要する自由エネルギーである.式 (8.8) の一般的傾向を図 8.3 に示す.$S = 1$ では,n_g, ΔG は g の増加に対して単に減少または増加の単調な傾向を示すが,$S > 1$ では,ある g の値,すなわち g^* において,n_g は極小値を,ΔG は極大値をもつ.このときのクラスターを臨界核といい,g^* は $\partial \Delta G / \partial g = 0$ とおいて求められる.すなわち,

$$g^* = \frac{32\pi v_m^2}{3}\left(\frac{\gamma}{kT \ln S}\right)^3 \tag{8.9}$$

$$a_g^* = \frac{2\gamma v_m}{kT \ln S} \tag{8.10}$$

$$\Delta G^* = \frac{4}{3}\pi (a_g^*)^2 \gamma = \frac{16\pi \gamma^3 v_m^2}{3(kT \ln S)^2} \tag{8.11}$$

$$n_g^* = N \exp\left(-\frac{\Delta G^*}{kT}\right) \tag{8.12}$$

であって,式 (8.10) は式 (8.1) にほかならない.

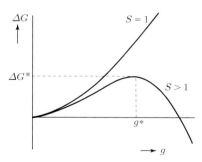

図 **8.3** 液滴の自由エネルギーと臨界状態

しかし，核形成が進行しているときは式 (8.6) のような平衡関係は成立せず，核形成速度 I_g（個/$(\mathrm{m}^3 \cdot \mathrm{s})$ の単位をもつ）は次式で与えられる.

$$I_g = (A_{g-1} + A_1) - (A_g - A_1)$$

$$= f_{g-1} s_{g-1} \beta - f_g s_g \alpha_g \tag{8.13}$$

ただし，f_g は非平衡時のクラスター濃度，s は分子との有効衝突表面積，β, α は分子の衝突頻度，蒸発頻度であって，分子の凝縮確率を 1 とすると，

$$\beta = n_1 \frac{\overline{G}}{4} = \frac{p_1}{(2\pi mkT)^{1/2}} \tag{8.14}$$

$$\alpha_G = \frac{p_s}{(2\pi mkT)^{1/2}} \exp\left(\frac{2\gamma v_m}{a_g kT}\right) \tag{8.15}$$

ただし，ガス分子の全蒸気圧は $P = S p_s$ であるが，一般には $p_1 \approx P$，また $n_1 \approx N$ としてよい．ここで，$s_{g-1} \approx s_g$ とし，また，平衡場では式 (8.13) で $I_g = 0$ であるから，$n_{g-1}/n_g \approx a_{g_1}/\beta$ であることを考慮すると，

$$I_g = n_{g-1} s_{g-1} \beta \left(\frac{f_{g-1}}{n_{g-1}} - \frac{f_g}{n_g}\right) \tag{8.16}$$

となり，さらに，分子の供給が十分であって $I_1 = I_2 = \cdots = I_g = I$ の疑似平衡が成り立っているものとすると，上式を $g = 1 \sim g$ の範囲で加え合わせて，

$$\sum_{g=1}^{g} \frac{I}{n_{g-1} s_{g-1} \beta} = \frac{f_1}{n_1} - \frac{f_g}{n_g}$$

一般に，$f_1/n_1 = 1$ であり，また $g \to$ 大では $f_g/n_g \to 0$ とみなすことができるので，上式を積分形で表すと，

$$\frac{I}{\beta} \int_0^\infty \frac{dg}{n_g s_g} = -\int_1^0 d\left(\frac{f_g}{n_g}\right) = 1 \tag{8.17}$$

ここで，n_g には式 (8.7) を用い，また，いまは $g = g^*$ 近傍を問題にしているので，ΔG を $x = g - g^*$ について展開し，さらに $(\partial \Delta G/\partial g)g^* = 0$ であることを考慮すると，

$$\Delta G = \Delta G^* + \frac{1}{2}\left(\frac{\partial^2 \Delta G}{\partial g^2}\right)_{g^*} x^2 + \cdots$$

いま，

$$Q = -\left(\frac{\partial^2 \Delta G}{\partial g^2}\right)_{g^*} = \frac{2}{3}\gamma \left(\frac{4\pi v_m^2}{3}\right)^{1/3} (g^*)^{-4/3}$$

とおくと，式 (8.7) から，

$$\frac{1}{n_g} = \frac{1}{N} \exp\left(\frac{\Delta G^*}{kT}\right) \exp\left(-\frac{Q}{kT}x^2\right)$$

すなわち，式 (8.17) の積分は，g^* が十分大きければ $g \to 0$ で $x \to g^* \to \infty$ とすることができるので，結局，

$$\int_0^\infty \frac{dg}{n_g s_g} = \frac{1}{n_g^* s^*} \int_{-\infty}^\infty \exp\left(-\frac{Q}{kT}x^2\right) dx$$

$$= \frac{1}{n_g^* s^*} \left(\frac{2\pi kT}{Q}\right)^{1/2} \tag{8.18}$$

ただし，n_g^* は式 (8.12)，$s^* = 4\pi(a_g^*)^2$ である．したがって，核形成速度は，

$$I = \beta s^* n_g^* \left(\frac{Q}{2\pi kT}\right)^{1/2}$$

$$= \frac{p_1^2}{(2\pi m)^{1/2}(kT)^{3/2}} 4\pi(a_g^*)^2 \exp\left(-\frac{\Delta G^*}{kT}\right) \left(\frac{Q}{2\pi kT}\right)^{1/2} \tag{8.19}$$

すなわち，

$$\left(\frac{Q}{2\pi kT}\right)^{1/2} = \left[\frac{\Delta G^*}{3\pi kT(g^*)^2}\right]^{1/2} = \frac{(kT \ln S)^2}{8\pi v_m(\gamma^3 kT)^{1/2}} \tag{8.20}$$

は非平衡に対する補正項である．

　Dufour ら[3])が，$T = 275.2$ K の水について式 (8.19) を計算した結果をつぎに示す．

$(p/p)_{crit}$	2	3	4	5
a(cm)	1.71×10^{-7}	1.08×10^{-7}	8.53×10^{-8}	7.35×10^{-8}
I(cm^{-3}s^{-1})	3.8×10^{-18}	6.8×10^{-18}	3.3×10^{-2}	2.4×10^5

　いま，かりに凝縮粒子の存在が確認される限界を $I = 1$ 個/(cm^3·s) とすれば，各物質についての臨界飽和度 (S_{cr}) などは表 8.2 のとおりである[2])．

　以上のように理論値と実験値とはかなりよく一致しているが，アンモニア，ベンゼンなどでは十分な一致をみず，これに対しては Lothe ら[4])によるもののほか，これを

表 8.2

物　質　名 (K)	g^*	a_g^* (nm)	S_{cr}	
			計算	実験
水 (275.2)	80	0.89	4.2	4.2
メタノール (270.0)	32	0.79	1.8	3.0
エタノール (273.0)	128	1.42	2.3	2.3
イソプロピルアルコール (265)	119	1.52	2.9	2.8

さらに修正するいくつかの理論が提唱されている[5, 6)]. また最近では，核形成過程の分子動力学的計算[7)]やその凝縮・凝集による成長過程 (4, 6 章参照) についても数値計算によって，より詳細な様相が明らかにされつつある[8)].

（2） 多成分ガスからの核形成

多成分ガスからの粒子生成には，気相での化学反応の後の均質相核形成や重合反応によるもののほかに，いわゆる多成分均質相核形成 (homogeneous heteromolecular nucleation) によるものがある．すなわち，単一成分としては核を形成しえないが，これが合体することによって安定な核となりうることがある．このとき，水和反応のようななんらかの反応をともなうこともあるが，このような場合にも，多成分混合系を一つの均質系とみなして，均質核形成のときと同様な考え方により核形成速度を求めることができる．

成分 1, 2 の 2 成分系では[9)]，式 (8.8) のかわりに，

$$\Delta G = 4\pi(a_{1,2})^2 \gamma_{1,2} + \sum_{j=1}^{2} g_j kT \ln(S_j) \tag{8.21}$$

を用いる．$a_{1,2}$, $\gamma_{1,2}$ は，それぞれ g_1, g_2 を含む核の半径，表面張力である．ΔG は g_1, g_2 の関数であるから，臨界核は，

$$\left(\frac{\partial \Delta G}{\partial g_1}\right)_{g_2^*} = \left(\frac{\partial \Delta G}{\partial g_2}\right)_{g_1^*} = 0$$

の条件から求まり，結局，核形成速度は，

$$I = \frac{\beta_1 \beta_2 (1 + \tan^2 \phi)(N_1 + N_2) 4\pi(a_{1,2}^*)^2}{\beta_1 + \beta_2 \tan^2 \phi} \left(-\frac{P}{Q}\right)^{1/2} \exp\left(-\frac{\Delta G^*}{kT}\right) \tag{8.22}$$

となる．ただし，β は式 (8.14) で与えられ，N は各成分の分子数濃度，ϕ は臨界点を通る座標の回転角，P, Q はそれぞれ ΔG の臨界点における二次微分値に関連する値である．硫酸と水の 2 成分系については種々の計算例がある[10〜12)].

8.2.2 不均質相核形成
（1） 微小粒子上の凝縮成長

蒸気中にほかの物質からなる微小核が存在すれば，これを凝縮核として蒸気は凝縮し粒子として成長していく．このような粒子の生成過程を不均質相核形成 (heteromolecular nucleation) という．蒸気の凝縮速度は 4.2 節で述べたとおりであって，核が凝縮成分に対して溶解性の場合には式 (4.58) の平衡径まで成長していく．

（2） イオンの粒子生成に及ぼす影響

空気中のイオンは 5.1.1 項で述べたような荷電分子クラスターであり，その大きさ (a_i) は nm 程度とみられる．イオンはその大きさの効果，またその電気力効果によって表面の蒸気圧を低下させ，不均質相核形成を増大させる．このように，イオンは核形成とくに超微小粒子生成のための核として利用することができるが，逆に不必要な粒子生成の原因になることもある．

いま，イオンを中心とする半径 a の液滴の自由エネルギーは，式 (8.8) の値を ΔG_0 とすれば[13]，

$$\Delta G = \Delta G_0 - \frac{q^2}{8\pi\varepsilon_0}\left(1 - \frac{\varepsilon_0}{\varepsilon}\right)\left(\frac{1}{a_i} - \frac{1}{a}\right) \tag{8.23}$$

となる．ここに，q はイオンの荷電量，ε は液滴の誘電率である．したがって，液滴径と臨界蒸気圧との関係は $d(\Delta G)/da = 0$ とおいて，

$$\ln\left(\frac{p_d}{\rho_s}\right) = \frac{v_m}{akT}\left[2\gamma - \frac{q^2}{32\pi^2\varepsilon_0 a^3}\left(1 - \frac{\varepsilon_0}{\varepsilon}\right)\right] \tag{8.24}$$

となる．図 8.4 は上式の概念図であり，

$$a'_{cr} = \left[\frac{q^2}{16\pi\varepsilon_0\gamma}\left(1 - \frac{\varepsilon_0}{\varepsilon}\right)\right]^{1/3} \tag{8.25}$$

において臨界蒸気圧は極大値をもち，8.1.2 項の場合と同様に点 B の液滴は B_C 点まで凝縮成長することになる．

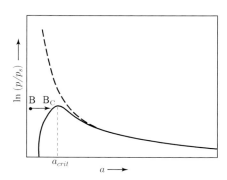

図 8.4　荷電粒子の蒸気圧 (---- は無荷電粒子)

以上のそれぞれの場合を通じて，p/p_s は一定として取り扱ったが，実際には温度，圧力の変動があり，また蒸気の連続的な供給または除去がなければ凝縮，蒸発によって蒸気濃度も変化するので p/p_s は一定ではなく，非定常としての取り扱いが必要となる．

8.3 エアロゾル発生法

実験室などで人為的にエアエロゾルを生成するには表8.3のような方法があるが，ここではこれらのうちの代表的なものについて述べる．一方，種々の工業分野で扱われる粉体や液滴の大きさは，最近微細化されて $10\,\mu\mathrm{m}$ オーダーとなり，エアロゾルとの境界はなくなりつつあるので，これらの技術のうちのいくつかはエアロゾル生成にも用いることができる．

表 **8.3** エアロゾル発生法

生 成 機 構	粒　子	材　料	備　考
蒸気凝縮法 　液 — 蒸発 — 凝縮 　固体 — 蒸発 — 凝縮	液　滴 フュームなど	DOP，ステアリン酸など ニクロム線，金属，(Pb など)	Sinclair-LaMer 法ほか 電気炉，高周波炉ほか スパーク
液体分散法 　液 — 分散 　溶液 — 分散 — 乾燥 　ハイドロゾル — 分散 　— (乾燥)	液　滴 液滴，固形粒子 固形粒子	DOP，油類など 油，塩類，メチレンブルー など PSL など	アトマイザー，超音波ネ ブライザー，遠心分散， 振動オリフィスほか
固形粒子分散法 　各種粉体 — 分散	固形粒子	粉体，ビーズ，胞子など	ミキサー，流動層ほか
化学反応法 　ガスの化学反応	(固形粒子， 液滴)	塩化アンモニア，硫酸塩 (光化学)	

8.3.1 蒸発凝縮型ミスト発生装置

液体を加熱蒸発させ，これとほかから供給した核粒子とを混合した後，冷却して凝縮させる (凝縮法にはこのほか，膨張式のものもある) ものであり，発生装置の主要部分は，

① 液体蒸発部，

② 核発生部，

③ 凝縮部，

からなる．Sinclair-LaMer 型はその代表的なものであり，その後多くの改良型，変形型が用いられている．使用される液体 (低融点の固体であってもよい) は蒸気圧が低く，化学的に安定なものがよく，表8.4のようなものがよく用いられる．

飽和蒸気圧と絶対温度との関係は一般に，

$$\log p_s = A - \frac{B}{T} \quad (A, B は定数) \tag{8.26}$$

表 **8.4**　各種エアロゾル剤の性質

名　　称	化学式	M	ρ (g/cm³)	融点 (°C)	沸点 (°C)	γ (N/m)
Dibutyl phthalate (DBP)	$C_{16}H_{22}O_4$	278.4	1.05	−35	340	0.036
Dioctyl phthalate (DOP)	$C_{24}H_{38}O_4$	390.6	0.99	−55	386	0.032
Dioctyl sebacate (DOS)	$C_{26}H_{50}O_4$	426.7	0.92	−60	377	0.030
Triphenyl phosphate (TPP)	$(C_6H_5)_3PO_4$	326.3	1.19	50	414	
Octanoic acid	$C_8H_{16}O_2$	144.2	0.91	16	238	
Linoleic acid (LA)	$C_{18}H_{30}O_2$	278.5	0.91	—	194	
Oleic acid	$C_{18}H_{34}O_2$	282.5	0.89	14	360	0.0325
Stearic acid (SA)	$C_{18}H_{36}O_2$	284.5	0.85	71	370	
Sulfuric acid	H_2SO_4	98.1	1.83	10	340 (分解)	0.055
Polyalpha olefins (PAO)	$(C_{10}H_{20})n$	420	0.82		401	

注)　ρ, γ は常温の値, PAO の n は $2 \sim 4$ (計算値は $n = 3$).

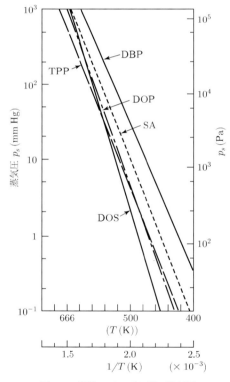

図 **8.5**　各種エアロゾル剤の蒸気圧

で表され，図 8.5 にいくつかの物質についての値を示す．

凝縮成長過程の粒子の大きさは，4.2.2 項で述べたように，式 (4.54) で $\phi \propto a$ とすると，

$$a^2 = a_N^2 + bt \tag{8.27}$$

で与えられる．ただし，a_N は核の大きさであり，$bt \gg a_N^2$ となるような十分な蒸気濃度があり，かつ，すべての粒子について一様な凝縮過程を保持できるように温度分布，流れ状況などを制御すれば，a_N の大きさにかかわりなくその条件下でほぼ一定の粒子径，すなわち単分散粒子が得られる．このとき，蒸発温度 T_B で得られた飽和蒸気に粒子数濃度 N の核を加えて温度 T まで冷却させると，$p_s(T_B) \gg p_s(T_0)$ であれば，蒸気質量は粒子の凝縮成長量に等しいとみなしうるので，式 (8.26) を用いて，

$$\log[(a^3 - a_N^3)N] = \log\left(\frac{3M}{4\pi\rho_0 \boldsymbol{R} T_B}\right) + A - \frac{B}{T_B} \tag{8.28}$$

となる．DOP では $a \gg a_N$ に対しては，

$$\log a + \frac{1}{3}\log N = 2.40 - \frac{1}{3}\log T_B - \frac{1560}{T_B} \tag{8.29}$$

同様に DOS では，

$$\log a + \frac{1}{3}\log N = 2.845 - \frac{1}{3}\log T_B - \frac{1823}{T_B} \tag{8.30}$$

となる．すなわち，DOP では，$T_B = 373$ K，$N = 10^7$ 個/cm^3 では $a = 0.10\ \mu$m となる．図 8.6 に式 (8.28) の計算値を示す．なお，JIS Z 8901(1995 年) の試験ダストに示

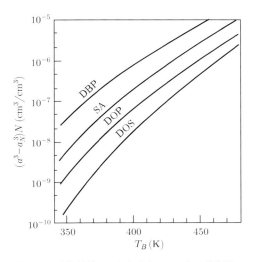

図 **8.6** 蒸気凝縮により生成するミストの理論径

されているステアリン酸エアロゾルは，このような方法で発生させた平均径 0.3 μm
の粒子をいう.

（1）　Sinclair-LaMer 型

この装置の原型は図 8.7[14)]に示すようなつぎの部分からなる.

① 核発生部：0.5 l のガラス製容器，食塩溶液中に浸したタングステン電極間に最
　 高 AC 10 kV を印加し，スパークによるイオンと食塩粒子を発生させる.

② 蒸発部：2 l のガラス製容器，電気ヒーターにより 100 ～ 200 °C に加熱し，液
　 中のノズルから清浄空気を噴出させつつ液を蒸発させる.

③ 再熱部：2 l のガラス製容器，電気ヒーターにより最高 300 °C まで加熱し，蒸
　 発部からノズルを通じて核粒子，蒸気，液滴が混合されながら吹き込まれ，液滴
　 は再熱されて蒸気となる.

④ 凝縮部：内径 20 mm，長さ 100 cm の 2 重円筒で，蒸気と核粒子との混合物を
　 徐冷しながら凝縮させる.

全流量は 1 ～ 4 l/min，発生粒子の状態は液の種類や運転条件にもよるが，DOP，
DBP を用いたときは，質量濃度は 1 ～ 10 mg/l(空気)，粒子数濃度は最高 10^8 個/cm^3
程度で，粒径は 0.05 ～ 5 μm の範囲に分布するが，空気流量，温度などについて入念
な操作を行えば，粒径 0.1 ～ 0.5 μm のかなり均一な粒子を発生できる. この装置の性
能については多くの実験があるが，一般に，粒子の質量濃度に対しては蒸発部の温度
が，粒径とその均一度に対しては核粒子数濃度と蒸気濃度の比が重要な役割をもつ[15)].

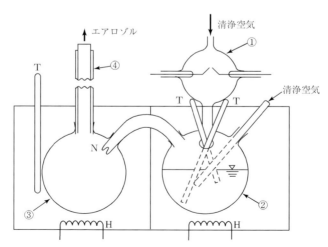

図 8.7　Sinclair-LaMer 型ミスト発生装置 (① 核発生部，② 蒸発部，③ 再熱部，④ 凝縮部，
　　　　T：温度計および温度制御検出部，N：ノズル，H：ヒーター)

（2） Matijevic らの装置[16]

核発生部に 2 段電気炉を用いて AgCl を加熱し (400 ～ 645°C)，蒸発部はオイルバスに浸し，キャリアーガスにはヘリウムガスを用いた．リノレイン酸 (linolenic acid)，オクタン酸による実験では，最多径 0.3 ～ 1.0 μm，$\sigma_g = 1.26 ～ 1.58$ 程度の粒子がかなり安定な状態で発生している．装置の運転条件と発生粒子との関係は，おおむね（1）で述べたのと同様であるが，蒸発部の流量によって発生粒子の濃度，粒径はともにかなり影響され，流量の増加とともに粒径は小さくなり均一度が低下している．また，蒸発部温度の上昇とともに粒径は増大するが，その均一度はほぼ一定となっている．核発生部の温度の低下により核粒子数は減少し，それとともに粒径は増大する．

（3） Rapaport-Weinstock 型[17]

この装置には核発生部がなく，つぎの 3 部分よりなる．
① ネブライザー部：ネブライザーによって液体を噴霧する．大きな液滴は上昇中に重力沈降や管壁への慣性衝突によって取り除かれる．
② 蒸発部：ガラス円筒を加熱しミストを蒸発させる．
③ 凝縮部：ラス管で，蒸気を徐冷し凝縮させる．

この装置による粒子の生成は無核自己凝縮によるよりは，むしろ蒸発物質中に含まれる不純物が微細粒子となり，これが凝縮核としてはたらく．この装置は製作が容易であり，発生が定常状態に達するまでの時間が短い．重要なことはネブライザーからの噴霧量を一定に保ってできるだけ発生ミストの粒度分布を安定させることであり，このため，ネブライザー内の液面を一定に保ち，また適当な分級操作によって大きなミストを取り除くなどの工夫が必要である．

（4） Kitani らの装置[18]

木谷らは Sinclair-LaMer 型の装置をやや簡略化した装置により，DOP 粒子について詳細な実験を行い，最多径 0.3 ～ 0.8 μm，$\sigma_g = 1.20 ～ 1.32$ のかなり均一な粒子を発生させているが，平均粒径は蒸発部温度に，その均一度は核粒子数濃度に強く依存し，また蒸発部の供給流量によっても粒度分布はかなり変動している．DOP 粒子については，最多粒径 d_m (μm) と蒸発部温度 T (K) との関係は，

$$\log d_m = -\frac{2.0 \times 10^3}{T_B} + C \tag{8.31}$$

で表され，その定数値は式 (8.29) に近い値となっている．ただし，C はほかの操作条件から決まる値である．

（5） Stahlhofen らの装置[19]

これは（1）の改良型で，凝縮筒を下向きにして粒子の沈着損失を少なくしている．核粒子としては白金線上に NaCl 蒸気を蒸着させたものを通電加熱して $10^6 \sim 10^7$ 個/cm^3 の NaCl 粒子を発生させる．DOS 粒子の場合，蒸発部 $80 \sim 220\,^\circ$C，再熱部 $\sim 300\,^\circ$C，供給流量 (N_2) $0.5 \sim 1.5$ l/min で，平均径 $0.08 \sim 4$ μm の安定な粒子を得ており，とくに平均径 $0.3 \sim 0.7$ μm では $\sigma_g = 1.03 \sim 1.04$ の単分散粒子を得ている．平均径は核粒子数濃度（通電電流），蒸発部温度，窒素ガス流量によって制御される．

（6） 液膜蒸発型

（1）の装置の蒸発部を液膜蒸発装置で置き換えて長時間にわたる安定性と再現性を高めることができる[20]．核粒子には NaCl，AgCl を，媒質気体にはヘリウムガスを用い，最多径 $0.3 \sim 0.5$ μm，濃度 $10^6 \sim 10^7$ 個/cm^3 の単分散の DBP 粒子が得られている．

（7） 著者らの装置

① その1：平均径 0.1 μm 前後の均一な粒子を簡単に発生させる目的で，図 8.8 のような装置を用いた．これは（3）の装置の変形ともみなせるもので，ネブライ

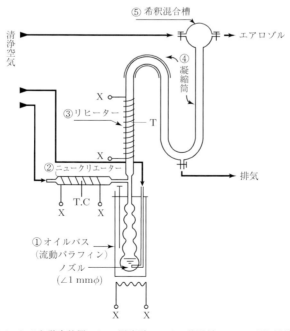

図 8.8 ミスト発生装置 （T：温度計，T.C：熱電対，X–X：電圧調整器）

ザー部をオイルバスで加温し，また食塩 (またはニクロム線通電加熱) 核発生部を付加してある．エアロゾル剤には DOP，ステアリン酸，リノール酸などを用い，粒子数濃度は 10^8 個/cm^3 程度である．

② その2：(5) の核発生部に超音波ネブライザー (8.3.4 項参照) を用い[21]，平均径 $0.5 \sim 4~\mu m$，$\sigma_g < 1.2$ の比較的均一な DOS 粒子を得ている．0.1 % ウラニン水溶液からネブライザーで発生させたウラニン粒子は $0.4~\mu m$ 程度の多分散粒子である．蒸発部，再熱部はそれぞれ $150 \sim 210\,^\circ\mathrm{C}$，$230\,^\circ\mathrm{C}$ 程度，媒質気体は窒素ガスで $0.5 \sim 1.0\,l/\mathrm{min}$，個数濃度は 5×10^5 個/cm^3 程度で，数時間にわたって安定な発生が保たれている．核粒子としてはトレーサー，薬用の種々の化学物質を用いることができるが，それぞれに応じた適正温度条件を設定しなければならない．表 8.5 に気体流量が $0.5~l/\mathrm{min}$ のときの粒子発生例を示す．

表 8.5 ウラニンを核とする DOS 粒子

T_B (°C)	T_H (°C)	a_g (μm)	σ_g
(ウラニン粒子)		0.22	1.51
130	230	0.40	1.16
150	230	0.62	1.13
170	230	0.80	1.16
192	226	1.29	1.13
210	250	1.9	—

注) ＊：各6例の平均値

8.3.2 蒸発凝縮型フューム発生装置

この型の装置は原理的には 8.3.1 項のミスト発生装置と同じであるが，塩類や金属を対象とするもので，蒸発部は高温となる．加熱方式には電気炉，高周波誘導加熱炉などがあるが，温度制御は精密に行う必要がある．また，加熱部雰囲気は粒子の酸化，燃焼などを防止するため，窒素ガス，アルゴンガスを用いることが多い．

（1） 一段加熱型

加熱炉による無核自己凝縮法 (実際には凝縮核となりうる不純物粒子を多少含んでいる) でも，かなり均一な粒径のフュームが発生できる．この場合，炉内の温度，蒸発面積，キャリヤーガス流量などが発生粒子の大きさや濃度に大きな影響をもつことはいうまでもない．蒸発温度の上昇は，蒸発量を増加させ，粒径，粒子数濃度をともに増大させる．流速の増加は，ミストの場合と同様に，ある程度までは蒸発量を増加させるが，かえってガス中の蒸発物濃度を減少させることにもなり，また，冷却凝縮時間にも影響を与えるので，その影響は複雑である．

（2） 多段加熱型

Espenscheid[22]は3段電気炉を用いている．まず，初段電気炉①によって NaF の核粒子を発生させ (約 850°C)，中間②および最終③の電気炉はそれぞれ粒子母材の蒸発部，再熱部としてはたらく．無核自己凝縮によるときは①を省く．②，③の温度は NaCl を用いるときは 755 ～ 795°C，キャリヤーガス流量は 1 ～ 2 l/min の範囲で運転し，最多粒径 0.5 ～ 1.0 μm，$\sigma_g = 1.4$ 程度の粒子を発生させているが，核のないときは粒径はかなり不均一となり，$\sigma_g > 1.6$ となっている．蒸発部の温度やキャリヤーガス流量との関係は，ミスト発生装置の場合とほぼ同様であり，温度の上昇，流量の増加とともに平均粒径はやや増大する．

これとほぼ類似の装置により，アルミニウムを核として用いて (約 1000°C)，平均粒径 0.3 ～ 0.4 μm のかなり均一な酸化バナジウム粒子が[23]，また，800°C 前後の3段加熱により平均径 0.25 ～ 0.5 μm の均一な NaCl 粒子が得られている[24]．

再熱部は，粒子母材融点よりもやや高く設定するなど，温度制御を適当に行うことによって，凝集粒子を再溶融または焼結して球形または塊状粒子を得るのに役立つ．

8.3.3 噴霧型ネブライザー

不揮発性液体の表面を加圧気体で強く吹くか，液中でバブルするか，あるいは加圧気体と液体とを混合してノズルから吹き出すと，液体は破砕分散されて小さな液滴が生じる．このような機構で生成した粒子の状態について，とくに噴霧の場合の粒度分布については 6.2.2 項で述べたように抜山らの研究がある．いずれにしても，この場合にはかなり大きな粒子も生成されるので，一般にはじゃま板などにより大きな粒子を取り除く方式のものが多い．これらの装置はネブライザー，アトマイザーなどとよばれ，簡便に扱えるため多方面で古くから種々の形式のものが用いられている．

エアロゾル剤には，

① 不揮発性液体 (DOP，流動パラフィン，油類，あるいは溶融固体など),
② これらをアルコール，水などの揮発性溶媒に溶かしたもの,
③ NaCl，ウラニン，メチレンブルーなどを水，アルコールに溶かしたもの,
④ 粒子 (ポリスチレンラテックスなど) を液中に分散させた懸濁液,

などが用いられる．オリフィスの圧力，流量などについてはいくつかの実験式がある[25]．

（1） 簡単なネブライザー

図 8.9 に例を示すが，液の補給を容易にし，また液面を定常に保つために種々の工夫が加えられている．図 8.10 は，フィルター試験のように，常温で大量のエアロゾル

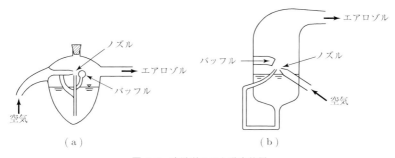

図 **8.9** 噴霧型ミスト発生装置

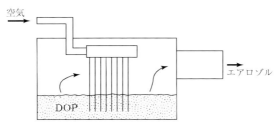

図 **8.10** 大容量ミスト発生装置

が必要なとき，DOP 粒子の発生に多く用いられる．また，パラフィンオイルを加熱 (200 °C) して，粒径 $0.1 \sim 1$ μm の粒子を，10^3 個/cm^3，20 g/m^3 の濃度で発生させた例もある[26]．

（2） Collison ネブライザー

Collison[27]によって用いられたこのネブライザーは，その後も医学分野で広く使用されてきた．原型は図 8.11 に示すように，ノズルから噴霧したエアロゾルをバッフル板にあてて大きな液滴を除く．エアロゾル液は，ノズル部分で負圧により吸い上げられバッフル板から落下していく．ノズルの孔径は 0.35 mm で最近では 3 個のノズルをつけたものがよく用いられる．噴霧圧力は $0.1 \sim 0.35$ MPa，空気量 $6 \sim 14$ l/min で，液滴は平均径約 2 μm，体積濃度 $5 \sim 9$ cm^3/m^3 が得られている．この形式のものには多くの変形，改良型がある．

（3） その他のもの

Dautrebande 型装置[28]は，発生器内の流路に大きさの異なる多数の孔があけてあり，粒子がこれを通過する際に，慣性衝突によって大きなものが器壁に付着して取り除かれ，均一化が行われる．この装置はこれまで主として医療研究用のエアロゾル発生を目的として多くの改良が加えられてきた．

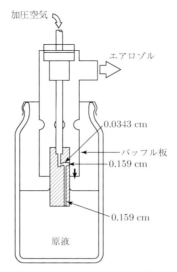

図 8.11　Collison アトマイザー

加圧空気

エアロゾル

0.0343 cm

バッフル板

0.159 cm

0.159 cm

原液

　Wright[29]は，ノズル (孔径 0.74 mm) とバッフル板を一体とし，エアロゾル液の吸い上げ部分にも工夫をほどこして，全体として粒子発生量を増加させている．また Lovelace ネブライザー[29]は，これと同様の構造をもつが，小型化されたものである．

　以上のようなネブライザーでは，生成される液滴径は噴霧条件の変動に対して比較的鈍感で，安定であるといえる．一方，液面の変動や，あるいは蒸発性溶媒の蒸発にともなう液濃度の変化により，生成粒子の粒径と濃度の変化がおこり定常的生成が保持できなくなる．これに対しては噴霧気体にあらかじめ溶媒を含ませたり，溶液槽を大きくし，あるいは溶液の連続補給を行うのが効果的である．

8.3.4　超音波ネブライザー

　振動エネルギーを液体の分散に利用する方法は古くから知られており，比較的高濃度の多分散粒子を簡便に得ることができる．図 8.12 はその一例である．ピエゾセラミックス振動片の振動エネルギーは水を媒体として試料液槽に加えられるが，液槽の曲底面は振動エネルギーを液面付近に集中して液滴化を促進する．このような曲底面ではなく平底面のものもあり[30]，前者は試料液面の変動によって効率が変わるが，後者ではその影響は小さい．

　一般に，振動周波数 f (Hz) と平均液滴径 d(m) との関係は次式で与えられる[31]．

$$d = 340 \left(\frac{8\pi\gamma}{\rho f^2} \right)^{1/3} \tag{8.32}$$

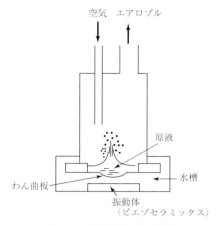

図 **8.12** 超音波ネブライザー

ただし，γ は表面張力 (N/m)，ρ は密度 (kg/m^3) である．なお，この型のネブライザーでは，振動片や試料液が加熱され，また試料の種類によっては超音波振動によって化学変化をおこすので長時間使用の場合には注意を要する．

8.3.5 遠心分離型分散装置

この方式は，遠心力を利用して液膜を振り切り液滴を生じさせるもので，回転円盤をモータで動かすもの (spinning disk sprayer) と，回転部が空気圧によって駆動されるもの (spinning top sprayer) とがある．

一般に，遠心力場でこのような回転尖端部から生じる液滴の大きさ (d) と液の密度 (ρ)，表面張力 (γ)，回転半径 (D)，角速度 (ω) の関係は次式で表される．

$$d\omega \left(\frac{D\rho}{\gamma} \right)^{1/2} = K \tag{8.33}$$

実験から $K = 3.8$ が得られているが[32]，ω の大きさによってこの値はややばらつく傾向があり，とくに回転円盤型は空気駆動型に比べてばらつきが大きい．これらの装置では，改良を加えても液滴の大きさはかなり大きく，微小ミスト発生装置としては有用性に乏しいが，8.3.3 項の場合と同様に，溶媒を蒸発させ乾燥した粒子とすればかなり小さな粒子を得ることができる．回転円盤を用い，メチレンブルー，ウラニンのアルコール溶液についての実験では $K = 4.12$ が得られているが[33]，乾燥後の粒子の大きさは $0.6 \sim 1.2~\mu\mathrm{m}$ で均一であった．

May[34]は，空気駆動型に改良をほどこしたが，この種の発生法では，発生直後の一次粒子が分割した二次的微小粒子が生成し，粒度分布が二つのグループに分かれるこ

とがあるので，なんらかの方法でこれを取り除く必要がある．また，生成粒子は一般に著しく荷電しているので，イオン源によって平衡荷電量まで中和する．

8.3.6 振動オリフィス型分散装置

オリフィスから吹き出る液体ジェットに振動を与えたときのジェットの安定性については古くから研究されており，これを単分散液滴の生成に応用しようとする試みもいくつかあった[29, 35]．Berglund ら[36]はこれを装置化して $0.5 \sim 40\ \mu m$ の範囲のさまざまな種類の単分散エアロゾルを得，標準的な単分散粒子として広く用いられつつある．原液にはこれまで述べたようなさまざまな液，溶液が用いられ，定量ポンプでオリフィスから噴出させ，ピエゾセラミックスによって機械的振動を与える．このときの生成液滴径 d は，

$$d = \left(\frac{6Q}{\pi f} \right)^{1/3} \tag{8.34}$$

で与えられる．ただし，Q は液流量，f は振動周波数である．液滴数生成速度は周波数に等しい．図 8.13 はオリフィス部分の概略である．オリフィス径 D_j と使用可能な周波数との関係は，

$$f = \frac{4Q}{\alpha \pi D_j^3} \tag{8.35}$$

とすると，$\alpha = \pi \sim 7$ の間にあり，最適周波数は $\alpha = 2\pi$ とされているが，D_j の大きいときは $\alpha = \pi \sim 5$ 程度との報告もある[37]．通常，$D_j = 50 \sim 20\ \mu m$ で，$f = 50 \sim$ 数 $100\ kHz$ である．

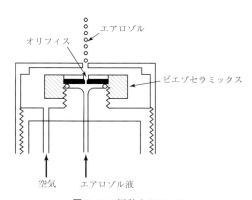

図 **8.13** 振動オリフィス

8.3.7　直接加熱法によるフュームの発生

（1）　金属線の直接加熱

ニクロム線や白金線に直接通電して加熱すると，表面から金属が蒸発し微小粒子が発生する．白金線を加熱して平均粒径 $0.02 \sim 0.07$ μm の粒子が[38]，また，ニクロム線を加熱して平均粒径 $0.01 \sim 0.03$ μm の酸化クロム粒子[39]が得られている．この方法による発生粒子はいずれも微小であって，ほかの方法の凝縮核としても利用できる．

（2）　スパーク法

金属電極間に直流または交流の高電圧を印加して放電させると，放電端は局部的に高温となり金属が蒸発する．蒸発物は不純物質からなる核，イオンなどを凝縮核としてフュームとなる．この方法による発生粒子の多くは電荷をもち，粒径は不均一でしかも凝集したものが多い．

空気中で直流放電により発生させた Ag，Au，Pb，Bi などのフュームは，おおむね 0.1 μm 以下の大きさでかなり不均一である．また，Pb，Bi などの表面は酸化されたものが多い．ほかに，直流放電でとがった陽極側を $2000 \sim 3500$ K に熱し，これをプラズマジェットで吹き飛ばして凝縮させ，粒径 0.1 μm 前後のかなり均一な粒子が得られている[40]．

（3）　Exploding Wire 法

金属片に瞬間的に大電流を流して加熱蒸発させ，これを徐冷して粒子を生成させる．この方法では連続的な発生はできないが，一時に大量の金属を蒸発させることができる．一般に，大容量コンデンサーに蓄えた電荷を瞬時に放出させる方法により，U，W などの高融点金属までも蒸気化することができる．Ag，Al，Fe，U など多くの金属についての実験では[41]，1 回の使用量 $4 \sim 150$ mg で粒子としての収率は約 85 % であった．このような方法で得られる単粒子は $0.005 \sim 0.05$ μm で非常に小さいが，多くの粒子はこれらが凝集したものである．

8.3.8　流動層によるダストの発生[42, 43]

粉体充てん層の下部から空気を吹き込んで粉体を浮遊状態にしたものを流動層といい，化学工業分野では広く混合，反応装置として用いられている．粉体として粗粒子と微粒子を用いると，ある流動状況のもとでは微粒子がエアロゾル化する．粗粒子には $0.1 \sim 1$ mm 前後の金属粉，ガラスビーズなどが用いられ，エアロゾル化粉体には，フライアッシュ，カーボンブラック，粘土粒子，胞子，あるいはアスベスト粉体[44]などが用いられる．

　発生するエアロゾル粒子の濃度や粒度分布は，微粒子試料の種類や充てん層内の混合比によるほかに，充てん層の高さ，空気流量などに関係する．エアロゾル化の効率をあげるには粉体の凝集，粗粒子との付着を少なくすることが必要で，このためには乾燥，静電除去，機械的振動などが有効である．また，長時間の定常的エアロゾル生成のためには，コンベア，その他の方法による充てん層の連続的補給または更新が試みられている[45]．

8.3.9　試験用標準粒子の発生

　フィルター試験用標準粒子としては，8.3.1，8.3.3，8.3.6 項で発生させた DOP またはステアリン酸粒子 (それぞれ平均径 0.3 μm 程度) が一般に用いられる[46, 47]．しかし，最近 DOP は外因性内分泌攪乱物質 (環境ホルモン) の疑いが指摘され，その代替物質として，性質のよく似た PAO の使用が検討されている[48]．

　測定器の校正や粒子の動力学的挙動の基礎研究の場合のように，実験室で可能なかぎり粒径の均一な単分散粒子を発生させたいときは，一般に PSL (polystylene latex, $\rho = 1.05$ g/cm^3)，PVT (polyvinyl toluen, $\rho = 1.03$ g/cm^3)，SDVB (stylene divinyl benzene, $\rho = 1.05$ g/cm^3) の懸濁液から，8.3.3 項や 8.3.4 項の方法によって粒子を発生させる．PSL は大きさのきわめてよくそろった球形粒子 (通常，変動係数が 3 % 以下) であって，たとえば，表8.6 のようなものが使用されてきた．

表 **8.6** 標準粒子

物質名	平均粒径 (μn)	標準偏差 (μm)	固形物成分比 (%)		
			高分子	安定剤	無機物
PSL	0.088	0.008	92.59	5.56	1.85
〃	0.109	0.0027	—	—	—
〃	0.126	0.0043	97.09	2.43	0.48
〃	0.176	0.0023	—	—	—
〃	0.234	0.0026	—	—	—
〃	0.364	0.0024	—	—	—
〃	0.500	0.0027	—	—	—
〃	0.557	0.0011	98.78	0.26	0.95
〃	0.750	0.0026	—	—	—
〃	1.099	0.0159	—	—	—
〃	1.305	0.0158	99.15	0.29	0.56
〃	2.049	0.0180	—	—	—
PVT	1.947	0.0070	—	—	—
〃	2.02	0.0135	—	—	—
SDVB	6 〜 14	2.3	—	—	—
〃	12 〜 35	5.8	—	—	—
〃	25 〜 55	8.9	—	—	—

　これらのPSL懸濁原液は，通常，粒子成分10％，粒子濃度$10^{10} \sim 10^{13}$ 個/cm^3(液)程度で，凝集や化学的変性を防ぐために表8.6のような安定剤が添加されている．これを適当に希釈してネブライザーなどで噴霧し，乾燥空気と混合して水滴を蒸発させるか，または冷却して水分を取り除き室温にもどして乾燥させる．図8.14はPSL発生装置の例である．

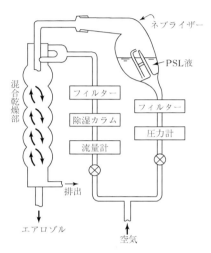

図 **8.14** ポリスチレンラテックス標準粒子発生装置

発生の際に問題となるのは，
① 安定剤などの不純物が微細粒子となって分散し，あるいはPSL粒子に付着して粒径を増大させること，
② 2個以上の単粒子からなる凝集粒子が生成するので，原液の段階で十分希釈しなければならず，高濃度の粒子が得られないこと，
などである．また，電子顕微鏡下では収縮することもあり，発生法や測定法によって±10％程度の粒径差を示すこともめずらしくない．①については，イオン交換，洗浄ろ過などによってあらかじめPSL懸濁液から不純物を取り除く方法，あるいはエアロゾル粒子発生後，加熱空気(180℃程度)を混入して蒸発性の不純物を取り除く方法などがある．PSL懸濁液は原液を純水で$1/10^4 \sim 1/500$倍程度に希釈したものを用いる．このときのPSL発生粒子の濃度は，希釈後で10^4 個/cm^3 以下におさえるのが普通であるが，濃度を高める試みとしては多段噴霧によるもの，PSL懸濁液の媒液としてエチルアルコールなどの揮発性液体を用いる方法が考えられる．なお，大きな液滴は適当なじゃま板で取り除くのがよい．
　PSL粒子含有液をネブライザーで噴霧したとき，噴霧液滴1個のなかに含まれる粒

子の個数分布は Poisson 分布に従うと考えてよい．したがって，液滴の大きさの分布
が知られていれば，噴霧液滴 1 個ごとに含まれる PSL 粒子の個数分布が求まる．こ
うして全液滴中，PSL 粒子が 1 個含まれる確率を少なくとも R 以上にするために必
要な原液の希釈倍率 Y が求められる．すなわち[49]，

$$Y = F \cdot D_v^3 \exp\left(4.5 \ln^2 \sigma\right) \times \frac{1 - 0.5 \exp\left(\ln^2 \sigma_g\right)}{(1 - R)\, d_p^3} \tag{8.36}$$

ここに，F は原液中の PSL 粒子の体積比，D_v, σ_g は液滴の体積平均径とその幾何標
準偏差，d_p は PSL 粒子径であって，上式は $R > 0.9$, $\sigma_g < 2.1$ の範囲の近似式であ
る．いま，$D_v = 5\,\mu m$, $\sigma_g = 1.6$, $F = 0.1$ とすると，$d_p = 0.3\,\mu m$, $R = 0.95$ に対し
て $Y = 10^4$ となる．なお，JIS B 9921 (1976 年) では図 8.14 のような発生器を用いる
ときの希釈倍率として，0.5, 1, 2 μm の PSL 粒子に対してそれぞれ 10^5, 2×10^4, 10^4
を推奨している．

　また，これまで述べてきた各種方法で発生させた多分散の微小粒子から，9.4.6 項で
述べる微分型モビリティアナライザーによって，粒径のそろった微小粒子を取り出し，
試験用粒子として用いることができる．

8.3.10　放射性粒子の生成[50]

　放射能は微量検出が可能なことから，放射性エアロゾル粒子を実験の手段として用
いることが有利な場合が多い．発生法は大別すると，

① 粒子原材料を放射化し，これまで述べた各種の方法で粒子を発生させるもの，

② 粒子原材料中にほかの放射性物質を添加し，混合物または化合物をつくって通
　常の方法により発生させるもの，

③ エアロゾル粒子の加熱により放射性核種を安定な形で取り込ませるもの，

④ その他，

である．

　①では原材料の多くは金属または塩類であり，金属に対しては直接加熱法，塩類の
溶解性のものでは溶液噴霧法が用いられるが，この方法では十分な比放射能をもた
せるのは容易でない．②では，ポリスチレンの重合反応過程で ^{131}I を取り込ませた
もの，あるいは同様に ^{51}Cr, ^{99m}Tc を添加したもの，酸化鉄コロイドに ^{51}Cr, ^{59}Fe,
^{232}Th を添加したものなどがある．③では粘土鉱物粒子に ^{144}Ce, ^{90}Sr などを添加し
たものがあり吸入実験に使用されている．

8.3.11　超微小粒子の生成

気相法による超微小粒子生成法は，液相法に比べて，

①　媒質である気体の純度を液体に比べて高くすることができる．

②　複雑な化学形態のものを製造しうる可能性がある．

③　エアロゾルプロセスは，大きさ，凝集状態，結晶状態などの制御の可能性が高い．

④　真空操作を用いれば，薄膜製造などが容易である．

⑤　連続的な製造操作が可能で工業化がしやすい．

などの特長を有している．

　気相法によって超微小粒子を生成するには，物理的方法と化学的方法がある．物理的方法は母材をなんらかの方法で加熱し，蒸発させ，核形成から凝縮，凝集によって粒子を生成するもので，8.3.2 項で述べた方法が適用できるが，超微小粒子では，凝集や器壁への拡散沈着が著しいことに留意する必要がある．

　化学的方法では (g, s はそれぞれ気体状，固体状のもの)，

①　単一化学種の熱分解：

$$A(g) \rightarrow B(s) + C(g)$$

②　2 種以上の化学種の反応：

$$A(g) + B(g) \rightarrow C(s) + D(g)$$

　または，

$$A(s) + B(g) \rightarrow C(s) + D(g)$$

によって固体状の粒子を生成させる．工業的な原材料としては金属塩化物，アルキル化合物，けい素化合物などが用いられ，生成粒子はこれらの酸化物や炭化物，窒化物などが多い．反応においては，なんらかの方法で加熱する必要があり，電気炉法，化学炎法，プラズマ法，レーザー法，スパーク法，スパッタリング法などが用いられる．このほか，laser ablation 法による微小固形粒子の生成，古くからあった erectrospray を用いて液滴から微小な固形粒子を生成する方法なども注目されている．これらの適用例などについてはほかの文献[51~54]を参照されたい．

参 考 文 献

1) Zettlemoyer, A. C. (ed), "Nucleation", Marcel Dekker(1969).

2) Abraham, F. F., "Homogeneous Nucleation Theory", Academic Pr.(1974).

3) Dufour, L. and Defay, R., "Thermodynamics of Clouds", Chapt. 11, Academic Pr.(1963).

4) Lothe, J. and Pound, G. M., J. Chem. Phys. **36**, 2080(1962).

5) Heicklen, J., "Colloid Formation and Growth", Academic Pr.(1976).

6) Zettlemoyer, A. C. (ed), "Nucleation Phenomena", Elsevier(1977).

7) 池庄司民夫，エアロゾル研究，**15**, 213(2000).

8) 中曽浩一，島田学，奥山喜久夫，エアロゾル研究，**15**, 226(2000).

9) Reiss, H., J. Chem. Phys. **18**, 840(1950).

10) Doyle, G. J., J. Chem. Phys. **35**, 795(1961).

11) Mirabel, P. and Katz, J. L., J. Chem. Phys. **60**, 1138(1974)

12) Itoh, M. Takahashi, K. and Kasahara, M., J. Aerosol Sci. **8**, 183(1977).

13) Hidy, G. M. and Brock, J. R., "The Dynamics of Aerocolloidal Systems", Chapt. 9, Pergamon Pr.(1970).

14) Sinclair, D. and LaMer, V. K., Chem. Rev. **44**, 245(1949).

15) Ristovski, Z. D. Morawska, L. and Bofinger, N. D., J. Aerosol Sci. **29**, 799(1998).

16) Matijevic, E. Kitani, S. and Kerker, M., J. Colloid Sci. **19**, 223(1964).

17) Rapaport, E. and Weinstock, S. E., Experientia, **11**, 363(1955).

18) Okada, T. Ishibashi, H. and Kitani, S., J. Colloid Interf. Sci. **29**, 613(1969).

19) Stahlhofen, W. Gebhart, J. Heyder, J. and Roth, C., J. Aerosol Sci. **6**, 161(1975).

20) Nicolaon, G. Cooke, D. S. Kerker, M. and Matijevic, E., J. Colloid Interf. Sci. **34**, 534(1970).

21) 田町敏夫，高橋幹二，伊藤春海，京大原研彙報，**58**, 58(1980); **59**, 55(1981); **60**, 46(1981).

22) Espenscheid, W. F. Matijevic, E. and Kerker, M., J. Phys. Chem. **68**, 2831(1964).

23) Jacobson, R. T. Kerker, M. and Matievic, E., J. Phys. Chem. **71**, 514(1967).

24) Kasper. G. and Bernner, A., Staub, **38**, 183(1978).

25) Mercer, T. T. Tillery, M. I. and Chow, H. Y., Amer. Ind. Hyg. Assoc. J. **29**, 66(1968).

26) Guntheroth, H., Staub, **28**, 498(1968).

27) May, K. R., J. Colloid Sci. **4**, 235(1973).

28) Dautrebande, L., "Microaerosols", Chapt.1, Academic Pr.(1962).

29) Raabe, O. G., in "Fine Particles(ed. B. Y. H. Liu)", p.60, Academic Pr.(1976).

30) Denton, M. B. and Swartz, D. B., Rev. Sci. Instr. **45**, 81(1974).

31) Mercer, T. T., "Aerosol Technology in Hazard Evaluation", Chapt.9, Academic Pr.(1973).

32) Walton, W. H. and Prewett, W. C., Proc. Phys. Soc. **62-B**, 341(1949).

33) Whitby, K. T. Lundgren, D. A. and Peterson, C. M., Int. J. Air Wat. Poll. **9**, 263(1965).

34) May, K. R., J. Sci. Instr. **43**, 841(1966).

35) Strom, L., Rev. Sci. Instr. **40**, 778(1969).

36) Berglund, R. N. and Liu, B. Y. H., Environ. Sci. Techn. **7**, 147(1973).

37) Wedding, J. B., Environ. Sci. Techn. **8**, 456(1974).

38) Nolan, P. J. and Kennan, E. L., Proc. Roy. Irish Acad. **52**, 171(1949).

39) Polydorova, M., Staub, **29**, 248(1969).

40) Pfender, E. and Boffa, C. V., Rev. Sci. Instr. **41**, 655(1970).

41) Karioris, F. G. and Fish, B. R., J. Colloid Sci. **17**, 155(1962).

42) Guichard, J. C., in "Fine Particles(ed. B. Y. H. Liu)", p.173, Academic Pr.(1976).

43) Carpenter, R. L. and Yerkes, K., Amer. Ind. Hyg. Assoc. J. **41**, 888(1980).

44) Spurny, K. Boose, C. and Hochrainer, D., Staub, **35**, 440(1975).

45) Marple, V. A. Liu, B. Y. H. and Rubow, K. L., Amer. Ind. Hyg. Assoc. J. **39**, 26(1978).

46) 特集，空気清浄，**34**, 1(1997).

47) 中江茂，空気清浄，**35**, 21(1997).

48) DOP 代替粒子選定委員会，空気清浄，**39**, 3(2001).

49) Raabe, O. G., Amer. Ind. Hyg. Assoc. J. **29**, 39(1968).

50) 高橋幹二，保健物理，**9**, 117(1974).

51) "超微小粒子"，アグネ技術センター (1984).

52) 日本化学会，"超微小粒子−科学と応用"，学会出版センター (1985).

53) 特集 "プラズマプロセス微粒子"，エアロゾル研究，**10**, No.1 (1995).

54) 特集 "Nanometer Particles: A New Frontier for Multidisciplinary Research", J. Aerosol Sci. **29**, No.5/6(1998).

9章
エアロゾル粒子の測定

9.1 各種測定法の特徴と適用範囲

エアロゾル粒子の測定は，粒子の大きさ，形，化学組成，放射能，濃度など，粒子の性状に関するものと，その速度のような粒子の振る舞いに関するもの，また，個別粒子に関するものと粒子集団に関するものとがある．ここでは主として粒子の濃度と粒度分布について述べるが，測定の基礎となる事項についてはすでに各章でふれてきたので，主として実用的な方法と問題点について述べる．

濃度，粒度分布の測定法は，大別して捕集測定法と浮遊測定法に分けられるが，比較的広く用いられているものを表 9.1 に示す．一つの方法の特性や適用範囲にはそれぞれ優劣や限界があり，実際にはこれらのうちのいくつかを併用する場合も少なくな

表 9.1 濃度および粒度分布の実用的測定法

測　定　法	測定粒径範囲 (μm)		分級最大　数	測定下限濃　度	測　定　原　理
	下　限	上　限			
(濃度測定)					
1. フィルター捕集	~ 0	—	—	$2\ \mu g/m^3$	ろ過–秤量
2. 光散乱法	~ 0.1	~ 2	—	(空気散乱)	散乱光量
3. 凝縮核測定法	$0.0025 \sim 0.006$	~ 0.5	—	1 個/cm^3	過飽和凝縮–光散乱
4. 圧電天秤法	~ 0.01 (静電式) ~ 0.3 (インパクター式)	~ 10	—	$1\ \mu g/m^3$	結晶の振動周波数変化
5. β 線吸収法	~ 0	~ 10	—	$2 \sim 5\ \mu g/m^3$	β 線吸収
(粒度分布測定)					
6. カスケードインパクター	0 (ろ紙) ~ 0.3	$15 \sim 30$	$8 \sim 10$	$1\ \mu g/m^3$ (各段)	慣性衝突
7. バーチュアルインパクター	0 (ろ紙) ~ 3	30	2	$1\ \mu g/m^3$	慣性分離
8. 遠心分離法	~ 0.05	10	(連続)	$10\ \mu g/m^3$	遠心分離
9. 光散乱カウンター	$< 0.1 \sim 0.3$	$3 \sim 100$	$20 \sim > 100$	1 個/cm^3	光散乱パルス
10. 電気移動度法	~ 0.006	1	~ 15	$1\ \mu g/m^3$	荷電–移動度分離
11. 拡散バッテリー	0.001	0.2	1	(センサーによる)	拡散沈着

い．測定法の選定にあたってまず考慮すべき事項は，感度，所要時間，粒子の性状と粒径への依存性などであるが，目的によってその重要度は異なる．

濃度測定には質量濃度測定と個数濃度測定があり，後者からは粒度分布測定とあわせれば質量濃度を算定することができる．このなかでろ紙・秤量法は，すべての基本となる方法であるが，一般に捕集に長時間を要し，また不安定粒子には適用できない．β 線吸収法は秤量操作を半自動化したもので，ある程度の連続測定が可能である．圧電天秤法もほぼ同様の特徴をもっている．これらはいずれも捕集測定法であるのに対して，光散乱法は浮遊測定法の一つであり，エアロゾル状態のままで実時間的な測定値が得られる．ただし，測定原理からして粒子の性質 (屈折率) への依存性が無視できないのが欠点ともなる．

粒度分布測定には，これまで各章で述べたような粒子に関する物理的現象や動力学的特性のなかでの粒径依存性が測定原理として用いられるが，方法によって得られた値は当然異なってくる．たとえば，表 9.1 のうち 9 では光散乱等価径が，その他では直接に空気力学的等価径が得られることになる．図 9.1 は，各方法の相対的な粒径依存性を，粒径 1 μm のときの値を基準として示したものである．粒径依存性，すなわ

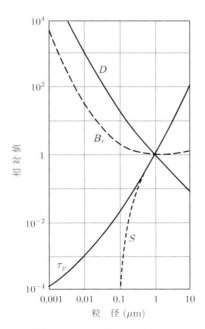

図 9.1 各種測定原理の粒径依存性 (B_e：電気移動度 (EAA)，D：ブラウン拡散係数，S：光散乱断面積，τ_p：緩和時間)

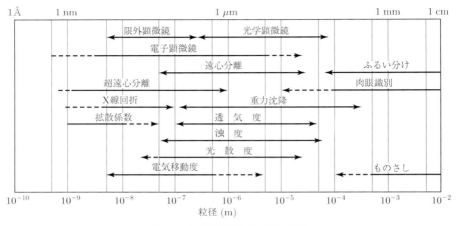

図 9.2　各種粒径測定法の適用範囲

ち粒径分解能が大きいことは粒度分布測定には好ましいことであるが，逆に適用される粒径範囲はせまくなる．図9.1から，表9.1の6，7，8，9の方法は大粒子の，10，11は小粒子の測定に好都合なことがわかる．粉体の場合も含めて各種粒径測定法の適用範囲を図9.2に示す．JIS Z 8813には粒子の濃度測定についての規定がある．なお，粒子測定の詳細についてはほかの文献[1]もあわせて参照されたい．

9.2　粒子のサンプリング捕集

　大量のエアロゾルから測定のためにある部分を取り出すことをサンプリング，また粒子のみを分離採取することをエアロゾル粒子の捕集という．まず，サンプリングに際しては，対象となるエアロゾルの状態 (とくに濃度，粒度分布など) を変化させないように，等速吸引を行い，またサンプリング管への沈着損失に注意する．また空間的，時間的に変動しているエアロゾルでは，測定値が測定対象を十分に代表するように，そのサンプリング流量や時間を適当に選ぶ．

　粒子の捕集にどのような方法を用いるかはその目的によって異なる．たとえば，質量濃度測定や化学分析のときは，一つ一つの粒子は問題にせず，できるだけ多くの粒子を捕集するが，顕微鏡試料の作成には，捕集量よりも一つ一つの粒子に着目することになる．いずれにしても，捕集効率の粒径依存性，捕集時の粒子の変質，とくに化学反応や水分の吸収または蒸発，捕集量，捕集時間などが捕集方法選択の重要な条件である．

9.2.1 ろ紙による捕集

ろ紙は小さな粒子まで捕集効率が高く，取り扱いが簡単なため広く使用され，環境大気中浮遊粒子状物質の質量濃度測定のための標準の方法[2]ともなっている．

ろ紙には，繊維状ろ紙 (FF：fibrous filter)，メンブランろ紙 (MF：membrane filter) などがある．FF の多くはセルローズ繊維を絡み合わせたもので，一般に吸湿性，不純物含有量，製品の均質性などに注意が必要であり，捕集効率もほかのろ紙に比べてやや低い．ガラス繊維，石英繊維，あるいはテフロンなどを用いた FF は耐熱，耐蝕性などの点でもすぐれており化学分析用として広く用いられている．

MF の代表的なものはセルローズエステルのシートに 10^8 個/cm^2 程度の孔をあけたもので，空隙率は $60 \sim 80$ %，孔径 $(0.01 \sim 10 \, \mu m)$ はかなりよくそろっている．一般に使用温度は $120 °C$ 程度までで，アセトンなどの有機溶媒にはとくに溶けやすいが，テフロンや銀などを用いた MF は耐熱性，耐蝕性でもすぐれている．MF は捕集効率が高く，また不純成分も少ないので中性子放射化分析などの化学分析にも適している．

MF の一種であるニュークレポアろ紙 (NF：nuclepore filter) は，ポリカーボネートフィルムに核分裂片のエッチングによって孔をあけたもので，$10^5 \sim 10^7$ 個/cm^2 程度の大きさのそろった孔 $(0.2 \sim 8 \, \mu m)$ をもつ．最高使用温度は約 $140 °C$ で，吸湿性，捕集効率などは MF と同様であるが厚さが薄くて圧力損失が小さい．

FF による粒子の捕集機構については別に解説[3]があるが，捕集はさえぎり，慣性衝突，拡散沈着，重力沈降の効果による．さえぎり効果は大粒径で，慣性衝突は大粒径・高流速で著しく，拡散沈着は小粒子・低流速で著しい．また，重力沈降は大粒子・低流速で大きな効果をもつ．このほか，粒子と繊維との間の静電気効果が著しい場合もある．捕集効率はモデル化された FF については理論的に求められるが，実際のろ紙については，粒径依存性，流速依存性などについて多くの実験があり，その使用条件に対する検討がなされている．捕集流速は通常 $0.3 \sim 1$ m/s の場合が多い．MF や NF の捕集機構も FF の場合とほぼ同様であるが，孔の形状は微細管群で近似され，慣性衝突効果は比較的小さく，同一孔径のときは MF のほうが NF よりも大きい捕集効率を示す．

9.2.2 熱泳動による捕集

捕集面近傍に，捕集面を低温側とする温度勾配をつくり，2.7 節で述べた原理によってエアロゾル粒子を沈着させるもので，とくに粒径 $1 \, \mu m$ 以下の小粒子に対してほぼ 100 % 近い捕集効率が得られる．熱線によって冷捕集面との間に温度勾配を与える方式のものでは，温度勾配が不均一になり，場所的に捕集効率が異なり，顕微鏡観察の場合，視野によって粒度分布や捕集量が異なることがある．このような不均一捕集を

防ぐために，熱線を振動させたり，捕集面の熱線に対する位置を変えたりすることもある．加熱側と冷却側が平行板でできた，温度勾配が $1000 \sim 5000\,°C/cm$ のものもあり，かなり一様な温度勾配が得られている．捕集流量は $0.5 \sim 5\,l/min$ のものが多い．これらは熱輻射塵埃計 (thermal precipitater, thermopositor) ともよばれている[4, 5]．

9.2.3　静電集塵方式による捕集

捕集電極側に金属箔または電子顕微鏡用メッシュを貼りつけて，荷電粒子を沈着させる．捕集効率をあげるために別に荷電装置を装着したものもある．印加電圧は交流または直流の $10\,kV$ 程度までであるが，捕集効率をあげ，しかも捕集面への不均一な沈着を防ぐため脈流電圧を印加する方式もある．捕集流量は一般に小さく $0.1 \sim 5\,l/min$ のものが多い[4, 6]．

9.2.4　その他の方法
（1）　インピンジャーによる方法

吸引口をもつガラスびんに適量の蒸留水 (あるいは約 30 % のアルコール水) をいれ，これに先端がノズルとなった採取管をいれて，吸引ポンプでエアロゾルを吸引する．ノズルの先端をびんの底面近くにおくと，粒子はノズルから加速されて底面に衝突沈着する．$1\,\mu m$ 以下の小粒子では捕集効率に問題がある．粒子の化学分析や質量濃度の測定に適し，適当な採取液を用いればガスの吸収採取にも有効である．

（2）　ダストチューブによる方法

煙道またはダクト内のエアロゾル粒子を捕集する方法の一つとして，JIS Z 8808 で規定されているダストチューブ法がある．これは，ガラス製容器にグラスウールを充てんしたものを捕集部とし，採取部を煙道内において吸引捕集する．小さい粒子に対する捕集効率は十分ではないが，温度や腐食性物質による制約が少なく，実用的な粒子捕集法である．流れのなかに採取部をおくときは，流速分布を考慮して，粒子の流路断面通過量を算定するのに最も適切な採取点を選定するが，通常は流速分布測定点と同じ位置とする．なお，吸引速度は流れの速度と等速 (差は ±10 % 以内) とするのが原則となっている．

9.3　粒子の顕微鏡観察と測定

9.3.1　顕微鏡観察

微小粒子を直接観察して，その形態を知りあるいは大きさを測定する唯一の方法は顕微鏡観察であり，とくに粒径 $1\,\mu m$ 以下の粒子では，電子顕微鏡を用いることにな

る．さらに電子線回折やX線回折を行えば，個別粒子の化学組成や結晶状態について知ることができる．ただし，試料の捕集や調製にあたってはつぎの点に注意する必要がある．まず，粒子の状態はエアロゾルのときの状態から変化させないこと，すなわち，捕集面における変形や真空下での電子線照射による蒸発などによって，粒子の形状や大きさが変化し，または顕微鏡観察が不可能になることがあるからである．ついで，各試料，各視野について均一な試料が得られるよう，とくに粒度分布測定の場合には注意を要する．

電子顕微鏡用試料の作成方法としてはつぎのようなものがあるが，顕微鏡用メッシュには多くの場合，コロジオンまたはホルムバールの薄膜を貼り，これをカーボン蒸着によって補強したものを用いる．

① メッシュをエアロゾル中に直接さらす方法：主として小粒子は拡散沈着により，大きな粒子は重力沈降によりメッシュ表面に沈着する．簡便であり，粒子数濃度が高いとき，たとえば，たばこの煙，溶接現場のフュームのように発生源の近くでは有効であるが，不均一採取になりやすくまた捕集時間も長くなる．

② 各種捕集器具の捕集面にメッシュを貼りつける方法：9.2節で述べた捕集器具の多くはこの目的に使用され，現在，最も一般的な方法である．とくに微小粒子に対しては熱泳動による捕集がよく用いられる．

③ ろ紙を用いる方法：メンブランフィルターのようなろ紙で粒子を捕集し，捕集面のレプリカをとるか，あるいはフィルター捕集面とメッシュ膜を密着させた後，フィルターを溶かして粒子をメッシュに移行させる．ろ紙の高い捕集効率，大きな捕集量，簡便な捕集方法を利用できるのが特長であるが熟練を要する方法である．なお，各種の捕集方法の電子顕微鏡試料作成方法への応用例についてはBillingら[7]が概説している．

つぎに，融点，沸点の比較的低い固体粒子は顕鏡中に蒸発したり，または電子線照射によって変形，変性することがある．また，ミスト粒子のような蒸発性のものは，そのままでは電子顕微鏡では観察できないので種々の方法が試みられている．まず，光学顕微鏡で水滴の大きさを測定する際に，酸化マグネシウム被膜やゼラチン上の粒子の痕跡を観察するが，これと同様の痕跡観察法が考えられる．いま一つは，試料をその支持台を通じて顕鏡中冷却する方法，さらにまた粒子を非蒸発性の皮膜で覆う方法[8]である．

粒子の立体的観察を行うには，走査型電子顕微鏡が便利であるが，通常の透過型電子顕微鏡の場合には，メッシュ膜表面にクロム金属などによるシャドウイングを行い，粒子に生じた影の状態からその立体像を推察することができる．ミスト粒子は多くの場合，捕集面上では扁平化されており，このようなときはシャドウイングの角度と影

の長さとを用いて，平面径をもとの球形としての大きさに換算することができる．

9.3.2　粒 径 測 定

エアロゾル粒子を分離捕集し，光学顕微鏡または電子顕微鏡で粒径を測定する．光学顕微鏡では接眼鏡内に目盛板を入れ (接眼測微計として組み込んだものもある)，スライドグラス上の粒子の大きさ，すなわち，多くの場合には定方向径を測定しながら同時にその数を計数して，個数基準の粒度分布を求める．

電子顕微鏡の場合でも同様であるが，適当に拡大した顕微鏡写真から 6.1.1 項で述べた種々の幾何学的径を求めることができる．一般に，このような方法によって粒子の大きさを測定することは繁雑であるので，顕微鏡視野から直接に，あるいは写真または写真フィルムなどから自動操作によって粒径別の粒子数を計数しようとする試みもある．

ある母集団の粒子試料の粒度分布を，顕微鏡倍率を変えて測定したとき，低倍率では小さな粒子が顕鏡されないか，または実際よりは大きな粒子として観察されがちであるため，全体として大きめの粒度分布を与えやすいことが知られている．したがって，精度のよい粒度分布測定を行うためには，分解能の高い顕微鏡で倍率を大きくして計測するのが望ましいが，一方，倍率を上げると多くの視野について顕鏡しなければならない．いずれにしても，計測粒子数は一つの試料について 200 個以上とするのが望ましく，とくに粒径のばらつきが大きいときは多数の粒子を測定する必要がある．

9.4　粒子の濃度と粒度分布の測定

9.4.1　質量濃度の連続測定

質量 (または重量) 濃度測定の標準は，9.2 節で述べたようにろ紙捕集–秤量によるものであるが，不安定粒子の測定には不向きであること，連続測定ができず時間的変動値が得られないことなど，実用的には大きな制約をもっている．一方，連続的，自動的粒子濃度測定の必要性はますます強く，これに対してつぎのような方法が用いられている．

(1)　光散乱を利用するもの

散乱光量や透過光量は，7 章で述べたように粒子の性状が一定ならばその濃度のみに関連するので，光量の測定から質量 (または個数) 濃度を求めることができる．ダストスコープ，チンダロメーター，ネフェロメーター，さらにわが国でディジタル粉塵計とよばれているものがその例である．現実には，校正に用いられた粒子と測定対象

粒子との材質, 粒径の差異による誤差はまぬがれがたいが, 粒子を分離捕集することなく, しかも実時間的な測定が可能である.

（2） β 線吸収法

物質に入射した β 線の強度は, 単位面積当たりの物質の質量に対して指数関数的に減少するので, この原理を用いて粒子の質量濃度を測定することができる. 粒子は, ろ紙上のある範囲にできるだけ一様な密度で捕集することがまず重要な条件となる. 放射線源には ^{14}C(半減期 5570 年), ^{147}Pm (半減期 2.6 年) など, 放射能は 10^6 Bq 程度のものが用いられる. 測定精度は使用する粒子捕集用ろ紙の均一性に依存するところが大きいが, 環境大気測定用の装置では分解能は ± 10 μg/m^3 程度である.

（3） 圧電天秤法 (ピエゾバランス法)

ピエゾ振動素子の固有振動数がその質量によって変化することを利用するピエゾバランス法は, 従来から物質の秤量に用いられている. 粒子を振動素子上に捕集し, その振動数の変化から累積捕集量を知り, さらにこれを粒子質量濃度に変換する. この方法では粒子捕集効率と捕集粒子の除去洗浄操作が重要な点となる.

9.4.2 カスケードインパクター

インパクターは, 小さなスリットまたはノズルから捕集板に向かってエアロゾルを吹き付け, 慣性力によって粒子を捕集板上に沈着させるもので, これを数段直列に連結したものをカスケードインパクター (cascade impactor) といい, 粒子の粒径別分級捕集に用いられる. 吹き出しノズルの形状寸法, 流量 (1 〜 100 l/min), 捕集板段数 (4 〜 8 段) など種々のものがあるが[4, 6, 10], 一般に 0.5 〜 20 μm 程度の粒子を対称とし, それよりも小さな粒子は最終部につけたバックアップろ紙で捕集する. また減圧吸引により測定下限界粒径を 0.1 μm 程度まで拡大したものや, 9.4.1 項 (3) の方法と組み合わせて各段の粒子の秤量を自動化したものもある.

ノズルから吹き出す粒子の慣性衝突による捕集効率については Ranz[10], Mercer[11] をはじめ多くの研究があるが, $Re = 3000$ のときの計算例[12]と実験例[13]を図 9.3 に示す. ただし, ノズルは図 9.4 に示すように円形 (直径 D_c) または矩形 (幅 W) であって,

$$Stk = \frac{\rho_p C_c d_p^2 u_0}{9\mu W} \tag{9.1}$$

である. ここに, ρ_p は粒子密度, d_p は粒径, C_c はカニンガム補正項, u_0 は流速であって, 円形ノズルでは W を D_c で置き換える.

捕集効率が 50 % となるような粒径を ECD (effective cut-off diameter), 通称 50 % 捕集径といい, このときの Stk を Stk_{50} と書く. そして, その値は表 9.2[12]に示

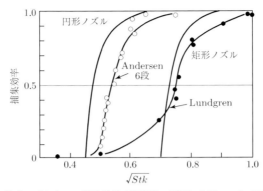

図 **9.3** カスケードインパクターの捕集効果 (計算値：S/W, $S/D_c = 2$, $T/W = 1$, $T/D_c = 2$, $Re = 3000$. 実測値：(●) $Re = 2600$, $S/W = 1$, (○) $Re = 4000$, $S/D_c = 10$.)

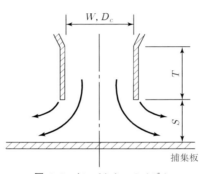

図 **9.4** インパクターのノズル

表 **9.2** $\sqrt{Stk_{50}}$ の計算値 ($T/W = 1 \sim 2$)

S/D_c, S/W	0.25	0.50	1.0	$2 \sim 5$
円形ノズル ($Re = 3000$)	0.39	0.45	0.48	0.48
矩形ノズル ($Re = 1500$)	0.42	0.57	0.70	0.73

すように S/D_c, $S/W > 1$ でほぼ一定となる．また Re に関しても，矩形ノズルでは $500 \sim 5000$, 円形ノズルでは $100 \sim 3000$ の範囲ではほとんど一定である．図 9.4 の計算値と実験値との差は，Re の値の相違によるほか，いくつかのノズルの干渉効果[14] や後述の壁面損失などの影響が含まれているものとみられる．

また Riegier[15]は，Andersen サンプラー (8 段) の各段捕集率について，つぎの実験式を得た．

$$E = \frac{1}{\sqrt{2\pi}} \int_{-\infty}^{x} \exp\left(-\frac{t^2}{2}\right) dt \tag{9.2}$$

ただし,

$$x = 2.41 + 5.90 \log \left(\frac{Stk}{2} \right)^{1/2}$$

で $\sqrt{Stk_{50}} = 0.55$ となる. 上式の計算値と式 (9.3) により, 各段を直列に配置したときの捕集効率 (図中の破線) を求めこれらを図 9.5 に示す.

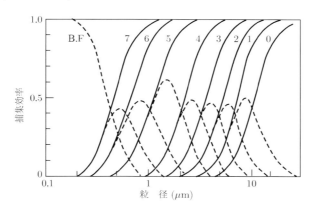

図 **9.5** Andersen カスケードインパクターの捕集効率

　カスケードインパクターでは, 一般に流れの乱れにより, とくに大きい粒子のうちかなりの部分が捕集面以外の器壁面に沈着することがある. サンプラー全体の壁面損失は 10 μm 以上の粒子では 40 〜 50 % にも及ぶことがある[9, 12]. 各捕集板間の損失についてもいくつかの実験がある[4, 16]. また, とくに固形の大きな粒子では, ノズルの吹き出し速度が大きくなると捕集面からの粒子の再飛散が生じやすくなる. これを防止するには, 捕集面にグリース類を塗布するのが効果的である.

　カスケードインパクターでは, 測定値は一般に各段 i に捕集された粒子の質量 (m_i) として得られるので, 捕集された粒子の代表径として, その段の $d_{50,i}$ を用いれば, $d_{50,i}$ に対する m_i の頻度分布から質量基準の粒度分布を求めることができる. しかし, 現実には図 9.5 からもわかるように, ある大きさの粒子はいくつかの段にわたって捕集される. いま, 粒径 x に対する i 段の捕集効率を $E_i(x)$ とすれば, これらを直列につないだときの j 段目の捕集効率は,

$$K_j(x) = E_j(x) \prod_{i}^{j-1} \{1 - E_i(x)\} \tag{9.3}$$

となる. また, $i-1$ 段と i 段の間の壁面損失 $WL_i(x)$ が知られているとすると, 粒度

分布 $f(x)$ の単位濃度試料に対して，

$$m_i = \int f(x)E_i(x)h_i(x)\,dx \tag{9.4}$$

$$h_1(x) = 1 - WL_1(x) \tag{9.5a}$$

$$h_i(x) = h_{i-1}\{1 - E_{i-1}(x)\} - WL_i(x) \quad (i \geqq 2) \tag{9.5b}$$

となる．$E_i(x)$，$WL_i(x)$ の関数形が与えられたとき，m_i の測定値から $f(x)$ を求める数学的手法については 9.5 節 (2) でふれる．

　バーチュアルインパクター (virtual impactor) は捕集衝突板を有しない慣性分離器で，捕集はろ紙などで行われる．カスケードセントリピーター (cascade centripeter)[18]，ダイコトマスサンプラー (dicotomous sampler)[19]，opposing jet[20] などはこの 1 種である．衝突板がないため再飛散のおそれはないが，壁面への損失はかえって大きい場合がある．[4]

9.4.3　遠心型分級捕集装置

　遠心分離を利用して粒子を粒径別に分離し測定しようとする試みは古くからあった．Sawyer ら[20]のコニフュージ (conifuge) はとくによく用いられてきた．

　コニフュージでは図 9.6 に示すように円すい形の回転体を有している．頂上付近の円すい壁面近くから注入された粒子は外側に向かう遠心力を受けながら下方に流れるが，大きい粒子は入口近くで，小さい粒子は下方側まで到達して外側の内壁面に沈着する．この沈着面を取りはずして沈着粒子を計測する．したがって，入口から沈着面までの距離は粒径，円すい頂角，回転速度，流量の関数として与えられる[21]．

　ゲッツエアロゾルスペクトロメーター (Goetz aerosol spectrometer)[22] は円すい回転体にらせん状の流路をもつもの，らせん型エアロゾルスペクトロメーター (spiral

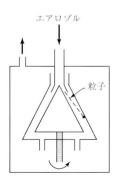

エアロゾル

粒子

図 **9.6**　コニフュージの概略図

aerosol spectrometer)[23)]は水平回転板にらせん状流路をもつもので，とくに後者は機構が簡単化されており，粒子は粒路内にあらかじめ付着させておいた薄いシートの上に沈着させる．これまで用いられているものの回転半径は $4.5 \sim 12$ cm，回転速度は $3000 \sim 24000$ rpm，サンプル流量は $0.3 \sim 7.4$ l/min で，分級粒径は $0.07 \sim 6$ μm である．

9.4.4　光散乱カウンター

　光散乱を用いた粒子測定法には 7 章や 9.4.1 項で述べたような多くの方法があるが，光散乱カウンターは，エアロゾル系としての光散乱量を測定するのではなく，粒子一つ一つからの散乱光パルスを計測して粒径や粒子数濃度をも求めるもので，浮遊状態のままのエアロゾル粒子を測定する代表的な方法の一つである．

　図 9.7 は，このために用いられる光学系のうちの代表的なものであるが，入射光，散乱光ともに光軸に対して最大 $\phi + \beta + \gamma$，最小 $\phi - \beta - \gamma$ の開き角をもつので，受光部における光散乱パルスの強度 I_p は，I_θ をこの開き角全体について積分して求められる．すなわち，図 9.7（a）の側方散乱型光学系の場合には，

$$I_p = \int_{\phi-\beta-\gamma}^{\phi+\beta+\gamma} \lambda^2 I_\theta \omega \, d\theta \tag{9.6}$$

装置の波長特性を考慮すると，

$$I_p = C \int_0^\infty \int_{\phi-\beta-\gamma}^{\phi+\beta+\gamma} \lambda^2 [i_1(\theta) + i_2(\theta)] P_l(\lambda) P_m(\lambda) \omega \, d\theta d\lambda \tag{9.7}$$

ただし，C は装置定数，P_l は光源の波長特性，P_m は受光部の波長感度特性である．また，ω は装置の光学系に関するもので θ，ϕ，β，γ の関数として次式で与えられる[24)]．

$$\omega = \int_{\phi-\gamma}^{\phi+\gamma} 4 \sin \theta \left(\cos^{-1} \frac{\cos \beta - \cos \theta \cdot \cos x}{\sin \theta \cdot \sin x} \right)$$
$$\times \sin x \left(\cos^{-1} \frac{\cos \gamma - \cos x \cdot \cos \phi}{\sin x \cdot \sin \phi} \right) dx \tag{9.8}$$

ここで，レーザー光のように細い平行ビームを入射光としたときは，$\gamma \approx 0$ であって[25)]，

$$\omega = 2 \sin \theta \left(\cos^{-1} \frac{\cos \beta - \cos \theta \cdot \cos \phi}{\sin \theta \cdot \sin \phi} \right) \tag{9.9}$$

となる．さらに，側方散乱型以外の光学系では $\phi = 0$ とし，積分の範囲を適当に考慮することによって I_p を計算することができる．このような測定法は，当初 Gucker らによってはじめられ，その後 Hodkinson ら[24)]，金川[26)]によって種々の光学系に対する I_p の数値計算が行われている．

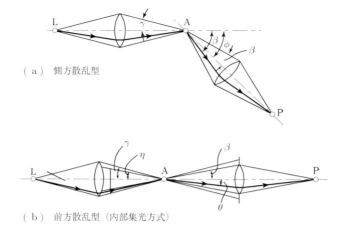

（ａ）　側方散乱型

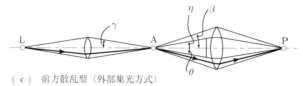

（ｂ）　前方散乱型（内部集光方式）

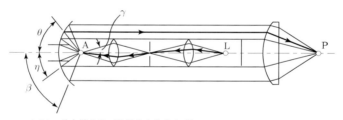

（ｃ）　前方散乱型（外部集光方式）

（ｄ）　前方散乱型（外部後方集光方式）

図 **9.7**　光散乱カウンターの光学系 (A：エアロゾル，L：光源，P：受光部)

光学系としては，

① 　できるだけ多くの散乱光量を受光すること．

② 　粒径の差に対する分解能が高いこと．

③ 　粒子の屈折率の差異による影響が小さいこと．

などの条件を満たすものが望ましい．①に対しては前方散乱側で，できるだけ β また
は $(\beta - \eta)$ を大きくとること，②に対しては，$\phi = 90°$ 付近で，できるだけ β または
$(\beta - \eta)$ のせまい範囲を受光すること，また③に対しては，一般に $\phi = 90°$ 付近を避
けて前方散乱側を受光するのが望ましい．これらの要求はお互いに相容れないものを
含んでいるので妥協的な条件を選定することになるが，これまでさまざまな光学系が

実用化されている. 光散乱パルス I_p の大きさと粒径との関係は上述のような計算によるほか, 実際には標準粒子 (多くの場合, PSL 粒子) によって校正されるが, パルス高さの粒径依存性についての機種による差はそれほど大きくはない. また, その屈折率への依存性は, 一般に前方散乱型よりも側方散乱型のほうが, また入射光の波長域のせまいほど, 小粒径側よりも大粒径側で著しい. とくに 1 μm 以上の吸収性粒子についてはこのことを十分に考慮する必要がある.

粒子数濃度は光散乱パルス計数として測定されるが, 測定体積 (V) 中に同時に 2 個以上の粒子が存在すると, これらのパルスは重なって一つのパルスとして計数されるための同時計数損失が生じる. また, 測定可能なパルス高さ以下の粒子のパルスが重なって計数可能な一つのパルスとして測定されることもあるが, ここでは, 計数損失のみについて考える. 計数された粒子数濃度 N_I と真の粒子数濃度 N_T との比は, 粒子の空間的 (あるいは装置の測定体積中に到達する時間的) 存在確率を Poisson 分布とすると,

$$\frac{N_I}{N_T} = \frac{1 - \exp\left(-N_T V\right)}{N_T V} \tag{9.10a}$$

となる. 一方, 測定体積中にすでに 1 個の粒子が存在するときは, つぎの粒子が測定されるまでに不感時間があるためのかぞえおとしが生じる. すなわち,

$$\frac{N_I}{N_T} = \exp\left(-N_T V\right) \tag{9.10b}$$

となる[27]. 上の両式から, $N_T V = 1$, 0.1, 0.01 に対して, N_I/N_T はそれぞれ 0.37 〜 0.23, 0.91 〜 0.95, 0.99 〜 0.995 となり, 係数損失を 5 % 以下にするためには $N_T V < 0.05$ であることが必要で, このためにはレーザー光源を用いて V(一般に通常光源では $10^{-3}\,\mathrm{cm}^3$ 程度, レーザー光源では $10^{-4}\,\mathrm{cm}^3$ 以下) を小さくするのが効果的である.

光散乱カウンターには, 粒子の屈折率依存性, 測定粒径下限, 高濃度側限界などに問題があるが, 一つ一つの粒子を浮遊状態のままで実時間的に測定できる唯一の方法であり, この特性を利用すれば, エアロゾルの空間的不均一性や時間的変動を測定することができる[28].

9.4.5 凝縮核測定器 (CNC)

エアロゾルに飽和水分を含ませ, これを断熱膨張させて, エアロゾル粒子を核として凝縮成長した水滴をつくる. そして, この断熱膨張前後の光透過度の減少比 (I/I_0) から 7 章で述べた方法によって粒子数濃度を求めるもので, このような装置を凝縮核測定器 (CNC：condensation nuclei counter) または最初の考案者[29]の名を冠して

Pollak counter という.

CNC の原型は，図 9.8 に示すとおりで，飽和水分は 2 重円筒内部の含水円筒から供給され，常圧に対して 160 mmHg に加圧したのち，常圧まで断熱膨張させる．測定器の使用法，校正法などについては，その後多くの改良が行われ，最近ではエアロゾルの吸引，断熱膨張 (常圧側から減圧側へ)，吸光度測定，エアロゾルの排出，の一連の操作を自動的にまた継続して行えるようにした製品もある．

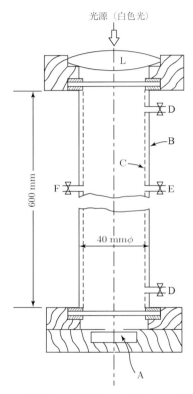

図 9.8 Pollak counter の原型 (A：光電池，B：外筒，C：内筒 (湿布を巻きつける)，
D：エアロゾル導入排出口，E：加圧口，F：膨張排出口，L：レンズ)

ここで，CNC の適正使用条件について考察する[30]．まず，ある圧力・温度から，所定の圧力・温度に断熱膨張したときの過飽和水分濃度を求める．つぎに断熱膨張後の水滴の成長速度ならびに過飽和水分濃度の時間的変化は，器壁への水分凝縮を無視すれば，それぞれ式 (4.54) ならびに $dc/dt = -\phi N$ で与えられる (ϕ は水滴の成長フラックス)．さらに，断熱膨張後の光透過度の減少比は式 (7.23) で与えられる．

① 測定可能な凝縮核の最小径 a は式 (8.1) から求められ，通常 $0.001 \sim 0.01 \ \mu\mathrm{m}$

程度である．一方，最大径は粒子の大きさが生成される水滴の大きさに比べて無視できるほど小さければよいが，$N < 10^5$ 個/cm³ の範囲では 1 μm 程度と考えてよい．

② 入射光の波長の差による測定値の相違は，過飽和度の小さいほど大きくなるが，いずれにしても，単色波長光を用いるよりは白色光を用いることによってその相違を平均化できる．

③ 測定の時定数：断熱膨張開始後，粒子の成長が平衡に達するまでにはある時間を要するが，おおむね 1 s 程度で十分である．

この種の測定器では，器内における微小粒子 (とくに 0.01 μm 以下) の拡散沈着損失や粒子の種類による測定効率などに留意する必要がある．器内の損失を防ぎ，試料を定常的に取り入れることのできるような流通型の測定器も開発されている[1, 31, 32]．Bricard らの方法では，まずエアロゾル試料を 35°C の加温下で飽和アルコール (ブチルアルコールまたはエチルアルコール) 蒸気と混合し，冷却筒で 10°C まで徐冷して粒子を凝縮成長させ，光散乱で測定する．

CNC は 3.3.2 項で述べた拡散チューブまたは拡散バッテリーと組み合わせて，微小粒子の粒度分布測定を行うのに用いられる．また，CNC の断熱膨張圧力差をパラメータとして変えながら，式 (8.1) にもとづき CNC のみで粒度分布を求める方法もある[33]．なお，CNC の発展の経緯については McMurry[34] の解説がある．

9.4.6 静電式粒径測定器

5 章で述べたように，粒子をなんらかの方法で荷電させ，荷電粒子の電気移動度分布を測定し，これを粒度分布に変換する．広く用いられている方法の一つは，単極イオン場で粒子を荷電した後，電気移動度分布の測定を行うもので，静電式粒径測定器 (EAA: electrical aerosol analyzer)[35, 36] とよばれ，粒径 0.003 ～ 1.0 μm の範囲で用いられる．装置に流入したエアロゾルはまず，線対スクリーン電極型のチャージャーで荷電され，2 重円筒型モビリティアナライザーの外周から流入する．その内側には清浄空気が流れており，粒子はその電気移動度に応じて内側の集電極に沈着する．移動度が小さくて沈着しなかった粒子は下部から流出し，フィルターで捕集されその荷電量は電流として測定される．測定変数はモビリティアナライザーの印加電圧である．実際には微小粒子とくに 0.01 μm 以下の粒子では，無荷電粒子の割合が多く測定値が不安定になることがあるので注意を要する．また，0.1 μm 以上の粒子に対しては，電圧と粒径との感度交差に対する配慮が必要である[37, 38]．

同様の原理にもとづく微分型モビリティアナライザー (DMA：differential mobility analyzer)[39] は粒径分解能にすぐれているので，とくに微小粒子の粒子分級器としてよ

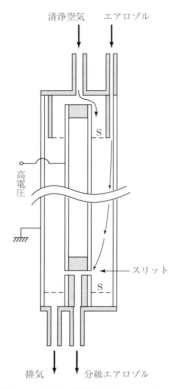

清浄空気　　エアロゾル

S

高電圧

スリット

S

排気　　分級エアロゾル

図 **9.9** DMA の概略図 (S：スクリーン)

く用いられる．装置は図 9.9 に示すように排出口手前にスリットがあり，印加電圧に対応した電気移動度をもつ粒子だけが分級されて採取される．印加電圧を変えて測定すれば電気移動度，すなわち粒径の分布が求まる．装置には種々の改良型[40, 41)]がある．

　微小粒子の測定に適用するには，器壁への沈着損失や器内での拡散による分解能の低下などに留意する必要があるが，最近では 3 ～ 50 nm の微小粒子の分級にも用いられ[42)]，また 2 nm の高い粒径分解能が得られている[43)]．測定データの処理については 5.3.2 項やほかの文献[1)]を参照されたい．

9.5　測定の誤差と信頼度

（1）　測定限界と誤差

　対象とする粒子群の粒度分布関数を $f(x)$，測定 (または捕集) 効率を $\eta(x)$ とすると測定値は，

$$g(x) = \eta(x)f(x) + \varepsilon(x) \tag{9.11}$$

ただし，$\varepsilon(x)$ は測定のランダム誤差である．実際には，個数濃度や質量濃度などは $x_1 \sim x_2$ の範囲で行われる．ここで，

$$\left.\begin{array}{l} \eta(x) = 0 \quad (x < x_1, \ x_2 < x) \\ \eta(x) = 1 \quad (x_1 \leqq x \leqq x_2) \end{array}\right\} \tag{9.12}$$

とすると，個数測定値が実際の値と誤差 α 以内の範囲におさまるためには，

$$\int_{x_1}^{x_2} f(x)\,dx \geqq (1 - \alpha) \tag{9.13}$$

でなければならない．

いま，粒度分布が個数基準に対して幾何平均径 x_g，幾何標準偏差 σ_g の対数正規分布であるとすると，式 (9.13) を満足するためには，

$$\log\left(\frac{x_g}{x_1}\right) \leqq \lambda \cdot \log \sigma_g \leqq \log\left(\frac{x_2}{x_g}\right) \tag{9.14}$$

でなければならない．ここで，λ は式 (9.13) を満足するように定められた値で，正規分布表から $\alpha = 0.01$，0.05 に対してそれぞれ $\lambda = 2.5758$，1.9600 である．また $x_1 = 0$ または $x_2 = \infty$ のときは，それぞれ x_2 または x_1 に対してのみ λ を定めればよい．質量基準の場合は x'_g は式 (6.52) で与えられ，$\sigma'_g = \sigma_g$ として式 (9.14) を適用する．$\sigma_g = 2.0$，すなわち $x'_g/x_g = 1.89$ のときの x_1，x_2 の値を表 9.3 に示す．

表 9.3 測定限界と誤差

		$x_1 \neq 0,\ x_2 \neq \infty$		$x_1 = 0$		$x_2 = \infty$	
α		0.01	0.05	0.01	0.05	0.01	0.05
λ		2.58	1.96	2.33	1.65	2.33	1.65
個	x_1/x_g	0.16	0.25	—	—	0.19	0.31
数	x_2/x_g	6.0	2.9	5.0	3.1	—	—
質	x_1/x'_g	0.31	0.48	—	—	0.37	0.60
量	x_2/x'_g	11.2	7.3	9.5	5.9	—	—

（2） 感度交差 (cross sensitivity)

カスケードインパクターや EAA の場合にも示したように，粒度分布測定を行うときには，ある操作変数 y(カスケードインパクターでは段数) ごとに測定値が求められる．その操作変数 y に対してある粒径幅 $(a \sim b)$ の範囲の粒径が $K(x, y)$ の感度 (または効率) で測定されると，測定値は，

$$g(y) = \int_a^b K(x, y)f(x)\,dx \tag{9.15}$$

ここで，$K(x, y)$ は測定器の感度交差 $p(x, y)$，測定値の粒径依存度，すなわち重み $w(x)$ に対して，

$$K(x, y) = p(x, y)\, w(x) \tag{9.16}$$

で与えられる．式 (9.11) の η は $w = 1$ で $p(x, y)$ が y のみの関数である場合，すなわち感度交差がない場合に相当する．このような測定値から最も確からしい粒度分布を求めるための数学的手法には種々のものがあるが，粒度分布を仮定しないときには反復法がよく用いられる[44]．

（3）　測定粒子数と信頼性

　真の平均値 μ，分散 σ^2 の試料から n 個の粒子を取り出して測定したとき，平均値として得られる $\overline{x}$ の分布は，

$$t = \frac{\sqrt{n-1}\,(\overline{x} - \mu)}{\sqrt{s^2}} \tag{9.17}$$

を変数とすると，自由度 $(n-1)$ の t 分布をなす．ただし，s^2 は x の分散である．また，n が十分に大きくなると（通常 $n \geqq 30$）$s^2 \to (n-1)/n \cdot \sigma^2 \to \sigma^2$ であって，

$$Z = \frac{\sqrt{n}\,(\overline{x} - \mu)}{\sigma} \tag{9.18}$$

を変数にとると，平均値 μ，標準偏差 $s/\sqrt{n}$ の正規分布に近づく．

　いま，n が十分に大きい場合について考えると，信頼度が $(1-\alpha)$ であるためには，正規分布表から，

$$p(|Z_n| \geqq \lambda) = \alpha \tag{9.19}$$

となるような λ が定まり，信頼区間は，

$$p(Z_{\alpha/2} \leqq Z_n \leqq Z_{1-\alpha/2}) = 1 - \alpha \tag{9.20}$$

として与えられる．この場合の α を信頼係数という．実際には σ は知られていないので $\sqrt{s^2}$ を用い，得られた平均値 $\overline{x}$ の信頼区間は，

$$\overline{x} - \frac{\sqrt{s^2}}{\sqrt{n}}\lambda \;\sim\; \overline{x} + \frac{\sqrt{s^2}}{\sqrt{n}}\lambda$$

となる．λ は（1）の場合と同様に $\alpha = 0.01$ に対しては $\lambda = 2.58$ である．

（4）　仮定した粒度分布関数への適合性

仮定した粒度分布関数を $f_0(x)$ とする．いま，n 個の粒子を r 個の粒径区分に分けて測定し，i 番目の区分における測定個数を n_i，$f_0(x)$ による期待値を np_i とすると，

$$\chi^2 = \sum_{i=1}^{r} \frac{(n_i - np_i)^2}{np_i} \tag{9.21}$$

は仮定した粒度分布と測定された分布とのあてはまりのよさの度合いを表す．ここで，n が十分に大きければ $(n \geqq 30)$，これは自由度が $(r-k-1)$ の χ^2 分布となる．ただし，k は $f_0(x)$ の母数で正規分布，対数正規分布では $k = 2$ である．また，実際には $np_i > 10$ となるように n あるいは粒径区分を決定する．有意水準 $(1-\alpha)$ に対して（2）の場合と同様に λ の値を定めると，$\chi^2 < \lambda$ では，仮定して粒度分布関数 $f_0(x)$ は棄却できないことになる．なお χ^2 分布に対する α，$(r-k-1)$ と λ の関係は表 9.4 のようであるが，より詳しくは推計学の専門書を参照されたい．

表 **9.4**　χ^2 分布の λ の値 $(k = 2)$

α ＼ n	10	30	105
0.01	23.2	50.9	124.3
0.05	18.3	43.8	135.8

（5）　粒度分布測定のときの区分幅

顕微鏡測定により粒度分布を求めるような場合，通常，粒径範囲を Δx ごとに区分し，その頻度から平均径や分散を求める．このとき，粒径の下限と Δx の取り方によって得られた結果は変動するが，これらは顕微鏡倍率と測定粒子数に関係する．通常，下限値 x_L と Δx は，平均値 $\bar{x}$，標準偏差 σ に対して，

$$\Delta x < \frac{\sigma}{4}, \qquad \Delta x < \frac{\bar{x}}{4}, \qquad x_L < \frac{\Delta x}{5}$$

であればよいとされており[45]．いま，画像上の Δx の最小値を 1 mm とすれば，$\bar{x} = \sigma = 1$ μm に対して顕微鏡の必要倍率は約 4000 倍となる．もちろん，これには顕微鏡自身の分解能に対する考慮は含まれていない．

参 考 文 献

1)　髙橋幹二，向阪保雄，伊藤正行，東野達，"応用エアロゾル学 (髙橋幹二編著)"，3 章，5 章，養賢堂 (1984).

2)　環境庁，"浮遊粒子状物質に係わる測定法について"，(昭和 47).

3)　江見準，"文献 1)"，3 章.

4) Mercer, T. T., "Aerosol Technology in Hazard Evaluation", Academic Pr.(1973).

5) IAEA, "Particle Size Analysis in Estimating the Significance of Airborne Contamination", IAEA(1978).

6) Liu, B. Y. H. Whitby, K. T. and Yu. H. H., Rev. Sci. Instr. **38**, 100(1967).

7) Billings, C. E. and Silverman, L., J. Air Poll. Contr. Assoc. **12**, 586(1962).

8) Ho, A. T. Bell, K. A. Phalen, R. F. and Wilson, A. F., J. Colloid Interf. Sci. **72**, 351(1979).

9) Fuchs, N. A., in "Fundamentals of Aerosol Science(ed. D. T. Shaw)", Chapt.1, John Wiley(1978).

10) Ranz, W. E. and Wong, J. B., I & EC, **44**, 1371(1952).

11) Mercer, T. T. and Stafford, R. G., Ann. Occup. Hyg. **12**, 41(1969).

12) Marple, V. A. and Liu, B. Y. H., Environ. Sci. Techn. **8**, 648(1974).

13) Rao, A. K. and Whitby, K. T., J. Aerosol Sci. **9**, 87(1978).

14) Marple, V. A. and Willeke, K., in "Fine Particles(ed. B. Y. H. Liu)", p.411, Academic Pr.(1976).

15) Riediger, G., Staub, **34**, 287(1974).

16) 田町敏夫, 高橋幹二, 京大原研彙報, **57**, 49(1980).

17) Hounam, R. F. and Sherwood, R. J., Amer. Ind. Hyg. Assoc. J. **26**, 122(1965).

18) MacFarland, A. R. Oritz, C. A. and Bertch, R. W. Jr., Environ. Sci. Techn. **12**, 679(1978).

19) Willeke, K. and Palik, E., Environ. Sci. Techn. **12**, 563(1978).

20) Sawyer, C. F. and Walton, W. H., J. Sci. Instr. **27**, 272(1950).

21) Stober, W. and Flachsbart, H., Environ. Sci. Techn. **3**, 641(1969).

22) Goetz, A. Stevenson, H. J. R. and Oreining, O., J. Air Poll. Contr. Assoc. **10**, 378(1960).

23) Stöber, W. and Flachsbart, H., Environ. Sci. Techn. **3**, 1280(1969).

24) Hodkinson, J. R. and Greenfield, J. R., Appl. Opt. **4**, 1463(1965).

25) Gucker, F. T. and Tuma, J., J. Colloid Interf. Sci. **27**, 402(1968).

26) 金川昭, 化学工学, **34**, 521; **34**, 991; **34**, 997(1970).

27) Jaenicke, R. J., Aerosol Sci. **3**, 95(1972).

28) Preining, O., Aerosol Sci. Techn. **2**, 79(1983).

29) Nolan, P. J. and Pollak, L. W., Proc. Roy. Irish Acad. **51-A**, 9,(1946).

30) 高橋幹二, 工藤章, 京大原研彙報, **31**, 34(1970).

31) Bricard, J. Delattre, P. Madelaine, G. and Pourprix, M., in "Fine Particles(ed. B. Y. H. Liu)"2, p.566, Academic Pr.(1976).

32) Agarwal, J. K. and Sem, G. J., J. Aerosol Sci. **71**, 343(1980).

33) Berner, A. Lurzer, C. Pohl, F. Preining, O. and Wagner, P., Sci. Total Environ. **13**, 245(1979).

34) McMurry, P. H., Aerosol Sci. Techn. **33**, 297(2000).

35) Whitby, K. T. and Clark, W. E., Tellus, **XVIII**, 573(1966).

36) Liu, B. Y. H. and Pui, D. Y. H., J. Aerosol Sci. **6**, 249(1975).

37) Liu, B. Y. H. Pui, D. Y. H. and Kapadia, A., in "Aerosol Measurement(ed. D. A. Lundgren)", p.341, Univ. Pr. Florida(1979).

38) Sem, G. J. Agarwal, J. G. and McManus, C. E., in "Advances in Particle Sampling and Measurement", p.276, EPA-600/9-80-004(1979).

39) Knutson, E. O. and Whitby, K, T., J. Aerosol Sci. **6**, 443(1975).

40) Winklmayr, W. Reischl, G. P. Lindner, A. O. and Berner, A., J. Aerosol Sci. **22**, 289(1991).

41) Zhang, S. H. Akutsu, Y. Russell, L. M. and Flagan, R. C., Aerosol Sci. Techn. **23**, 237(1995).

42) Chen, D. R. Pui, D. Y. H. Hummes,D. Fissan,H. Quant, F. R. and Sem, G. J., J. Aerosol Sci. **29**, 497(1998).

43) de Juan,L. and de la Mora, J. F., J. Aerosol Sci. **29**, 617(1998).

44) 東野達，高橋幹二，粉体工学会誌，**17**, 565(1980).

45) Mercer, T. T., Amer. Ind. Hyg. Assoc. J. **31**, 552(1970).

付　　　録

付録 I　基礎常数

常　　　数	記　号	数　値 (SI 単位)
真空中の光速度	c	2.99792458×10^8 m/s
電気素量	e	$1.60217753 \times 10^{-19}$ C
真空の誘電率	ε	$8.8541878 \times 10^{-12}$ F/m
真空の透磁率	μ	1.2566371×10^{-6} H/m
重力加速度	g	9.80665 m/s^2
ボルツマン (Boltzmann) 定数	k	1.380658×10^{-23} J/K
アボガドロ (Avogadro) 数	N_A	$6.022136\,7 \times 10^{23}$ mol^{-1}
気体定数	$\boldsymbol{R}$	8.314510 J/(mol·K)
理想気体のモル体積 (0 °C, 1 気圧)	L	0.02241410 m^3/mol
常圧の氷点		273.16 K
1 気圧 (標準大気圧)	atm	0.101325 MPa
		[760 mmHg]
自然対数の底	e	2.7182818
円周率	π	3.1415926

付録 II　空気の物性値 (1 気圧)

温度 (°C)	密度 (kg/m^3)	粘度 (Pa·s)	動粘度 (m^2/s)	分子の平均 自由行程 (m)	飽和水蒸気圧 (kPa)	飽和水蒸気圧 (mmHg)
		$\times 10^{-5}$	$\times 10^{-5}$	$\times 10^{-8}$		
-10	1.342	1.661	1.238	5.61	0.259	1.95
0	1.293	1.71	1.322	5.89	0.611	4.58
10	1.247	1.76	1.410	6.16	1.227	9.21
20	1.205	1.809	1.501	6.45	2.338	17.53
30	1.165	1.857	1.594	6.72	4.245	31.83
40	1.127	1.905	1.690	7.01	7.381	55.34
50	1.092	1.951	1.786	7.23	12.345	92.5
70	1.029	2.02	1.986	7.86	31.179	233.8
100	0.946	2.176	2.30	8.71	101.325	760
200	0.747	2.526	3.38	11.6	1553.60	1165
300	0.616	2.902	4.71	14.5	8583.20	6438
400	0.525	2.263	6.22	17.5		
500	0.457	3.59	7.86	20.5		

付録 III　エアロゾル粒子の動力学に関する諸数値 (20°C, 1気圧の空気中, 粒子密度 = 1000 kg/m³)

粒子直径 d_P (10⁻⁶ m)	質量 m (kg)	Cunningham 補正項 Cc (−) 式(2.13)	移動度 B (s/kg) 式(2.10)	緩和時間 τ_P (s) 式(2.24)	平均熱運動速度 $\bar{G}$ (m/s) 式(2.99)	平均自由行程 l_B (m) 式(2.95)	平均絶対距離 Δx_B (m) 式(2.94)	拡散係数 D (m²/s) 式(3.6)	重力沈降速度 v_S (m/s) 式(2.32)
0.001	5.236 E − 25	215.4	1.26 E + 15	6.60 E − 10	1.40 E + 02	9.24 E − 08	2.55 E − 03	5.11 E − 06	6.47 E − 09
0.002	4.189 E − 24	107.7	3.16 E + 14	1.32 E − 09	4.96 E + 01	6.54 E − 08	1.28 E − 03	1.28 E − 06	1.29 E − 08
0.003	1.414 E − 23	71.9	1.41 E + 14	1.99 E − 09	2.70 E + 01	5.37 E − 08	8.51 E − 04	5.69 E − 07	1.95 E − 08
0.005	6.545 E − 23	43.2	5.06 E + 13	3.31 E − 09	1.25 E + 01	4.13 E − 08	5.11 E − 04	2.05 E − 07	3.25 E − 08
0.007	1.796 E − 22	30.8	2.58 E + 13	4.63 E − 09	7.57 E + 00	3.50 E − 08	3.64 E − 04	1.04 E − 07	4.54 E − 08
0.01	5.236 E − 22	21.7	1.27 E + 13	6.65 E − 09	4.43 E + 00	2.95 E − 08	2.56 E − 04	5.15 E − 08	6.52 E − 08
0.02	4.189 E − 21	11.4	3.34 E + 12	1.40 E − 08	1.57 E + 00	2.20 E − 08	1.31 E − 04	1.35 E − 08	1.37 E − 07
0.03	1.414 E − 20	7.54	1.47 E + 12	2.08 E − 08	8.54 E − 01	1.78 E − 08	8.74 E − 05	6.00 E − 09	2.04 E − 07
0.05	6.545 E − 20	4.79	5.62 E + 11	3.68 E − 08	3.97 E − 01	1.46 E − 08	5.38 E − 05	2.27 E − 09	3.61 E − 07
0.07	1.796 E − 19	3.64	3.05 E + 11	5.48 E − 08	2.40 E − 01	1.32 E − 08	3.96 E − 05	1.23 E − 09	5.37 E − 07
0.1	5.236 E − 19	2.81	1.64 E + 11	8.58 E − 08	1.40 E − 01	1.20 E − 08	2.91 E − 05	6.67 E − 10	8.41 E − 07
0.2	4.189 E − 18	1.86	5.45 E + 10	2.28 E − 07	4.96 E − 02	1.13 E − 08	1.68 E − 05	2.21 E − 10	2.24 E − 06
0.3	1.414 E − 17	1.57	3.07 E + 10	4.34 E − 07	2.70 E − 02	1.17 E − 08	1.26 E − 05	1.24 E − 10	4.34 E − 06
0.5	6.545 E − 17	1.33	1.56 E + 10	1.02 E − 06	1.25 E − 02	1.28 E − 08	8.96 E − 06	6.31 E − 11	1.00 E − 05
0.7	1.796 E − 16	1.24	1.04 E + 10	1.87 E − 06	7.57 E − 03	1.42 E − 08	7.32 E − 06	4.21 E − 11	1.83 E − 05
1	5.236 E − 16	1.16	6.80 E + 09	3.56 E − 06	4.43 E − 03	1.58 E − 08	5.91 E − 06	2.75 E − 11	3.49 E − 05
2	4.189 E − 15	1.08	3.17 E + 09	1.32 E − 05	1.57 E − 03	2.07 E − 08	4.04 E − 06	1.28 E − 11	1.29 E − 04
3	1.414 E − 14	1.05	2.05 E + 09	2.90 E − 05	8.54 E − 04	2.96 E − 08	3.25 E − 06	8.31 E − 12	2.84 E − 04
5	6.545 E − 14	1.03	1.21 E + 09	7.92 E − 05	3.97 E − 04	2.65 E − 08	2.50 E − 06	4.89 E − 12	7.77 E − 04
7	1.796 E − 13	1.02	8.55 E + 08	1.54 E − 04	2.40 E − 04	3.73 E − 08	2.10 E − 06	3.46 E − 12	1.51 E − 03
10	5.236 E − 13	1.01	5.92 E + 08	3.10 E − 04	1.40 E − 04	4.34 E − 08	1.75 E − 06	2.40 E − 12	3.04 E − 03
20	4.189 E − 12	1	2.93 E + 08	1.23 E − 03	4.96 E − 05	6.10 E − 08	1.23 E − 06	1.19 E − 12	1.21 E − 02
30	1.414 E − 11	1	1.95 E + 08	2.75 E − 03	2.70 E − 05	7.43 E − 08	1.00 E − 06	7.89 E − 13	2.70 E − 02
50	6.545 E − 11	1	1.17 E + 08	7.65 E − 03	1.25 E − 05	9.60 E − 08	7.77 E − 07	4.74 E − 13	7.50 E − 02
N₂分子(参考) 0.000374	4.64 E − 26			1.40 E − 10	4.65 E + 02	6.50 E − 08			

注) E + 05 = 10⁺⁵

参 考 図 書

　エアロゾルに関する内外の専門書・論文集のうち，基礎的な研究に役立つと思われるものを年代順に掲げる．ただし，1980 年以前はとくに重要と思われるものに限る．

Fuchs, N. A., "Mechanics of Aerosols", Pergamon Pr. 1964.

Davies, C. N.(ed), "Aerosol Science", Academic Pr. 1966.

Hidy, G. M. and Brock, J. R.(ed), "The Dynamics of Aerocolloidal System", Pergamon Pr. 1970.

Hidy, G. M. and Brock, J. R.(ed), "Topics in Current Aerosol Research", Pergamon Pr. 1972.

Twomey, S., "Atmospheric Aerosols", Elsevier Sci. Publ. 1977.

Shaw, D. T.(ed), "Fundamentals of Aerosol Science", Wiley Intersci. 1978.

Yoshida, T. Kousaka, Y. and Okuyama, K., "Aerosol Science for Engineers. Condensation, Coagulation and Dispersion", Power Co. 1979.

高橋幹二, "改著基礎エアロゾル工学", 養賢堂, 1982.(初版 1972)

Marlow, W. H.(ed), "Aerosol Microphysics II", Springer-Verlag, 1982.

高橋幹二 (編著), "応用エアロゾル学", 養賢堂, 1984.

Hidy, G. M., "Aerosols, An Industrial and Environmental Sciences", Academic Pr. 1984.

Seinfeld, J. H., "Atmospheric Chemistry and Physics of Air Pollutants", John Wiley & Sons, 1986.

Spurny, K. R.(ed), "Physical and Chemical Characterization of Individual Airborne Particles", Ellis Horwood, 1986.

GAeF-AAAR(ed), "Aerosols: Formation and Reactivity", Pergamon Pr. 1986.

Hobbs, P. V. and McCormic, M. P.(ed), "Aerosols and Climate", A. Deepak Publ. 1988.

Vincent, J. H., "Aersol Sampling", John Wiley & Sons, 1989.

Masuda, S. and Takahashi, K.(ed), "Aerosols: Science, Industry, Health and Environment", Pergamon Pr. 1990.

本間克典 (編著), "実用エアロゾルの計測と評価", 技報堂, 1990.

Williams, M. M. R. and Loyalka, S. K., "Aerosol Science, Theory and Practice", Pergamon Pr. 1991.

奥山喜久夫, 増田弘昭, 諸岡成治, "微粒子工学", オーム社, 1992.

Wileke, K. and Baron, P. A.(ed), "Aerosol Measurement, Principle, Techniques and Applications", van Nostrand, 1993.

Friedlander, S. K., "Smoke, Dust, and Haze, Fundamentals of Aerosol Dynamics", John Wiley & Sons, 2000. (初版 1977，邦訳 1983)

Hinds, W. C., "Aerosol Technology, Properties, Behavior and Measurement of Airborne Particles", Wiley Intersci. 2000. (初版 1982，邦訳 1985)

Preinig, O. and Davis, E. J.(ed), "History of Aerosol Science", Verlag d. Öesterreichischen Akademie d. Wissenschaften, 2000.

さ く い ん

　　　　著　者　略　歴
高橋　幹二（たかはし・かんじ）
　　1932 年　広島県生まれ
　　1954 年　京都大学工学部卒業
　　1968 年　京都大学工学研究所（のち原子エネルギー研究所）教授
　　1995 年　京都大学名誉教授
　　2000 年　松江工業高等専門学校名誉教授
　　　　　　現在に至る（工学博士）

　　1987 年〜 93 年　大気汚染研究協会副会長
　　1991 年〜 94 年　日本エアロゾル学会会長
　　1990 年〜 94 年　国際エアロゾル研究連合（IARA）会長

日本エアロゾル学会

〒 600-8176
京都市下京区烏丸通六条上ル北町 181
第 5 キョートビル 7 階
電話 075-352-8065 ／ FAX 075-352-8530
E-mail　jaast-kyoto@bridge.ocn.ne.jp
URL　　http://www.jaast.jp/home-j.shtml

エアロゾル学の基礎　　　　　　　　　　　　　© 高橋幹二 *2003*
2003 年 7 月 23 日　第 1 版第 1 刷発行　　　　【本書の無断転載を禁ず】
2011 年 8 月 18 日　第 1 版第 3 刷発行

編　　　者　日本エアロゾル学会
著　　　者　高橋幹二
発 行 者　森北博巳
発 行 所　森北出版株式会社

　　　　　　東京都千代田区富士見 1-4-11（〒 102-0071）
　　　　　　電話 03-3265-8341 ／ FAX 03-3264-8709
　　　　　　http://www.morikita.co.jp/
　　　　　　日本書籍出版協会・自然科学書協会・工学書協会　会員
　　　　　　JCOPY　＜（社）出版者著作権管理機構 委託出版物＞

落丁・乱丁本はお取替えいたします　　印刷／モリモト印刷・製本／協栄製本

Printed in Japan ／ ISBN978-4-627-67251-2

エアロゾル学の基礎　POD版　　　　　　　　©高橋幹二　*2003*

2019 年 8 月 20 日　　発行　　　【本書の無断転載を禁ず】

編　　　者　日本エアロゾル学会

著　　　者　高橋幹二

発 行 者　森北博巳

発 行 所　森北出版株式会社
　　　　　　東京都千代田区富士見 1-4-11 （〒102-0071）
　　　　　　電話 03-3265-8341／FAX 03-3264-8709
　　　　　　https://www.morikita.co.jp/

印刷・製本　大日本印刷株式会社

ISBN978-4-627-67259-8／Printed in Japan